TUFA HUANJING SHIJIAN CHANGJIAN

突发环境事件常见

污染物甄别及处置

WURANWU ZHENBIE JI CHUZHI

刘建昌　黄云生　肖　文　主编

华南理工大学出版社
SOUTH CHINA UNIVERSITY OF TECHNOLOGY PRESS
·广州·

图书在版编目（CIP）数据

突发环境事件常见污染物甄别及处置/刘建昌，黄云生，肖文主编. —广州：华南理工大学出版社，2017.8（2019.3重印）
ISBN 978-7-5623-5270-9

Ⅰ. ①突…　Ⅱ. ①刘…　②黄…　③肖…　Ⅲ. ①环境污染事故-事故处理-中国　Ⅳ. ①X507

中国版本图书馆CIP数据核字（2017）第188990号

突发环境事件常见污染物甄别及处置
主编　刘建昌　黄云生　肖　文

出 版 人：卢家明
出版发行：华南理工大学出版社
（广州五山华南理工大学17号楼　邮编：510640）
http://www.scutpress.com.cn　E-mail: scutc13@scut.edu.cn
营销部电话：020-87113487　87111048（传真）
策划编辑：庄　严
责任编辑：庄　严　邓荣任
印 刷 者：虎彩印艺股份有限公司
开　　本：787mm×1092mm　1/16　**印张：**19.5　**字数：**487千
版　　次：2017年8月第1版　2019年3月第2次印刷
印　　数：1 001～1 500册
定　　价：88.00元

编 委 会

主　编：刘建昌　黄云生　肖　文

副主编：武广元　周　鹏　李铭辉

编　委：占天刚　方銮燕　苏　帆

钟志桢　张树坚　文焕成

前　言

突发环境事件是指由于污染物排放或自然灾害、生产安全事故等因素，导致污染物或放射性物质等有毒有害物质进入大气、水体、土壤等环境介质，突然造成或可能造成环境质量下降，危及公众身体健康和财产安全，或造成生态环境破坏，或造成重大社会影响，需要采取紧急措施予以应对的事件。突发环境事件表现为污染物质多样性、事故潜发性与随机性、范围广泛性、程度严重性和处理艰巨性等一系列特征。近年来，我国各类环境风险突出，环境事件数量居高不下。据全国环境统计公报，2007—2014 年共发生突发环境事件 4041 次。2015 年，环境保护部调度处置突发环境事件共 82 起，如甘肃陇星锑业有限公司选矿厂尾矿库溢流井破裂致尾砂泄漏事件、河北省邢台市新河县城区地下水污染事件、山东沂南砷污染事件、广西龙江河镉污染事件、甘肃兰州自来水苯超标事件、紫金矿业污染事件等突发环境事件，给生态环境和社会生活带来了严重危害。

目前，我国突发环境事件应急体系仍需进一步完善，应急工作中依然存在预防预警工作不完善、应急能力不足、应急联动机制不健全等问题。因此，环境保护部 2015 年以来先后颁布《突发环境事件调查处理办法》《突发环境事件应急管理办法》《企业事业单位突发环境事件应急预案备案管理办法（试行）》《企业突发环境事件隐患排查和治理工作指南》等相关规范，进一步推动环境应急管理工作的提高。

针对国家近年来颁布的相关环境应急文件精神，在广东省环境监测中心的支持下，编者结合环境应急实践经验，并吸收了国内环境应急成功案例，编写本书，旨在为环境污染事件应急处置（监测）提供借鉴。

本书共分五章。第一、二章简述突发环境事件产生原因及危害；第三章是本书的重点，在对九类污染物的特征进行阐述的基础上，给出了突发环境事件的具体应急处置措施，并提供了丰富的案例分析材料。特别是结合 2015 年 1 月 1 日实施的《中华人民共和国环境保护法》及《最高人民法院、最高人民检察院关于办理环境污染刑事案件适用法律若干问题的解释》（法释［2016］29 号），重点对铅、汞、镉、铬、砷、铊、镍等入刑的重金属（类金属）进行了应急处置分析；第四章介绍突发环境事件应急监测技术，重点阐述应急监测流程及现场甄别污染物的方法；第五章介绍环境常用应急物资。

本书编写组成员分别来自佛山市禅城区环境监测站、广东省环境监测中心和华测检测认证集团股份有限公司，在编写本书的两年多时间里，参与人员以负责的态度对资料反复核实、修改补充，期间得到各作者单位、佛山市禅城区环境保护局等单位和众多专家的指导和大力支持，在此表示诚挚的谢意！在编写过程中参阅、引用了国内外许多专家和学者的著作或研究成果及图片，在此表示感谢！

鉴于我们的应急实践经验及水平有限，难免有疏漏或不当之处，敬请读者批评指正。

编　者

2017 年 8 月 1 日

目　录

第一章

突发环境事件及其危害

第一节　概　述

人类的发展是以自然资源和人类赖以生存的环境为基础的，资源和环境是不可分的，资源的实质就是环境。随着改革开放的不断深入和经济的迅猛发展，中国正在逐步成长为一个发展中的现代工业社会。然而，我国长期以来采取资源高消耗、环境重污染、片面追求经济增长的发展模式，我国高速的经济增长是以巨大的生态环境污染为代价的。加之公众环境意识淡薄、民众不够重视，全社会片面追求经济增长、忽视环境保护等原因，造成的环境危机迫在眉睫。事实证明，经济发展与环境保护间的固有矛盾也在我国日益凸显。目前，我国已经进入突发环境事件高发期，环境安全形势不容乐观。突发环境事件，是指由于污染物排放或自然灾害、生产安全事故等因素，导致污染物或放射性物质等有毒有害物质进入大气、水体、土壤等环境介质，突然造成或可能造成环境质量下降，危及公众身体健康和财产安全，或造成生态环境破坏，或造成重大社会影响，需要采取紧急措施予以应对的事件，主要包括大气污染、水体污染、土壤污染等突发性环境污染事件和辐射污染事件。

2016 年 1 月 11 日，环境保护部陈吉宁部长在全国环境保护工作会议中讲话指出：当前和今后一段时期是我国环境高风险期，有的是环境自身的问题，有的是衍生出来的问题，区域性、布局性、结构性环境风险更加突出，环境事故呈高发频发态势。我国化工产业结构和布局不合理，布局总体呈现近水靠城的分布特征，12% 的危险化学品企业距离饮用水水源保护区、重要生态功能区等环境敏感区域不足 1 公里，10% 的企业距离人口集中居住区不足 1 公里，保障饮用水安全压力巨大。“前事不忘，后事之师”，松花江水污染事件历历在目，甘肃陇星锑污染事件近在咫尺，守住环境安全底线难度大，利剑高悬，重过千钧。

自 1993 年有环境统计数据以来，我国发生了 3 万起突发环境事件，其中重、特大突发环境事件 1000 多起。“十一五”期间，环保部调度处置了突发环境事件 733 起。广东省环境保护厅 2010 ～ 2015 年调度处置了突发环境事件 151 起，包括重大突发环境事件 8 起。这些突然发生的污染事件对人类赖以生存的环境造成了巨大伤害，同时也直接危及公众的安全与健康。下面列举十多年来我国发生的典型环境污染事件。

某污染事故造成河涌污染

(1) 2005 年松花江重大污染事件：2005 年 11 月 13 日，吉林省吉林市吉化公司双苯厂发生爆炸事故，部分污染物（苯、苯胺和硝基苯等有机物）进入松花江水体对松花江造成严重污染，事故导致拥有400 万人口的哈尔滨市被迫停水四天，工厂饮食服务业全部停产、停业；本次污染事故甚至遭到邻国投诉，引起国际污染纠纷。

(2) 2006 年湖南岳阳砷污染事件：2006 年 9 月 8 日，湖南省岳阳县城饮用水源地新墙河上游3 家化工厂日常性排放工业污水，致使大量高浓度含砷废水流入新墙河，导致水中砷含量超标10 倍左右，8 万居民的饮用水安全受到威胁。

(3) 2007 年江苏沭阳水污染事件：2007 年 7 月 2 日 15:00 时，江苏沭阳县水厂发现，短时间内，大流量的污水侵入到位于淮沭河的自来水厂取水口，水流出现明显异味。经检测，取水口氨氮含量为每升28 毫克左右，远远超出国家水质标准。由于被污染的水经处理后仍不能达到饮用水标准，城区供水系统被迫关闭，20 万人口用水受到影响，整个沭阳县城停水超过40 小时。

(4) 2008 年广州白沙村“毒水”事件：2008 年 3 月 2 日，广州白云区钟落潭镇白沙村41 名村民在自家或在饭馆吃过饭后，不约而同出现了呕吐、胸闷、手指发黑及抽筋等中毒症状，被陆续送往医院救治。据调查，此次污染的原因是白沙村里一私营小厂使用亚硝酸盐不当，污染了该厂擅自开挖的位于厂区内的水井，而该水井的抽水管和自来水管非法私自接驳又导致自来水污染。

(5) 2009 年山东沂南砷污染事件：2009 年 4 月，山东沂南县亿鑫化工有限公司在未获批相关手续的情况下，非法生产阿散酸，并将生产过程中产生的大量含砷有毒废水存放在一处蓄意隐藏的污水池中。7 月 20 日、23 日深夜，趁当地降雨，该公司用水泵将含砷量超标2. 7254 万倍的废水排放到涑河中，造成水体严重污染。

(6) 2010 年紫金矿业污染事件：2010 年 7 月 3 日，紫金矿业集团有限公司福建省上杭县紫金山（金）铜矿因连续降雨造成厂区污水池区底部黏土层掏空，污水池防渗膜多处开裂，发生渗漏事故，导致 9100 立方米的污水顺着排洪涵洞流入汀江，造成汀江部分河段污染及大量网箱养鱼死亡。

紫金矿业污染事件——渗漏事故

(7) 2011 年杭州新安江苯酚污染事件：2011 年 6 月 4 日 22:55 时左右，一辆装载 31 吨苯酚化学品的槽罐车，在杭新景高速公路发生碰撞事故，导致槽罐破裂，苯酚泄漏，约 20 吨泄漏苯酚随地表水流入新安江造成污染。由于事发地新安江为杭州市重要饮用水源地上游，对下游居民正常生产、生活用水造成重大影响，下游富春江沿线5 个水厂停止取水，涉及55 万居民用水。

(8) 2012 年广西龙江河镉污染事件：2012 年 1 月 15 日，因广西金河矿业股份有限公司、河池市金城江区鸿泉立德粉材料厂违法排放工业污水，广西龙江河突发严重镉污染，水中的镉含量约20吨，污染团顺江而下，污染河段长约300公里，并于1月26日进入下游的柳州，引发举国关注的“柳州保卫战”。这起污染事件对龙江河沿岸众多渔民和柳州300多万市民的生活造成严重影响。事故造成龙江河宜州拉浪至三岔段共有133万尾鱼苗、4万公斤成鱼死亡，而柳州市则一度出现市民抢购矿泉水的情况。

(9) 2013年青岛输油管道爆炸事件：2013年11月22日凌晨3点，位于黄岛区秦皇岛路与斋堂岛街交汇处，中石化输油储运公司潍坊分公司输油管线破裂，事故发生后，约3点15停止闭输油，斋堂岛街约1000平方米路面被原油污染，部分原油沿着雨水管线进入胶州湾，海面过油面积约3000平方米。黄岛区立即组织在海面布设两道围油栏。处置过程中，当日上午10点30分许，黄岛区沿海河路和斋堂岛街交汇处发生爆燃，同时在入海口被油污染海面上发生爆燃。由于原油泄漏到发生爆燃达8个多小时，受海水倒灌影响，泄漏原油及其混合气体在排水暗渠内蔓延、扩散、积聚，最终造成大范围连续爆炸。事故造成62人死亡、136人受伤，直接经济损失75 172万元。

污染事故造成河涌污染

(10) 2014年甘肃兰州自来水苯超标事件：4月10日，兰州石化管道泄漏导致严重的自来水苯含量超标，4月10日苯含量为170微克/升，4月11日检测值为200微克/升，均远超出国家限值（10微克/升）。

(11) 2015年天津港特别重大火灾爆炸事故：2015年8月12日23时30分许，天津港发生瑞海公司危险品仓库特别重大火灾爆炸事故。事故发生后，环境保护部立即启动国家突发环境事件应急预案，成立了综合组、监测组、指导协调组等工作组，调集全国环保部门的科研和监测专家、技术人员、监测仪器、车辆等赶赴天津港。中国环境监测总站以及北京、江苏、河北、河南、山东等地共94名环境监测专业技术人员、25部应急监测车，携带100多套便携式气质联机、傅里叶红外分析仪、有害气体检测箱、便携式水质分析仪等专业设备和防护装备，对事故现场及周边开展24小时不间断的环境监测工作，检出的有害物质包括硫化氢、氰化氢、氨、环氧乙烷、苯、甲苯、二甲苯、三氯甲烷、挥发性有机物等。本次事故产生的残留化学品及其二次污染物逾百种，对事故中心区及周边局部区域的大气环境、水环境和土壤环境造成了不同程度的污染。

(12) 2016年江西新余仙女湖镉超标事件：2016年4月3日，原宜春中安实业有限公司在暴雨期间，集中将厂区内含有大量重金属镉、铊、砷的废液偷排入袁河，导致袁河及仙女湖镉、铊、砷超标，由仙女湖取水的新余市第三水厂取水中断，新余市部分城区停止供水。

（13）嘉陵江四川广元段铊超标事件：2017年5月5日，嘉陵江入川断面出现水质异常，西湾水厂水源地水质中铊元素《超过地表水环境质量标准》（GB 3838－2002）4.6倍，对饮用水安全造成严重威胁。

上述这些突发环境污染事件的发生、所造成的影响及其处理的妥善程度事关人民的生命安全、身心健康、财产安全、工农业生产的发展、社会稳定、国家投资环境和国际关系。可以毫不夸张地说，环境安全是可持续发展的核心。妥善处置及控制突发环境污染事件，维护环境安全是人们共同的一种基本需要。它既满足当代人的生存需要，又符合后代人的发展需要，为此，政府有必要建立健全突发环境污染事件应急机制，提高应对突发环境污染事件的能力，以维护社会稳定、保护环境、保障公众安全，促进社会全面、协调、可持续发展。为了及时有效地处理处置环境污染事故，我国先后出台相关规范性文件，如《国家突发环境事件应急预案》、《关于加强环境应急管理工作的意见》（环发［2009］130号）、《突发环境事件应急管理办法》（环发［2015］34号）等为我国环境应急工作提供了有效的指引，各级地方人民政府也纷纷结合当地实际编制了环境应急预案。

第二节　常见环境污染物的类别

从总体上看，环境污染物可分为无机污染物和有机污染物。

一、无机污染物

（1）非金属无机污染物：主要指含氟化合物、含硫化合物、无机氨、氮和硝酸盐等，如各种氢氰酸、氰化钾、硫酸、硝酸等，主要来自炼焦、塑料、化肥、硫酸和硝酸等工厂排出的废水。

（2）金属污染物：主要重金属污染物有汞（Hg）、镉（Cd）、铅（Pb）、铬（Cr）、铜（Cu）、镍（Ni）、锰（Mn）、锌（Zn）以及类金属砷（As）、硒（Se）等生物毒性显著的元素，另外，通过原子吸收红外光谱法，确定了Cu、Zn、Cd、Mn、Pb、Ni均为致癌性重金属。这些元素主要来自农药、医药、仪表及各类有色金属矿山的废水，如汞、镉、铬、铅、砷等各种重金属离子毒物，它在水中比较稳定，是污染水体的剧毒物质。

二、有机污染物

有机污染物种类繁多，常见的有：

（1）苯系物。苯系物是苯及其衍生物的总称，包括苯、甲苯、乙苯、二甲苯、苯乙烯、三甲苯等，是工业生产中重要的原料，对人体及生物体有较强的毒性，它能通过各种途径进入环境中，对水体、土壤以及空气等介质造成严重污染，近年来因其引发的环境污染事故频发，已成为环境污染中最重要的污染物之一。

（2）酚类。酚类包括苯酚、甲酚、氨基酚、二硝基邻甲酚、萘酸和五氯酚等，主要来源于炼焦、炼油、制造煤气、酚、绝缘材料、药、造纸等生产过程中排出的废气和废水。

（3）挥发性氯代烃。挥发性氯代烃包括氯甲烷、二氯甲烷、四氯化碳、氯乙烷、四氯乙烷、氯乙烯、三氯丙烷等，对人体及生物体有较强的毒性。氯代烃是工业生产中重要的原料，近年来因其污染引发的环境事故频发。

（4）硝基苯类化合物。常见硝基苯类化合物有硝基苯、二硝基苯、二硝基甲苯、三硝基甲苯、二硝基氯苯等。硝基苯是有机合成的原料，最重要的用途是生产苯胺染料，还是重要的有机溶剂。环境中的硝基苯主要来自化工厂、染料厂的废水废气，尤其是苯胺染料厂排出的污水。另外贮运过程中的意外事故也会造成硝基苯的严重污染。

（5）苯胺类化合物。苯胺类化合物常用于染料制造、印染、橡胶、制药、塑料和油漆等的原料。部分苯胺类化合物具有致癌性，对水体可造成污染。

（6）多环芳烃。多环芳烃（PAHs）是煤、石油、木材、烟草、有机高分子化合物等有机物不完全燃烧时产生的挥发性碳氢化合物，广泛分布于环境中，是环境和食品重要的污染物。迄今已发现200多种PAHs，其中相当部分具有致癌性，苯并［α］芘是第一个被发现的环境化学致癌物，而且致癌性很强。

（7）氯苯类化合物。氯苯类化合物是指苯分子中一个或几个氢原子被氯原子取代之后的有机烃类化合物，包括氯苯、1,4-二氯苯、1,3-二氯苯、1,2-二氯苯、1，3，5-三氯苯、1,2,4-三氯苯、1,2,3-三氯苯、1,2,4,5-四氯苯、1,2,3,5-四氯苯、1,2,3,4-四氯苯、五氯苯和六氯苯等。氯苯及其衍生物是化工、医药、制革、电子等行业广泛应用的化工原料、有机合成中间体和有机溶剂。氯苯类化合物的物理化学性质稳定，不易分解，通过各种途径进入到环境中，广泛分布于空气、土壤、地下水、地表水以及海洋。其中，六氯苯（HCB）常作农作物的杀菌剂，以及生产花炮的焰火色剂和生产五氯酚及五氯酚钠的原料。六氯苯不溶于水，溶于乙醚、氯仿等多数有机溶剂，对环境有严重危害，对水体可造成污染。

（8）多氯联苯。多氯联苯（PCBs）是一类化工产品，曾在工业上广泛用于变压器、电容器、油漆、复印纸的生产和塑料工业，用作热载体、绝缘油和润滑油等。多氯联苯极难溶于水而易溶于脂肪和有机溶剂，并且极难分解，因而能够在生物体脂肪中大量富集，已造成全球性环境污染问题。

（9）有机氯农药包括艾氏剂、异艾氏剂、六六六（包括α、β、γ、δ、ε、η、θ和ξ8种异构体）、滴滴涕、乙酯杀螨醇、灭蚁灵、1，2-二溴-3-氯丙烷、氯丹、二氯烯丹、硫丹、硫丹硫酸盐、狄氏剂、异狄氏剂、异狄氏醛、异狄氏酮、七氯、环氧七氯、六氯苯、六氯环戊二烯、甲氧氯、毒杀芬、十氯酮等。由于其化学性质稳定、难于分解，造成对环境的严重污染。

（10）有机磷农药。有机磷农药用于防治植物病虫害，在农药中是极为重要的一类化合物，我国生产的有机磷农药绝大多数为杀虫剂，包括对硫磷、甲基对硫磷、内吸磷、甲基内吸磷、马拉硫磷、甲拌磷、二溴磷、乐果、敌百虫、敌敌畏、杀螟松、毒死蜱、阿特拉津等。

（11）二噁英、呋喃。二噁英全称多氯代二苯并对二噁英（PCDDs），为环境污染物中毒性最大的有机污染物，共有75种同类物，其中，毒性最强的是2，3，7，8-四氯代二苯并对二噁英（2，3，7，8-TCDD）。二噁英来自于纸张漂白、汽油燃烧、废旧金属回收熔融、有机氯合成及其他有机化学制造过程。呋喃全称为多氯代二苯并呋喃（PC-DFs），来源于焚烧垃圾和工业生产过程，在环境中分布广泛，毒性强。

（12）多溴联苯醚。多溴联苯醚（PBDEs）作为一种防火阻燃剂，广泛应用于家用电器、计算机、室内装潢的泡沫塑料、地毯中，具有环境稳定性、高脂溶性、不易降解性等特性。随着其大量使用，在诸多环境介质（大气、沉积物）和生物体内（鱼类、人体血液、母乳等）均检测到它的存在，即使微量PBDEs进入环境中，因生物放大作用也会使处于高营养级的生物受到毒害。PBDEs也属于环境内分泌干扰物，影响人体及动物内分泌功能，近年来在国际上受到较多关注，我国也开展了一些区域性的研究。

（13）全氟辛基磺酸盐类。全氟辛基磺酸盐类（PFOS）具有防油脂性、耐热性、稳定性和防水性，广泛地应用于电镀、纺织品、地毯、纸张、皮鞋、包装、印染、洗涤、化妆品、农药、消防剂及液压油等制造领域。PFOS是目前发现的最难降解的有机污染物之一，存在环境中不散，并具有很高的生物累积性，容易积聚在人类及动物组织内，造成毒害，且可能引起人体呼吸系统疾病。

上述污染物中，艾氏剂、α-六六六、β-六六六、γ-六六六（林丹）、滴滴涕、灭蚁灵、氯丹、硫丹、狄氏剂、异狄氏剂、七氯、六氯苯、毒杀酚、十氯酮等14种有机氯杀虫杀菌剂以及多氯联苯、二噁英、呋喃、多溴联苯醚等属于持久性有机污染物（POPs）。

第三节　污染物在环境中的迁移

污染物的迁移是指污染物在环境中发生的空间位置相对移动过程，迁移的结果导致局部环境中污染物的种类、数量和综合毒性强度发生变化。污染物在环境中的迁移通常认为有以下三种：机械性迁移、物理化学迁移和生物性迁移。

一、机械性迁移

根据污染物在环境中发生机械性迁移的作用力，可以将其分为气的、水的和重力的机械性迁移三种作用。

（1）气的机械性迁移作用，包括污染物在大气中的自由扩散作用和被气流搬运的作用。其影响因素有：气象条件、地形地貌、排放浓度、排放高度。一般规律是，污染物在大气中的浓度与污染源排放量成正比，与平均风速和垂直混合高度成反比。

（2）水的机械性迁移作用，包括污染物在水中的自由扩散作用和被水流的搬运作用。一般规律是，污染物在水体中的浓度与污染源的排放量成正比，与平均流速和距污染源的距离成反比。

（3）重力的机械迁移作用，主要包括悬浮物污染物的沉降作用以及人为的搬运作用。

某工业企业向河涌中排放有毒废水污染河涌

二、物理化学迁移

物理化学迁移是污染物在环境中最基本的迁移过程。污染物以简单的离子或可溶性分子形式发生溶解—沉淀、吸附—解吸附，同时还会发生降解等作用。

（1）风化淋溶作用：指环境中的水在重力作用下运动时通过水解作用使岩石、矿物中的化学元素溶入水中的过程，其作用的结果是产生游离态的元素离子。

（2）溶解挥发作用：降水让固体废弃物水溶性成分溶解。

（3）酸碱作用（常表现为环境 pH 值的变化）：酸性环境促进了污染物的迁移，使大多数污染物形成易溶性化学物质。如酸雨，它加快了岩石和矿物风化、淋溶的速度，促使土壤中铝的活化。环境 pH 值偏高时，许多污染物就可能沉淀下来，在沉积物中形成相对富集。

（4）络合作用（改变毒物吸附和溶解的能力）：就是分子或离子经过络合反应形成络

合物的过程。络合物的形成大大改变了污染物的迁移能力和归宿。

（5）吸附作用：吸附是发生在固体或液体表面对其他物质的一种吸着作用。重金属和有机污染物常吸附于胶体或颗粒物，随之迁移。

（6）氧化还原作用：有机污染物在游离氧占优势时会逐步被氧化，可彻底分解为二氧化碳和水；在厌氧条件下则形成一系列还原产物，如硫化氢、甲烷和氢气等。一些元素如铬、钒、硫、硒等在氧化条件下形成易溶性化合物铬酸盐、钒酸盐、硫酸盐、硒酸盐等，具有较强迁移能力；在还原环境中，这些元素变成难溶的化合物而不能迁移。

三、生物性迁移

污染物通过生物体的吸附、吸收、代谢、死亡等过程而发生的迁移叫做生物性迁移。

生物性迁移包括生物浓缩、生物累积、生物放大其中的生物浓缩指生物体从环境中蓄积某种污染物，出现生物体中浓度超过环境中浓度的现象，又称生物富集。

第四节　突发环境事件的危害

突发性环境事件发生时往往产生大量有毒有害化学物质，严重影响生态环境，对社会资源与经济造成巨大损失，直接危害人民群众的生命安全，对社会的稳定和可持续发展造成极其严重的影响。《突发环境事件应急预案管理暂行办法》和《国家突发环境事件预案》主要从损害受体确定环境污染事故损害范围（包括环境污染生态破坏、自然资源损害、人身伤亡、财产损失以及社会生活受到影响）；《农业环境污染事故经济损失评估准则》（NY 1263－2007）规定了污染事故经济损失包括财产损失、资源环境损失和人身伤亡损失；《渔业污染事故经济损失计算方法》（GB/T 21678－2008）规定了由于渔业水域环境污染、破坏造成天然渔业资源损害。根据以上文件和我国的社会现实，我们把突发环境事件的危害概括为以下几个方面。

一、对人体健康的影响

随着我国经济的持续发展，环境污染问题日益严重，尤其是城市等集中居住区居民人体健康受到严重威胁。

（一）引起急性和慢性中毒

饮用污染的水、吸入被污染气体或通过食物链便可能造成人体中毒，如甲基汞中毒、镉中毒、砷中毒、铬中毒、氰化物中毒、农药中毒、多氯联苯中毒等，铅、钡、氟等也可对人体造成危害。这些急性和慢性中毒是环境污染对人体健康危害的主要方面。

化学品运输途中燃烧引发事故现场

（二）致癌作用

某些有致癌作用的化学物质，如砷、铬、镍、铍、苯胺、苯并［α］芘和其他的多环芳烃、卤代烃污染水体后，可以在悬浮物、底泥和水生生物体内蓄积。长期饮用含有这类物质的水，或食用体内蓄积有这类物质的生物就可能诱发癌症。

（三）发生大规模的传染病

人畜粪便等生物性污染物污染水体，可能引起细菌性肠道传染病如伤寒、副伤寒、痢疾、肠炎、霍乱、副霍乱等。肠道内常见病毒如脊髓灰质炎病毒、柯萨奇病毒、人肠

细胞病变孤病毒、腺病毒、呼肠孤病毒、传染性肝炎病毒等，皆可通过水污染引起相应的传染病；某些寄生虫病如阿米巴痢疾、血吸虫病、贾第虫病等，以及由钩端螺旋体引起的钩端螺旋体病等，也可通过水传播。

（四）间接影响

环境污染后，常可引起人体对环境质量的感官性状恶化。如某些污染物在一般浓度下对人的健康虽无直接危害，但可使水发生异臭、异味、异色，水面呈现泡沫和油膜等，妨碍水体的正常利用；铜、锌、镍等物质在一定浓度下能抑制微生物的生长和繁殖，从而影响水中有机物的分解和生物氧化，使水体的天然自净能力受到抑制，影响水体的卫生状况。

二、对工业的影响

（1）增加生产成本：工业企业都有一定的用水标准，由于水质下降，企业不得不对用水进行处理以提高水质，这就需要企业多付出一部分成本。

（2）影响产品品质：由于水质达不到要求，可能影响产品的质量，降低产品的竞争力。

（3）影响设备使用寿命：由于污水中含有各种有害化学物质，会对设备发生化学反应，腐蚀设备，缩短设备的使用寿命。

（4）缺水性产能损失：由于水源受到污染，造成工业企业原料不足，不能按照原有的生产能力进行生产，造成产能下降。

污染事故引发河流鱼群死亡

三、对农业的影响

农业生产对水资源具有较强的依赖性，是用水大户。农业生产是水环境污染的主要制造者，也是水环境污染的直接受害者。同时，大气沉降带来的土壤环境污染，也会使农业经济受到极大影响。

（1）种植业：种植业对水质的依赖性非常大，如果水质太差，就会对种植业造成毁灭性打击，可能颗粒无收，或者生产出的粮食带毒，根本无法食用。大气沉降等带来的重金属对土壤的污染，又会通过食物链进入人体，间接影响人体健康。

（2）林业：林业对水污染有较强的抵抗能力，当水质不是特别差时，树林可以慢慢地消化这些有害物质。正因为如此，人们往往对林业的水污染不重视，而一旦发现污染现象，其实污染已经很严重了。

（3）畜牧业：畜牧业是和草地、粮食相联系的，环境污染首先影响草地、畜禽，然后通过食物链影响人体健康。

（4）渔业：渔业受水污染的影响最大，可以说，水环境治理直接影响渔业的生死存活。污染对渔业的危害主要表现为养殖水体水质恶化，病菌、病毒、有毒有害物质污染水体，导致大量水生生物疾病以及死亡，甚至使有些水体的养殖功能完全丧失。

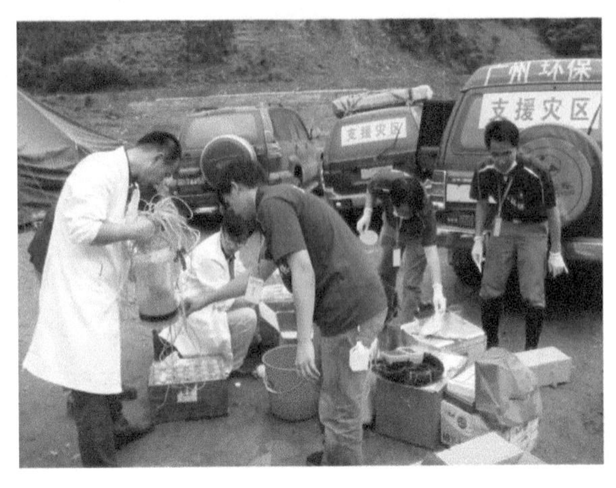

环境监测人员在突发环境事故现场采样

四、对生态环境的影响

环境污染事故或多或少会对生态环境造成不同程度的破坏，严重的还会导致一定区域的生态失衡，使生态环境难以恢复，造成长期的危害。环境污染事故损失往往以环境为媒介，通过污染破坏环境要素本身，导致环境质量下降和生态功能丧失，进而对人们人身和财产造成损害，即相对于环境要素受到的“直接”损害，由环境污染引起的人身伤害和财产损失显得更“间接”一些。环境污染给生态系统造成直接的破坏和影响，如森林破坏、沙漠化，也会给生态系统和人类社会造成间接的危害，有时这种间接的环境危害比当时造成的直接危害更大，也更难消除。例如，温室效应、酸雨和臭氧层破坏就是由大气污染衍生的环境效应。这种由环境污染衍生的环境效应具有滞后性，往往在污染发生的当时不易被察觉或预料到，然而一旦发生就表示环境污染已经发展到相当严重的地步。

广东省环境监测技术人员在四川汶川地震救灾现场进行检测

第二章

突发环境事件分析

第一节　突发环境事件产生原因及特点

一、突发环境事件产生原因

（1）生产事故：在化工、石油、煤炭、医药、核工业等生产过程中使用、生产有毒化学品、易燃易爆物质或放射性物质，由于不遵守操作规程或设备、管、阀破裂造成有毒物、放射性物质泄漏或燃烧爆炸等事故。

（2）贮运事故：有毒有害物品在贮存过程中发生贮罐腐蚀、破损，仓库火灾、爆炸等事故；危险品在运输或输送途中发生沉船、翻车，输送管道泄漏或爆炸、燃烧等事故。

（3）自然灾害：地震、台风、龙卷风、暴雨、泥石流、山体滑坡等自然灾害，造成工厂、仓库倒塌，船只沉没，车辆倾翻，如果伴随危险品流失，将引发恶性环境污染事故。

（4）人类战争：包括两类，一是战争破坏工厂、仓库、设施、油田、输油管道等；二是战争中使用化学武器、核武器、生化武器等所造成严重的环境污染。

统计表明，以上所列前三类是造成突发环境事件的主要原因。

二、突发环境事件的主要特点

（1）形式的多样性：突发环境事件有多种类型，所涉及的污染因素也比较多，其表现形式有核污染和农药、有毒化学品、溢油、爆炸等事故。就产生方式而言，在生产、贮存、运输、使用和处置的各个环节均有发生污染事故的可能。

（2）发生的突然性：一般环境污染是常量排污，有其固定排污方式和途径，并在一定时间内有规律地排放污染物质。而突发环境事件则不同，它没有固定的排污方式，往往突然发生，始料不及，有着很大的偶然性和瞬时性。

广东省环境应急专家对突发环境事故应急方案进行研究

（3）危害的严重性：一般的环境污染多产生于生产过程之中，排污量少，其危害性相对较小，一般不会对人们的正常生活与生产秩序造成严重影响。而突发环境事件是瞬时内一次性大量泄漏，在很短的时间内往往难以控制，因此其破坏性强，污染损害严重。

（4）处置的艰巨性：突发环境事件涉及的污染因素较多，一次排放量较大，发生又比较突然，危害强度大，所以很难在短期内控制，加之污染面大给处理处置带来了极大困难，因此对突发性污染事故的监测，处理处置比一般的环境污染事故的处理更为艰巨与复杂，难度更大。

（5）突发环境事件的规律性：突发环境事件有其难以预料的一面，但也有其规律性的一面，即污染源集中处（生产、使用、贮存、运输）是突发事故的发生源，生产工艺落后、制度不健全、管理不善、防范不足等往往是发生事故的主要原因。

第二节 突发环境事件分类及分级

一、突发环境事件分类

根据污染物的性质及常发生的污染事故，将突发环境事件归纳为下述几类。

（一）非正常大量排放废水造成的污染事故

某工厂向河涌偷排含毒工业废水

此类事故是指含大量耗氧物质的城市污水或尾矿废水因垮坝突然泻入水体，致使某一河段、某一区域或流域水体质量急剧恶化的环境污染事故。这类事件一旦发生，耗氧有机物进入水体大量耗氧，COD、BOD_5浓度大增，致使水中溶解氧很低，鱼虾窒息死亡，同时还使水体发黑发臭，产生有毒的甲烷气、硫化氢、氨氮、亚硝酸盐等，破坏生态环境，给水产养殖业造成重大损失。如线路板、印染、食品加工厂等企业因设备故障或人为疏忽等原因造成超标生产废水的大量对外排放事故，会给居民饮水、工业用水造成困难。近几年，由于水污染造成渔业损失的纠纷案件屡有发生。2010 年 10 月 18 日，广东韶关冶炼厂违法排放含铊废水致使北江干流 12 个断面铊浓度均不同程度出现超标现象，直接威胁下游饮用水安全。2013 年 7 月 6 日，广西贺江上游发生铊、镉污染事件，导致下游的广东封开县南丰镇河段出现鱼类死亡现象。

（二）易燃易爆物的泄漏爆炸污染事故

此类事故是由煤气、瓦斯气体（CH_4、CO、H_2）、石油液化气、甲醇、乙醇、丙酮、乙酸乙酯、乙醚、苯、甲苯等易挥发性有机溶剂泄漏而引起的环境污染事故。这类事故不仅污染空气、地面水、地下水和土壤，而且这些气体浓度达到极限后极易发生爆炸。另外，一些垃圾、固体废弃物因堆放、处置不当，也会发生爆炸事故。本书第一章提到的 2005 年 11 月 13 日吉林市吉化公司双苯厂爆炸，就导致 80 吨硝基苯流入松花江，造成特大跨国环境污染事件。

（三）剧毒农药和有毒气体的泄漏、扩散污染事故

有机磷农药，如甲基 1605、乙基 1605、甲胺磷、马拉硫磷、对硫磷及有毒化学品磷、

敌敌畏、敌百虫、乐果、有机氯DDT、2，4－D及有毒化学品氰化钾、氰化钠、硫化钠、亚砷酸钠、砒霜、苯酚、NH_3、PCBs等，因贮运不当或翻车、翻船造成贮罐泄漏，以及液氯、HCL、HF、光气（$COCl_2$）、芥子气、沙林毒剂、H_2S、pH_3、AsH_3等保管不当引起泄漏排放时极易发生这类事故。这些物质一旦泄漏扩散不仅引起空气、水体、土壤等严重污染，甚至还会致人畜死亡。2012年7月26日，苏州中新合作可胜科技有限公司发生有毒气体泄漏事故，造成该公司废水处理车间中的硫化氢致人中毒，造成1人死亡、4人受伤。

吉林市吉化公司双苯厂爆炸

（四）**溢油事故**

这类事故指油田或海上采油平台出现井喷、油轮触礁、油轮与其他船只相撞发生的溢油事故。这类事故所造成的污染，严重破坏了海洋生态，使鱼类、海鸟死亡，往往还引起燃烧、爆炸。在国内，由炼油厂、油库、油车漏油而引起的油污染也时有发生。第一章提到的2011年美国康菲石油渤海漏油事件导致溢油污染面积累计5500平方公里，由一类海水变为劣四类海水的面积累计870平方公里，单日溢油最大分布面积为158平方公里，对油田及周边海域海洋环境造成污染。

（五）**放射性核污染事故**

核电厂发生火灾，核反应器爆炸，反应堆冷却系统破裂，放射化学实验室发生化学品爆炸，核物质容器破裂、爆炸放出的放射性物质，以及放射源丢失于环境中等，会对人体造成不同程度的辐射伤害与环境破坏。据记载，从1944～1987年，全世界共发生核事故285起，1986年苏联的切尔诺贝利核电厂4号机组爆炸所造成的放射性物质泄漏致使33人死亡，1358人受伤，13.5万人被迫迁移，还造成大面积的环境污染，影响至今。

二、突发环境事件分级

突发环境事件分级在不同时期的标准不同，地方分级与国家分级也不尽相同。

（一）**环境保护部分分级标准**（2011年）

根据环境保护部2011年4月18日发布的《突发环境事件信息报告办法》（中华人民共和国环境保护部令第17号），按照突发事件严重性和紧急程度，突发环境事件分为特别重大（Ⅰ级）、重大（Ⅱ级）、较大（Ⅲ级）和一般（Ⅳ级）四级。

1. 特别重大（Ⅰ级）突发环境事件

凡符合下列情形之一的，为特别重大突发环境事件：

（1）因环境污染直接导致10人以上死亡或100人以上中毒的。

（2）因环境污染需疏散、转移群众5万人以上的。

（3）因环境污染造成直接经济损失1亿元以上的。

（4）因环境污染造成区域生态功能丧失或国家重点保护物种灭绝的。

（5）因环境污染造成地市级以上城市集中式饮用水水源地取水中断的。

（6）Ⅰ、Ⅱ类放射源失控造成大范围严重辐射污染后果的；核设施发生需要进入场外应急的严重核事故，或事故辐射后果可能影响邻省和境外的，或按照“国际核事件分级（INES）标准”属于3级以上的核事件；台湾核设施中发生的按照“国际核事件分级（INES）标准”属于4级以上的核事故；周边国家核设施中发生的按照“国际核事件分级（INES）标准”属于4级以上的核事故。

（7）跨国界突发环境事件。

2. 重大（Ⅱ级）突发环境事件

凡符合下列情形之一的，为重大突发环境事件：

（1）因环境污染直接导致3人以上10人以下死亡或50人以上100人以下中毒的为重大突发环境事件。

（2）因环境污染需疏散、转移群众1万人以上5万人以下的。

（3）因环境污染造成直接经济损失2000万元以上1亿元以下的。

（4）因环境污染造成区域生态功能部分丧失或国家重点保护野生动植物种群大批死亡的。

（5）因环境污染造成县级城市集中式饮用水水源地取水中断的。

（6）重金属污染或危险化学品生产、贮运、使用过程中发生爆炸、泄漏等事件，或因倾倒、堆放、丢弃、遗撒危险废物等造成的突发环境事件发生在国家重点流域、国家级自然保护区、风景名胜区或居民聚集区、医院、学校等敏感区域的。

（7）Ⅰ、Ⅱ类放射源丢失、被盗、失控造成环境影响，或核设施和铀矿冶炼设施发生的达到进入场区应急状态标准的，或进口货物严重辐射超标的事件。

（8）跨省（区、市）界突发环境事件。

3. 较大（Ⅲ级）突发环境事件

凡符合下列情形之一的，为较大突发环境事件：

（1）因环境污染直接导致3人以下死亡或10人以上50人以下中毒的。

（2）因环境污染需疏散、转移群众5000人以上1万人以下的。

（3）因环境污染造成直接经济损失500万元以上2000万元以下的。

（4）因环境污染造成国家重点保护的动植物物种受到破坏的。

（5）因环境污染造成乡镇集中式饮用水水源地取水中断的。

（6）Ⅲ类放射源丢失、被盗或失控，造成环境影响的。

（7）跨地市界突发环境事件。

4. 一般（Ⅳ级）突发环境事件

除特别重大突发环境事件、重大突发环境事件、较大突发环境事件以外的突发环境事件。

（二）国务院突发环境事件分级标准（2014年）

国务院2014年12月29日发布并实施的《国家突发环境事件应急预案》根据环境污染、人体危害、经济损失、社会影响的程度，将突发环境事件划分为特别重大突发环境事件（Ⅰ级）、重大突发环境事件（Ⅱ级）、较大突发环境事件（Ⅲ级）和一般突发环境事件（Ⅳ级）四个等级并实行相应的预警级别，具体事故分级如下：

1. 特别重大（Ⅰ级）突发环境事件

凡符合下列情形之一的，为特别重大突发环境事件：

（1）因环境污染直接导致30人以上死亡或100人以上中毒或重伤的。

（2）因环境污染疏散、转移人员5万人以上的。

（3）因环境污染造成直接经济损失1亿元以上的。

（4）因环境污染造成区域生态功能丧失或该区域国家重点保护物种灭绝的。

（5）因环境污染造成设区的市级以上城市集中式饮用水水源地取水中断的。

（6）Ⅰ、Ⅱ类放射源丢失、被盗、失控并造成大范围严重辐射污染后果的；放射性同位素和射线装置失控导致3人以上急性死亡的；放射性物质泄漏，造成大范围辐射污染后果的。

（7）造成重大跨国境影响的境内突发环境事件。

2. 重大（Ⅱ级）突发环境事件

凡符合下列情形之一的，为重大突发环境事件：

（1）因环境污染直接导致10人以上30人以下死亡或50人以上100人以下中毒或重伤的。

（2）因环境污染疏散、转移人员1万人以上5万人以下的。

（3）因环境污染造成直接经济损失2000万元以上1亿元以下的。

（4）因环境污染造成区域生态功能部分丧失或该区域国家重点保护野生动植物种群大批死亡的。

（5）因环境污染造成县级城市集中式饮用水水源地取水中断的。

（6）Ⅰ、Ⅱ类放射源丢失、被盗的；放射性同位素和射线装置失控导致3人以下急性死亡或者10人以上急性重度放射病、局部器官残疾的；放射性物质泄漏，造成较大范围辐射污染后果的。

（7）造成跨省级行政区域影响的突发环境事件。

3．较大（Ⅲ级）突发环境事件

凡符合下列情形之一的，为较大突发环境事件：

（1）因环境污染直接导致3人以上10人以下死亡或10人以上50人以下中毒或重伤的。

（2）因环境污染疏散、转移人员5000人以上1万人以下的。

（3）因环境污染造成直接经济损失500万元以上2000万元以下的。

（4）因环境污染造成国家重点保护的动植物物种受到破坏的。

（5）因环境污染造成乡镇集中式饮用水水源地取水中断的。

（6）Ⅲ类放射源丢失、被盗的；放射性同位素和射线装置失控导致10人以下急性重度放射病、局部器官残疾的；放射性物质泄漏，造成小范围辐射污染后果的。

（7）造成跨设区的市级行政区域影响的突发环境事件。

4．一般突发环境事件

凡符合下列情形之一的，为一般突发环境事件：

（1）因环境污染直接导致3人以下死亡或10人以下中毒或重伤的。

（2）因环境污染疏散、转移人员5000人以下的。

（3）因环境污染造成直接经济损失500万元以下的。

（4）因环境污染造成跨县级行政区域纠纷，引起一般性群体影响的。

（5）Ⅳ、Ⅴ类放射源丢失、被盗的；放射性同位素和射线装置失控导致人员受到超过年剂量限值的照射的；放射性物质泄漏，造成厂区内或设施内局部辐射污染后果的；铀矿冶、伴生矿超标排放，造成环境辐射污染后果的。

（6）对环境造成一定影响，尚未达到较大突发环境事件级别的。

上述分级标准有关数量的表述中，“以上”含本数，“以下”不含本数。

（三）广东省突发环境事件分级标准（2012年）

广东省政府2012年8月20日发布并实施的《广东省突发环境事件应急预案》中事件分级标准要严于国家分级标准，具体如下：

1．特别重大（Ⅰ级）突发环境事件

（1）因环境污染直接导致10人以上死亡，或100人以上中毒（或重伤），或因环境污染需疏散、转移群众5万人以上，或因环境污染造成直接经济损失1亿元以上的。

（2）因环境污染造成区域生态功能严重丧失或濒危物种生存环境遭到严重污染，或因环境污染使当地正常的经济、社会秩序受到严重影响，或因环境污染造成地级以上市集中式饮用水源地取水中断的。

（3）Ⅰ类、Ⅱ类放射源丢失、被盗、失控造成大范围严重辐射污染后果，或放射性同位素和射线装置导致3人以上急性死亡；核设施发生需要进入场外应急的严重核事故，或事故辐射后果可能影响邻省和境外的，或按照“国际核事件分级（INES）标准”3级以上的核事件；相邻省（区）核设施中发生的按照“国际核事件分级（INES）标准”属于4级以上的核事件。

(4) 因危险化学品或剧毒化学品生产、储运和销毁中发生泄漏，严重影响人民群众生产、生活的。

5) 大江大河大湖流域性环境污染和生态破坏事件。

(6) 船舶溢油1000吨以上，或者造成直接经济损失两亿元以上的船舶污染事故。

(7) 跨国（境）环境污染和生态破坏事件。

2. 重大（Ⅱ级）突发环境事件

(1) 因环境污染直接导致3人以上、10人以下死亡，或50人以上、100人以下中毒；或因环境事件需疏散转移群众1万人以上、5万人以下，或因环境污染造成直接经济损失2000万元以上、1亿元以下的事件，使当地经济、社会活动受到较大影响的。

(2) 因环境污染造成区域生态功能部分丧失或濒危物种生存环境受到污染、国家重点保护野生动（植）物种群大批死亡的，或造成重要河流、湖泊、水库及沿海水域大面积污染或县级城市集中式饮水水源地取水中断的。

(3) Ⅰ类、Ⅱ类放射源丢失、被盗、失控，或放射性同位素和射线装置失控导致3人以下急性死亡或10人以上急性重度放射病、局部器官残疾；或核设施和铀矿冶炼设施发生的，达到进入场区应急状态标准；或进口再生原料严重环保超标和进口货物严重辐射超标的事件。

(4) 重金属污染或危险化学品、剧毒化学品生产、储运、使用过程中发生爆炸、泄漏等事件；或因非法倾倒、堆放、丢弃、遗撒危险废物等造成的环境事件；发生在国家重点流域、国家级自然保护区、风景名胜区或居民聚集区、医院、学校等敏感区域的事件。

(5) 船舶溢油500吨以上、1000吨以下，或者造成直接经济损失1亿元以上、两亿元以下的船舶污染事故。

(6) 跨省（区）环境污染和生态破坏事件。

3. 较大（Ⅲ级）突发环境事件

(1) 因环境污染直接导致3人以下死亡，或10人以上、50人以下中毒的；或因环境事件需疏散、转移群众5000人以上、1万人以下，或因环境污染造成直接经济损失500万元以上、2000万元以下的。

(2) 因环境污染使国家重点保护的动植物物种受到破坏的。

(3) 因环境污染造成乡镇集中式饮用水源地供水中断的。

(4) Ⅲ类放射源丢失、被盗、失控，或放射性同位素和射线装置失控导致10人以下急性重度放射病、局部器官残疾的。

(5) 船舶溢油100吨以上、500吨以下，或者造成直接经济损失5000万元以上、1亿元以下的船舶污染事故。

(6) 跨地级以上市、省直管县（市、区）环境污染与生态破坏事件。

4. 一般（Ⅳ级）突发环境事件

分级标准在较大突发环境事件以下的环境污染事件为一般突发环境事件。

第三章

突发环境事件常见污染物的特征及应急处置

第一节　重金属及其化合物特征及应急处置

一、重金属污染概述

重金属污染土壤环境

重金属是指密度大于5.09 g/cm^3 的金属元素，包括铁、锰、铜、锌、镉、铅、汞、铬、镍、铝等，约有45种，由于铁和锰在土壤等介质中的含量较高，因而一般不将其纳入重金属的研究行列。砷是一种类金属，但由于其化学性质和环境行为与重金属相似，归于重金属的研究范畴。重金属是重要的工业原料，广泛应用于国民经济的各领域，对推动经济和科技发展起到了积极的作用。但由于重金属产业具有高能耗、重污染的特点，对资源、环境、生态和人类安全带来较大的危害。近年来，“砷毒”“血铅”“镉米”等事件频发，使重金属污染成为最受关注的公共事件之一。目前，我国重金属污染较为严重，且排放量大，据2010年2月6日环境保护部、国家统计局和农业部发布的《第一次全国污染源普查公报》，工业废水中污染物重金属产生量达2.43万吨，实际排入环境水体的重金属（镉、铬、砷、汞、铅等）达0.09万吨。因此，为有效控制重金属污染，2011年4月，我国首个“十二五”专项规划《重金属污染综合防治“十二五”规划》获得国务院正式批复，明确了环境污染中需要重点进行总量控制的5种重金属（汞、铬、镉、铅和类金属砷）。这些重金属是国家排放标准如《污水综合排放标准》（GB 8978－1996），环境质量标准如《地表水环境质量标准》（GB 3838－2002）等严格控制的污染物之一，也是2017年1月1日起实施

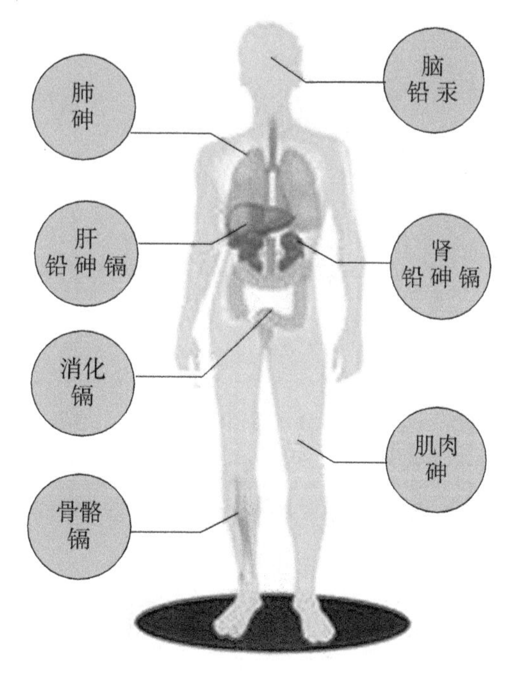

重金属对人体造成严重伤害

的《最高人民法院、最高人民检察院关于办理环境污染刑事案件适用法律若干问题的解释》（注释〔2016〕29号）中列举企业排放重金属超过国家或者地方污染物排放标准3倍以上入刑的污染物。这些重金属的生物毒性显著，在环境中不易被分解，人饮用（吸入）后毒性放大，或与水中的其他毒素结合生成毒性更大的有机物。

二、重金属污染危害

以各种化学状态或化学形态存在的重金属，在进入环境或生态系统后会存留、积累和迁移，对人体健康造成危害。环境中的重金属在微生物作用下可转化为毒性更强的有机金属化合物（如甲基汞），通过各种食物链，经逐级生物富集，亲硫重金属元素（汞、镉、铅、砷等）与人体组织某些酶的巯基（-SH）有特别大的亲合力，能抑制酶的活性，从而造成人体急性或慢性中毒。一般1～10毫克/升，微量浓度重金属能对人产生毒性。

汞：食入后直接沉入肝脏，对大脑、神经、视力破坏极大。天然水中含0.01毫克/升就会导致人体中毒。

镉：导致高血压，引起心脑血管疾病；破坏骨骼和肝肾，并引起肾衰竭。

铅：是毒性较大的一种，一旦进入人体将很难排出，能直接伤害人的脑细胞，特别是胎儿的神经系统，可造成先天智力低下。

砷：是砒霜的组分，有剧毒，会致人迅速死亡。长期接触少量砷，会导致慢性中毒，砷具有致癌性。

铊：会使人产生多发性神经炎。

工业企业生产过程排放的废气

三、环境中重金属污染主要来源

环境中的重金属污染主要来源于工业污染、交通污染、生活垃圾污染、农业污染等方面。

（一）工业污染

矿产冶炼、电镀、塑料、电池、化工、纺织等行业是重金属污染的主要工业源。

一是工业生产活动所排放的重金属颗粒吸附在烟尘上，以气溶胶的形式进入大气，经干湿沉降进入土壤。如煤炭中含有Hg、Se、Pb、Cd、As、Zn、Sb、Ti等多种微量重金属元素，这些元素在高温条件下具有挥发性和半挥发性，即在煤炭燃烧过程中呈气态，或吸附在烟气中的细小颗粒物上呈气溶胶态，并能通过各种烟气污染控制设施释放到大气环境中。2012年5月广东清远连州市曾发生因燃煤电厂烟气排放导致周边儿童血铅超标事件。王起超等对煤燃烧释放Hg进行研究，结果表明，煤中的Hg在燃烧过程中有75%释放到大气中，经估算，中国燃煤每年向大气排Hg200吨以上；全球质量平衡估算表明，由人为源释放到大气中的Hg有1/3来自煤炭燃烧。雒昆利等研究表明燃烧1吨含Pb约30g的煤，燃烧后排放到大气中的 Pb 为 20g 左右，燃煤中 Pb 的排放率约为 66%。

二是工业生产活动中产生的废渣是重金属的重要载体，尤其是一些金属冶炼厂、不锈钢加工厂等企业，废渣中含有多种重金属，往往无处理堆放或直接混入土壤或水体。国内学者对武汉市垃圾堆放场、杭州某铬渣堆存区、车辆废弃场附近土壤中重金属污染的研究表明，这些区域的重金属 Cd、Hg、Cr、Cu、Zn、Ni、Pb、As 的含量均高于当地土壤背景值，而随距离的加大，土壤的重金属含量降低。由于废弃物种类不同，各重金属污染程度也不尽相同，如铬渣堆存区的 Cd、Hg、Pb 为重度污染，Zn 为中度污染，Cr、Cu 为轻度污染。

工业企业排放含重金属的废水污染环境

三是工业废水排放是水环境及土壤环境重金属污染的主要来源。

（二）交通污染

机动车行驶过程中排放尾气污染环境

机动车尾气是大气重金属污染的主要来源之一，也是公路两侧土壤重金属污染的重要来源。交通工具（如汽车、摩托车、轮船等）中使用的汽油、柴油、润滑油和机件镀金属部分都能燃烧或磨损释放出 Pb、Cd、Cu、Zn 等重金属。汽车轮胎中通常含有二乙基锌盐或二甲基锌盐等抗氧化剂，磨损会产生含 Zn 粉尘。刘廷良等研究发现，汽车轮胎添加剂中的 Zn 是城市土壤中 Zn 的重要来源。2007 年陈燕芳对汽车尾气颗粒物中重金属元素含量进行研究，表明尾气颗粒物中含有较多的重金属成分，Pb、Ni、Cr、Cd、Mn 含量分别为 37%、34.5%、22.6%、3.2%和2.6%。

目前，尽管我国已经普及使用无铅汽油，但是原来使用含铅汽油时进入土壤中的 Pb 仍累积在土壤中，含铅汽油造成的不良影响在相当一段时间内仍持续下去。

（三）生活废弃物

生活垃圾中重金属污染来源于垃圾中金属制品或镀金属制品中金属离子渗出溶出。生产中的废弃物未经处理随意堆放，其中的重金属元素向四周环境扩散，对环境造成了污染；堆放的废弃物在雨水的淋洗下会向土壤释放其有效态部分，使得重金属元素的迁移能力增强，增加了对地下水的危害。杨志泉等对垃圾场所渗滤液的有害成分监测中发现存在着数十种重金属元素，并属于毒性较大的污染物，其中铬和锌的质量浓度都超过 100 克/升。

某地生活生产废弃物污染水源

（四）农业生产活动（化学肥料及农药）

农药喷施对土地造成污染

许多农药（如杀虫剂、杀菌剂、杀鼠剂、除草剂）含有 As、Cu 等重金属成分，农业生产中使用的肥料（如磷肥等）含有微量的 Cd、As 等重金属，在城市绿地或农业生产中大量反复使用农药、磷肥等引起土壤及水环境的污染。一般过磷酸盐中含有较多的重金属 Hg、Cd、As、Zn、Pb，磷肥次之，氮肥和钾肥的重金属含量较低。国内学者对上海地区菜园土、粮棉土的研究发现，施肥后，Cd 的含量从 0.134 mg/kg 升到 0 .316 mg/kg，Hg 的含量从 0.22 mg/kg 升到 0.39 mg/kg，Cu、Zn 的含量增长 2/3。新西兰学者对新西兰 50 年前和现今同一地点 58 个土样分析发现，自施用磷肥后，镉含量从 0.39 mg/kg 升至 0.85 mg/kg，增加了 118%。

农用塑料薄膜生产所用的热稳定剂中含有 Cd、Pb，在大量使用塑料大棚和地膜过程中都可以造成土壤重金属的污染。

四、重金属污染特点

（1）生物的富集性。自然环境中的重金属即使浓度小，也可在藻类和底泥中积累，被鱼和贝类吞食，进入食物链，从而造成公害。如日本发生的水俣病（汞污染）以及骨痛病（镉污染），都是由重金属污染引起的。

（2）持久性和不可逆性。进入环境中的重金属可与各种无机配位体（氯离子、硫酸离子、氢氧离子等）和有机配位体（腐蚀质等）生成络合物或螯合物，自身很难降解，且也难于被微生物降解而长久保存在土壤环境中，一旦被污染，很难恢复。

（3）危害性。重金属的毒性与其形态有较大的关系，形态不同，其活性与毒性不同；pH 值和氧化还原是影响重金属形态的主要因素。一般金属有机化合物（如有机汞、有机铅、有机砷、有机锡等）毒性大于金属无机化合物毒性，可溶态金属毒性又大于颗粒态金属毒性，六价铬毒性大于三价铬毒性。

五、重金属污染处置方法

重金属污染物处理方法主要有三类，即物理化学法（膜分离法、吸附法以及离子交换法等）、化学法（化学沉淀法等）和生物法（生物絮凝法和生态修复法等）。

（一）物理化学法

物理化学法是指水体中的重金属离子在不改变其化学形态的条件下通过吸附、浓缩、分离而去除的方法，包括膜分离、吸附以及离子交换等。

1. 离子交换法

离子交换法是指利用交换剂的交换基团与废水中的金属离子进行交换反应，将金属离子置换到交换剂上予以去除的方法。用离子交换法处理重金属废水，如 Cu^{2+}、Zn^{2+}、Cd^{2+} 等，可以采用阳离子交换树脂去除，而以阴离子形式存在的金属离子络合物或酸根，则需用阴离子交换树脂予以去除。

2. 膜分离方法

膜分离方法是指利用一种特殊的半透膜，在外界压力的作用下，在不改变溶液中化学形态的基础上，将溶剂和溶质进行分离或浓缩的方法。膜分离法包括反渗透法、电渗析法、扩散渗析法、液膜法和超滤法等。Hafez 等采用低压反渗透膜分离铬，在 Cr（Ⅵ）初始浓度为 1300～2500 mg/L、氯化钠浓度为 40～50 g/L 的条件下，反渗透膜对铬的去除率达 99.8%。

3. 吸附法

吸附法是指利用吸附剂将废水中的重金属离子去除的方法。吸附法由于占地面积小、工艺简单、操作方便、无二次污染，特别适用于处理含低浓度金属离子的废水。娄淑芳等利用稻草秸秆作为吸附剂进行除砷的实验，结果表明，在中性条件下，吸附 24 小时后稻草秸秆对砷的去除率超过 99%。梁慧锋等用硫酸锰和高锰酸钾合成新生态 MnO_2 除砷，在 pH 值为 6.5、热力学温度为 293 K 条件下反应 30 分钟达到平衡，吸附容量为 63.7 mg/g。Figueira 等利用煤灰除汞，研究表明，在 Hg^{2+} 初始浓度为 602 mg/L、30 ℃、pH 值为 5 时，煤灰的吸附容量达到 4.9 mg/g。赵庆良等利用沸石及其改性材料硅炭素进行除铅试验，结果表明，在 Pb^{2+} 初始浓度为 10 mg/L、pH 值大于 4.62、25 ℃、吸附时间为 30 分钟的条件下，两种材料的吸附容量分别为 2 mg/g 和 1.25 mg/g。

（二）化学法

化学法是指通过发生化学反应去除水中重金属离子的方法，是环境污染事故应急中最常用的方法，处理简单，效果明显。常用的方法有碱性沉淀法（氢氧化物沉淀法）、硫化物沉淀法、组合或其他化学沉淀法、氧化还原法和络合法、电解法等。

1. 碱性沉淀法（氢氧化物沉淀法）

该方法是通过向重金属废水中投加碱性沉淀剂（如石灰乳、碳酸钠等），将水体调到弱碱性，生成难溶的金属氢氧化物或碳酸盐，适用于铬、汞和铅等重金属的去除。

2. 硫化物沉淀法

该方法是通过向废水中投加硫化剂，使金属离子与硫化物反应，生成难溶的金属硫化物沉淀从而得以分离的方法。硫化剂常采用硫化钠、硫化氢或硫化亚铁等。此法的优点是生成的金属硫化物的溶解度比金属氢氧化物的溶解度小，处理效果比氢氧化物沉淀更好，而且残渣量少，含水率低，便于回收有用金属，缺点是硫化物价格高。该方法适用于汞和铅等重金属的去除。

3. 组合或其他化学沉淀法

该方法是指先通过氧化或还原，将重金属离子的价态转化成能够生成难溶化合物的离子价态，再进行化学沉淀，适用于类金属砷和铬（Ⅵ）等重金属的去除。化学沉淀法除砷主要是利用 AsO_4^{3-} 与某些金属离子（如 Ca^{2+}、Fe^{3+}、Al^{3+} 等）形成难溶盐，再通过沉淀、过滤过程去除。实际处理中，常需要用氧化剂（如软锰矿等）先把三价砷氧化为五价砷。

4. 氧化还原法和络合法

该方法是通过向废水中投加还原剂，使金属离子还原为金属或低价金属离子，再投加石灰使其成为金属氢氧化物沉淀分离的方法。还原法可用于铜、汞等金属离子的回收，常用于含铅废水的处理。

5. 电解法

电解法是利用电极与重金属离子发生电化学作用而消除其毒性的方法。按照阳极类型不同，将电解法分为电解沉淀法和回收重金属电解法两类。电解法设备简单、占地小、操作管理方便，且可以回收有价金属，但具有电耗大、出水水质差、废水处理量小的不足。

（三）生物法

生物法是指借助微生物或植物的絮凝、吸收、积累、富集等作用去除水中重金属离子的方法，包括生物絮凝和植物生态修复等。代淑娟等以水洗废啤酒酵母为吸附剂进行

了除铬研究，在 pH 值为 7、室温约 18 ℃、吸附时间为 30 分钟的条件下，沉降 3.5 小时对铬的去除率超过 96%。李雅等采用堆肥—零价铁混合渗透性反应墙（PRB）除铬，在 pH 值为 5.0～5.5 的条件下，28 天后 PRB 对铬的去除率接近 100%。

六、重金属及其化合物特征和污染事故处置

（一）汞及其化合物

1. 概述

汞（Hg），又名水银，是常温下唯一呈液态的金属，化学性质不活泼，不溶于水、盐酸和稀硫酸，易溶于王水及浓硫酸中，高温下能迅速挥发，与氯酸盐、硝酸盐、热硫酸等混合可发生爆炸。液体汞具有恒定的体积膨胀系数，密度是水的 13.6 倍，导电性能良好，表面张力大，导热性能差。汞的晶格为斜方六面体。环境中的汞主要包括金属汞、无机汞、有机汞（如甲基汞、乙基汞和苯基汞）等。无机汞主要以游离态 Hg^{2+} 和 Hg^{+} 形式为主。有机汞以烷基汞为主，汞易与金、银、钠等几乎所有的金属形成合金，称为汞齐。

汞是对人类最具危害性的重金属之一。汞对人体健康的危害与其化学形态、环境条件和侵入人体的途径等有关，有机汞毒性大于无机汞。金属汞蒸气具有扩散性和脂溶性的特点，当汞蒸气经呼吸进入人体后，可被肺泡完全吸收并经血液运至全身，血液中的金属汞可通过血脑屏障进入脑组织，然后在脑组织中被氧化成汞离子。由于汞离子较难通过血脑屏障返回血液，因而逐渐蓄积，损害脑组织。金属汞慢性中毒的临床表现主要是神经性症状，有头痛、头晕、肢体麻木和疼痛、肌肉震颤、运动失调等。大量吸入汞蒸气会出现急性汞中毒，症状表现为肝炎、肾炎、蛋白尿、血尿和尿毒症等。

有机态汞的毒性大小与其种类和化学性质有关。甲基汞脂溶性极强，主要是通过食物进入人体，在人体肠道内极易被吸收并输送到全身各器官，人体中甲基汞与红血球中的巯基（-SH）结合，生成的烷基汞或巯基汞易于在人体内的中枢神经系统、肝脏和肾脏中积累，中毒主要表现出乏力、多梦、头晕、失眠、性情烦躁、记忆力减退、肢端感觉障碍和运动失调等症状，还会造成胎儿痴呆、畸形等。甲基汞所致脑损伤是不可逆的，易导致遗患终身（如水俣病）或死亡。

汞在工业、医药、农业和日常生活中应用十分广泛，如化学工业中可作为生产汞化合物的原料，或作为催化剂如食盐电解用汞阴极制造氯气、烧碱等；以汞齐方式提取金银等贵金属以及镀金、馏金等；口腔科以银汞齐填补龋齿；钚反应堆的冷却剂等。

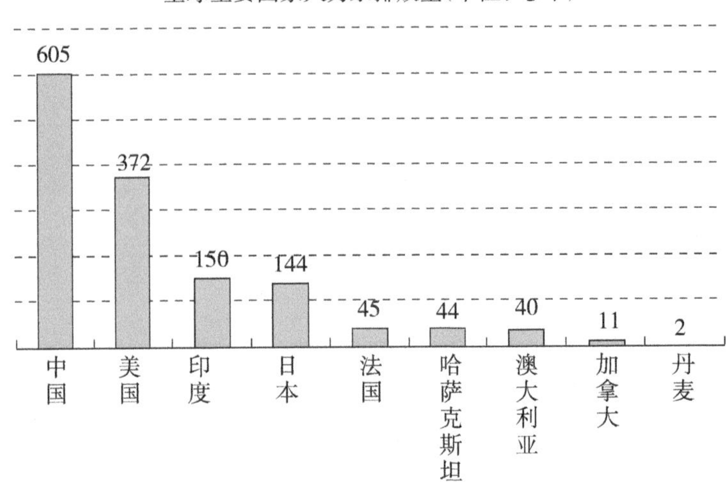

资料来源于《全球汞评估》2005年联合国环境规划署

2005年联合国环境规划署《全球汞评估》报告研究显示，全球人为因素向大气共排放汞近1400多吨，我国是世界上汞消耗量最大的国家之一，也是汞污染最严重的区域之一（见上图）。据国家海洋局公布的2009年中国海洋环境质量公报表明，渤海湾是我国沿海接纳污染物最多的海域，部分区域海湾底泥中汞和锌的含量超标100～2000倍。大气中的汞主要来源于煤和石油的燃烧、含汞金属矿物的冶炼及以汞为原料的工业生产所排放的废气；土壤中的汞主要来源于施用含汞农药、含汞污泥肥料；水体中的汞来源于氯碱、塑料、电池和电子工业等排放的废水。

我国对汞污染防治工作十分重视。2009年下发的《国务院办公厅转发环境保护部等部门关于加强重金属污染防治工作指导意见的通知》中将汞污染防治列为工作重点；2010年5月又发布《国务院办公厅转发环境保护部等部门关于推进大气污染联防联控工作改善区域空气质量指导意见的通知》，进一步提出建设火电机组烟气脱硫、脱硝、除尘和除汞等多污染物协同控制示范工程。

2. 常见汞化合物

(1) 无机汞化合物：

氰化汞［$Hg(CN)_2$］：该化合物是常用危险化学品的分类及标志（GB 13690－92）第6.1类毒害品；剧毒物品分级、分类与品名编号（GA57－93）中，该物质属第一类A级无机剧毒品。本化合物为剧毒，是无色或白色结晶粉末，不燃，易溶于水、氨水、甲醇、乙醇，不溶于苯。主要用于医药、杀菌皂、照相及分析试剂。受高热或与酸接触会产生剧毒的氰化物气体，与硝酸盐、亚硝酸盐、氯酸盐反应剧烈，有发生爆炸的危险。遇水或水蒸气以及酸和酸雾，产生极毒、易燃的氰化氢气体。半致死量（小鼠、经口）33毫克/千克。发生火灾时抢救商品时，防止包装破损而引起环境污染。消防人员须佩戴防毒面具、穿全身消防服，在上风向灭火。灭火剂是干粉、砂土，禁止使用二氧化碳和酸碱灭火剂灭火。

氯化汞（$HgCl_2$）：俗称升汞，有剧毒，白色晶体、颗粒或粉末，常温下微量挥发。溶于水、乙醇、乙醚、乙酸乙酯，不溶于二硫化碳。主要用于制作有机合成的催化剂、防腐剂、消毒剂和分析试剂。生产干电池可用作去极剂，医药上用作防腐杀菌剂，也用作染色的媒染剂、木材的防腐剂和分析化学的试剂等。还用于农药、冶金、制版、涂料和照相等。氯化汞与氢氧化钠作用生成黄色沉淀，与氨水反应，生成白色氯化氨基汞［$Hg(NH_2)Cl$］沉淀。氯化汞燃烧产物为氯化物、氧化汞。灭火剂：干粉、砂土，禁止用二氧化碳和酸碱灭火剂灭火。

砷酸汞（$HgAsO_4$）：常温下为白色晶体或粉末，不燃，高毒，遇高热分解释出高毒烟气。不溶于水，溶于盐酸、硝酸。主要用作化学试剂及油漆涂料工业。燃烧产物为砷、汞、氧化汞、氧化钾。灭火方法：消防人员穿全身防火防毒服，在上风向灭火。

硫化汞（HgS）：在自然界中呈红褐色，称为辰砂或朱砂。难溶于水，不溶于硝酸、盐酸，易溶于硫化钠溶液、王水。主要用于油画颜料、印泥及朱红雕刻漆器等。

氧化汞（HgO）：碱性氧化物，为亮红色或橙红色鳞片状结晶或结晶性粉末，剧毒，有刺激性。不溶于水、乙醇，溶于稀盐酸、稀硝酸、氰化碱和碘化碱溶液。氧化汞可用于制取其他汞化合物，可作催化剂、颜料、抗菌剂、汞电池中的电极材料等，也可用作分析试剂，如锌和氢氰酸测定。半致死量（大鼠，经口）为18毫克/千克。

（2）有机汞化合物：

氯化乙基汞：剧毒，化学性质稳定，为白、黄、灰、棕色粉末或结晶，遇热有挥发性，遇光易分解，微溶于水，溶于乙醇、乙醚。遇明火、高热可燃，放出有毒气体。燃烧（分解）产物为一氧化碳、二氧化碳、氧化物、氧化汞。主要用作农用杀菌剂。口服-大鼠 LD_{50} 为40毫克/千克，口服-小鼠 LD_{50} 为56毫克/千克。灭火方法是消防人员须佩戴防毒面具、穿全身消防服。灭火剂为水、干粉、砂土。

甲基汞：环境中任何形式的汞均可在一定条件下转化为剧毒的甲基汞。甲基汞是一种具有神经毒性的环境污染物，主要侵犯中枢神经系统，可造成语言和记忆能力障碍等。损害的主要部位是大脑的枕叶和小脑，其神经毒性可能与扰乱谷氨酸的重摄取和致使神经细胞基因表达异常有关。受高热、明火会产生有剧毒的蒸气。燃烧（分解）产物为一氧化碳、二氧化碳、氧化汞。主要用于有机合成。

3. 汞污染的应急处置方法

突发性水体汞污染处置。造成水中汞污染的突发性事故，一般是由易溶于水的氯化亚汞、硫酸汞、硝酸汞、次氯酸汞和各种烷基汞等汞化合物所致。因此，如果发生汞污染的重大事件，如泄漏等可以采用“截流——物化处理——底质残留清除”等方式处理。首先根据污染地形建简易拦河坝，防止汞污染物随水流动，把污染控制在一定范围内，之后在污染区域添加化学药剂，如硫化钠、硫氢化钠、硫化氢硫化、铵硼氢化钠等，对于低浓度的汞污染可以采用絮凝吸附法（如活性炭），使之与水中的无机态汞或有机态汞作用生成沉淀或吸附，沉于底泥中；上清液达标后排出，抽干河水，将河床表层30厘米深的土石挖出运走处理，以防在河底层残留的沉淀物二次溶出或渗透污染。

4. 汞污染的现场应急监测方法

(1) 气体检测管法（0.1～10 mg/m^3）。

(2) 水质检测管法（0～0.05 mg/L）。

(3) 便携式分光光度计法。

以上监测方法具体见本书第四章第三节。

5. 汞 环境质量标准、排放标准及实验室监测方法

这里以列表方式介绍我国现行标准及监测方法，见表3－1～表3－4。

表3－1 汞的水环境质量标准及监测方法

<table>
<tr><th>序号</th><th>标准名称</th><th colspan="60">标准限值
（mg/L）</th><th>标准监测方法</th></tr>
<tr><td rowspan="2">1</td><td rowspan="2">《地表水环境质量标准》
（GB 3838-2002）</td><td colspan="12">Ⅰ类</td><td colspan="12">Ⅱ类</td><td colspan="12">Ⅲ类</td><td colspan="12">Ⅳ类</td><td colspan="12">Ⅴ类</td><td rowspan="2">(1)《水质 汞、砷、硒、铋和锑的测定 原子荧光法》（HJ 694-2014）
(2)《水质 总汞的测定 冷原子吸收分光光度法》（HJ 597-2011）</td></tr>
<tr><td colspan="12">0.00005</td><td colspan="12">0.00005</td><td colspan="12">0.0001</td><td colspan="12">0.001</td><td colspan="12">0.001</td></tr>
<tr><td>2</td><td>《地下水质量标准》
（GB/T 14848-93）</td><td colspan="12">0.00005</td><td colspan="12">0.0005</td><td colspan="12">0.001</td><td colspan="12">0.001</td><td colspan="12">0.001</td><td>《生活饮用水标准检测方法—金属指标》
（GB/T 5750.6-2006）
8.1 原子荧光法
8.2 冷原子分光光度法
8.3 双硫腙分光光度法</td></tr>
<tr><td rowspan="2">3</td><td rowspan="2">《海水水质标准》
（GB 3097-1997）</td><td colspan="15">第一类</td><td colspan="15">第二类</td><td colspan="15">第三类</td><td colspan="15">第四类</td><td rowspan="2">《海洋环境监测规范 水质分析》（HY 003.4-1991）
(1) 冷原子吸收分光光度法
(2) 金属捕集冷原子吸收分光光度法</td></tr>
<tr><td colspan="15">0.00005</td><td colspan="15">0.0002</td><td colspan="15">0.0002</td><td colspan="15">0.0005</td></tr>
<tr><td rowspan="2">4</td><td rowspan="2">《农田灌溉水质标准》（GB 5084-92）</td><td colspan="20">一类（水作）</td><td colspan="20">二类（旱作）</td><td colspan="20">三类（蔬菜）</td><td rowspan="3">(1)《水质 总汞的测定 冷原子吸收分光光度法》（HJ 597-2011）
(2)《水质 总汞的测定 高锰酸钾—过硫酸钾消解法 双硫腙分光光度法》（GB 7469-87）</td></tr>
<tr><td colspan="60">≤0.001</td></tr>
<tr><td>5</td><td>《渔业水质标准》
（GB 11607-89）</td><td colspan="60">≤0.0005</td></tr>
</table>

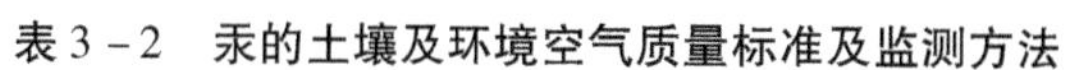

表 3－2　汞的土壤及环境空气质量标准及监测方法

<table>
<tr><th>序号</th><th>标准名称</th><th colspan="6">标准限值</th><th>标准监测方法</th></tr>
<tr><td rowspan="4">1</td><td rowspan="4">《土壤环境质量标准》(GB 15618-95)</td><td rowspan="2">级别</td><td>一级</td><td colspan="3">二级</td><td>三级</td><td rowspan="8">(1)《土壤环境监测技术规范》
(HJ/T 166-2004)
(2)《土壤和沉积物　汞、砷、硒、铋、锑的测定　微波消解/原子荧光法》
(HJ 680-2013)
(3)《土壤质量　总汞的测定　冷原子吸收分光光度法》
(GB/T 17136-1997)</td></tr>
<tr><td colspan="5">(mg/kg)</td></tr>
<tr><td>pH 值</td><td>自然背景</td><td><6. 5</td><td>6. 5～7. 5</td><td>>7. 5</td><td>>6. 5</td></tr>
<tr><td>≤</td><td>0. 15</td><td>0. 30</td><td>0. 50</td><td>1. 0</td><td>1. 5</td></tr>
<tr><td rowspan="2">2</td><td rowspan="2">《展览会用地土壤环境质量评价标准(暂行)》
(HJ 350-2007)</td><td colspan="3">A 级</td><td colspan="3">B 级</td></tr>
<tr><td colspan="3">1. 5 mg/kg</td><td colspan="3">50 mg/kg</td></tr>
<tr><td rowspan="2">3</td><td rowspan="2">《环境空气质量标准》
(GB 3095-2012)</td><td colspan="3">一级</td><td colspan="3">二级</td><td rowspan="2">《环境空气　汞的测定　巯基棉富集－冷原子荧光分光光度法(暂行)》
(HJ 542-2009)</td></tr>
<tr><td colspan="3">0. 05 μg/m³
(年平均)</td><td colspan="3">0. 05 μg/m³
(年平均)</td></tr>
</table>

表 3－3　汞的废水排放标准及监测方法

<table>
<tr><th>序号</th><th>标准名称</th><th colspan="2">标准限值
(mg/L)</th><th>标准监测方法</th></tr>
<tr><td rowspan="3">1</td><td rowspan="3">《污水综合排放标准》
(GB 8978-1996)</td><td colspan="2">第一类污染物最高允许排放浓度</td><td rowspan="3">(1)《水质　总汞的测定　冷原子吸收分光光度法》(HJ 597-2011)
(2)《水质 烷基汞的测定　气相色谱法》
(GB/T 14204-93)</td></tr>
<tr><td>总汞</td><td>烷基汞</td></tr>
<tr><td>0. 05</td><td>不得检出</td></tr>
</table>

续表 3－3

<table>
<tr><td rowspan="4">2</td><td rowspan="4">《电池工业污染物排放标准》
(GB 30484-2013)</td><td>项目</td><td>锌锰/锌银/锌空气电池</td><td>铅电池</td><td>镉镍电池</td><td>锂电池</td><td>太阳能电池</td><td rowspan="4">(1)《水质　总汞的测定　冷原子吸收分光光度法》(HJ 597-2011)
(2)《水质　总汞的测定　高锰酸钾—过硫酸钾消解法　双硫腙分光光度法》(GB 7469-87)
(3)《固定污染源废气　汞的测定　冷原子吸收分光光度法(暂行)》(HJ 543-2009)</td></tr>
<tr><td>废水总汞(mg/L)</td><td>0.005
0.001 特别排放限值</td><td>—</td><td>—</td><td>—</td><td>—</td></tr>
<tr><td>废气汞及化合物(mg/m^3)</td><td>0.01</td><td>—</td><td>—</td><td>—</td><td>—</td></tr>
<tr><td colspan="6">企业边界大气污染物浓度限值
汞及化合物 0.00005 (mg/m^3)</td></tr>
<tr><td rowspan="2">3</td><td rowspan="2">《电镀污染物排放标准》
(GB 21900-2008)</td><td colspan="3">总汞
(mg/L)</td><td colspan="3">总汞特别限值
(mg/L)</td><td rowspan="2">(1)《水质　总汞的测定　冷原子吸收分光光度法》(HJ 597-2011)
(2)《水质　总汞的测定　高锰酸钾—过硫酸钾消解法　双硫腙分光光度法》(GB 7469-87)</td></tr>
<tr><td colspan="3">0.01</td><td colspan="3">0.005</td></tr>
<tr><td rowspan="2">4</td><td rowspan="2">《煤炭工业污染物排放标准》
(GB 20426-2006)</td><td colspan="6">日最高允许排放质量浓度</td><td rowspan="2">《水质　总汞的测定　冷原子吸收分光光度法》(HJ 597-2011)</td></tr>
<tr><td colspan="6">0.05 mg/L</td></tr>
<tr><td rowspan="2">5</td><td rowspan="2">《医疗机构水污染物排放标准》
(GB 18466-2005)</td><td colspan="3">传染病、结核病机构</td><td colspan="3">综合医疗机构</td><td rowspan="6">(1)《水质　总汞的测定　冷原子吸收分光光度法》(HJ 597-2011)
(2)《水质　总汞的测定　高锰酸钾—过硫酸钾消解法　双硫腙分光光度法》(GB 7469-87)
(3)《水质　烷基汞的测定　气相色谱法》(GB/T 14204-93)
(4)《水质　汞、砷、硒、铋和锑的测定原子荧火法》(HJ 694-2014)</td></tr>
<tr><td colspan="3">0.05 mg/L
(日均值)</td><td colspan="3">0.05 mg/L
(日均值)</td></tr>
<tr><td rowspan="4">6</td><td rowspan="4">《城镇污水处理厂污染物排放标准》
(GB 18918-2002)</td><td colspan="6">第一类污染物最高允许排放浓度
(mg/L)</td></tr>
<tr><td colspan="3">总汞 0.001
(日均值)</td><td colspan="3">烷基汞
不得检出</td></tr>
<tr><td colspan="6">污泥农用时最高允许排放浓度
(mg/kg、干污泥)</td></tr>
<tr><td colspan="3">总汞
(pH<6.5)：5</td><td colspan="3">总汞
(pH≥6.5)：15</td></tr>
</table>

表 3－4 汞的废气及固体废物排放标准及监测方法

<table>
<tr><th>序号</th><th>标准名称</th><th colspan="7">允许排放限值</th><th>标准监测方法</th></tr>
<tr><td rowspan="8">1</td><td rowspan="8">《大气污染物综合排放标准》(GB 16297-1996)</td><td rowspan="2">最高允许排放浓度(mg/m^3)</td><td colspan="4">最高允许排放速率(kg/h)</td><td colspan="2">无组织排放监控浓度限值</td><td rowspan="8">(1)《固定污染源废气 汞的测定 冷原子吸收分光光度法(暂行)》(HJ 543-2009)
(2)《环境空气 汞的测定 巯基棉富集—冷原子荧光分光光度法(暂行)》(HJ 542-2009)</td></tr>
<tr><td>排气筒(m)</td><td>一级</td><td>二级</td><td>三级</td><td>监控点</td><td>浓度(mg/m^3)</td></tr>
<tr><td rowspan="6">汞及其化合物 0.012</td><td>15</td><td rowspan="6">禁排</td><td>1.5×10^{-3}</td><td>2.4×10^{-3}</td><td rowspan="6">周界外浓度最高点</td><td rowspan="6">0.0012</td></tr>
<tr><td>20</td><td>2.6×10^{-3}</td><td>3.9×10^{-3}</td></tr>
<tr><td>30</td><td>7.8×10^{-3}</td><td>13×10^{-3}</td></tr>
<tr><td>40</td><td>15×10^{-3}</td><td>23×10^{-3}</td></tr>
<tr><td>50</td><td>23×10^{-3}</td><td>35×10^{-3}</td></tr>
<tr><td>60</td><td>33×10^{-3}</td><td>50×10^{-3}</td></tr>
<tr><td rowspan="2">2</td><td rowspan="2">《锅炉大气污染物排放标准》(GB 13271-2014)</td><td colspan="7">燃煤锅炉 汞及化合物浓度排放限值</td><td rowspan="10">(1)《固定污染源排气中颗粒物测定与气态污染物采样方法》(GB/T 16157-1996)
(2)《固定污染源废气 汞的测定 冷原子吸收分光光度法(暂行)》(HJ 543-2009)</td></tr>
<tr><td colspan="7">0.05 mg/m^3</td></tr>
<tr><td rowspan="2">3</td><td rowspan="2">《火电厂大气污染物排放标准》(GB 13223-2011)</td><td colspan="7">燃煤锅炉 汞及化合物浓度排放限值(特别限值)</td></tr>
<tr><td colspan="7">0.03 mg/m^3</td></tr>
<tr><td rowspan="2">4</td><td rowspan="2">《水泥工业大气污染物排放标准》(GB 4915-2013)</td><td colspan="7">水泥制造——水泥窑及窑尾余热利用系统：汞及化合物浓度排放限值(特别限值)</td></tr>
<tr><td colspan="7">0.05 mg/m^3</td></tr>
<tr><td rowspan="2">5</td><td rowspan="2">《危险废物焚烧污染控制标准》(GB 18484-2001)</td><td colspan="7">焚烧容量炉 排放烟气 汞及化合物最高允许浓度限值</td></tr>
<tr><td colspan="7">0.1 mg/m^3</td></tr>
<tr><td rowspan="2">6</td><td rowspan="2">《生活垃圾焚烧污染控制标准 》(GB 18485-2014)</td><td colspan="7">焚烧炉排放烟气汞及化合物浓度排放限值(测定均值)</td></tr>
<tr><td colspan="7">0.05 mg/m^3</td></tr>
</table>

6. 汞污染典型实例（日本“水俣病”事件）

“水俣病”是20世纪世界最著名的六大环境污染的公共事件之一。由于这一病症最早发生在日本九州岛不知火海之滨的熊本县水俣市，故称“水俣病”。

“水俣病”是指人或其他动物食用了有机汞污染的鱼贝类，使有机汞侵入脑神经细胞而引起的一种综合性疾病。其病状十分复杂，主要临床症状为运动共济失调，知觉、视力、听力、步行、语言等障碍、神经错乱等。

起因：日本熊本县水俣湾边上的小渔村，所有养猫的村民都发现自家的猫经常不由

自主地浑身抽搐，走路不稳、狂舞、乱跳，以至投海死亡的奇怪现象。1956 年 4 月末，水俣市新日本氮素株式会社水俣工厂附属医院发现患者出现浑身上下不停抽搐、手足变形，进而耳聋眼瞎、全身麻木等神经症状。5 月 1 日，院方正式向水俣保健所做了汇报，5 月 28 日由水俣市医生协会、保健所、水俣工厂附属医院、市立医院、市政府联合组建了“奇病对策委员会”，30 日，熊本大学医学院水俣病研究组（以下简称“熊大研究组”）成立。发现水俣怪病后，多领域、多学科的研究人员云集病区，对可能产生奇病的各种因素进行研究，并就致病因素提出了多种观点，如锰嫌疑论说（熊本大学医学部）；多重污染说——锰、硒、钛嫌疑论（厚生省科学研究组）；钛嫌疑论说（熊本大学医学部宫川九平太教授）；硒、钛、锰可疑论说（厚生省公共卫生局）；有机水银怀疑论说（熊本大学研究组）；胺类毒物中毒说（东京工业大学清浦雷作教授）等。

主要原因：熊本大学研究组通过用甲基汞饲养不同动物的实验，发现含甲基汞饲养喂养的动物均出现与人相似的怪病，从而证明“水俣病”是由甲基汞引起的，其祸源是水俣氮素工厂长期排出的工业废水。1925 年，日本氮肥公司在水俣建厂，后又开设了合成醋酸厂。1949 年后，该公司开始生产氯乙烯，1956 年产量超过 6000 吨，在氯乙烯和醋酸乙烯制造过程中使用低成本的氯化汞和硫酸汞作催化剂，生产废水未经处理，直排入海洋中。30 多年中估计有上百吨汞化合物随废水流入“不知火海”。由于“不知火海”是被九州本土和天草诸岛围起来的内海，水流平稳，与外洋几乎不能对流，而水俣湾又是“不知火海”的内湾，湾内更是无波无潮，因此，在水俣湾底质中积累了较多的汞，海底泥里汞经甲基钴氨素细菌作用变成毒性大的

“水俣病”起因及危害示意图

甲基汞，甲基汞每年能以1%速率释放出来，对上层海水形成二次污染，长期生活在这里的鱼、虾、贝类受甲基汞污染，经食物链进入人体。据熊本大学医学院水俣病研究组调查，太平洋海水含汞0.1～0.3微克/升，而“不知火海”的汞含量却达1.6～3.6微克/升，是太平洋的10多倍；“不知火海”底泥每千克干泥最高含汞达2010毫克。一般海鱼每千克含汞0.3毫克，“不知火海”的鱼却达50毫克。鱼肉中50%～70%的汞是以甲基汞形式存在的。在“水俣病”死者的肝、肾和脑等器官中，汞的含量为20.0～70.5毫克、22.6～144.0毫克及2.6～24.8毫克，分别为正常人汞含量的99倍、15倍和17倍。研究结果表明，体重50公斤的成人体内蓄积总量25毫克甲基汞时，便产生感觉障碍，55毫克时出现步行障碍，90毫克时造成语音障碍，200毫克时致死。

后果：熊本“水俣病”是日本有史以来仅次于广岛、长崎原子弹的人为灾害，是人类有史以来最恐怖的公害病。相关资料显示，20世纪80年代末，水俣市确认的“水俣病”患者2 200人，死亡400人，日本全国患者约3万人，死亡逾1000人。

（二）砷及其化合物

1. 概述

砷（As）是一种灰色类金属，元素周期表中第33号元素，相对原子质量74.9216，相对密度5.727，不溶于水和强酸，是人体的非必需元素。在自然界中，砷分布较广泛，常以硫化物和氧化物的形式存在。一般砷的化合物以+5、+3、0、-3四种价态存在。砷的化合物有固体、液体、气体三种。固体的有三氧化二砷（又名砒霜）、二硫化二砷（雄黄）、三硫化二砷（雌黄）和五氧化二砷等；液体的有三氯化砷等；气体的有砷化氢、甲基胂等。

砷及化合物是国际癌症研究所（IARC）、美国环境卫生科学研究院（NIEHS）、美国环保局（US—EPA）等诸多权威机构所公认的人类已确定的致癌物。砷的化合物两类即有无机砷和有机砷：一是无机砷，其氧化物如三氧化砷、五氧化砷等，卤化物如氟化砷、氯化砷、溴化砷等，氢化物如砷化氢、硫化砷等；二是有机砷，如苯基胂酸、氯乙烯基二氯胂、三甲基胂等。砷及其化合物对人体的毒性由大到小为砷化氢、无机亚砷酸盐（三价）、无机亚砷酸盐（五价）、有机三价砷化合物、有机五价砷化合物、砷元素。

某工厂排放的含砷废水污染环境

砷及其化合物广泛用于有色金属冶炼、合金、制酸、电子、军工、玻璃、陶瓷、颜料、制革、医药、农药、杀虫剂、除草剂、羊皮浸渍剂，以及木材和皮革的防腐剂等工业生产和制造，其排放的废水、废气是环境中砷污染的主要来源之一，农业生产中大量使用含砷除草剂、杀虫剂等也是环境中砷污染的重要来源。砷的化合物一般可通过水、大气和食物等途径进入人体，会在肝、肾、肺、脾、子宫、胎盘、骨胳、肌肉等部位，特别是在毛发、指甲中蓄积，从而引起慢性砷中毒，潜伏期长达几年甚至几十年。砷一般从消化道和呼吸道进入人体，被肠胃和肺吸收，散布于体内的组织和血液中，砷排出比较缓慢，可在人体内长期积蓄。砷与酶蛋白质中的巯基、胱氨酸和半胱氨酸含硫的氨基有很强的亲和力，结合后使组织细胞呼吸受阻、线粒体肿胀，从而使代谢停止，细胞死亡。

砷中毒症状一般为四肢无力、腿反射迟钝、肌肉萎缩、皮肤角质化、黑色素沉积，并出现食欲不振、消化不良、呕吐、腹泻等。急性中毒症状为咽干、口渴、流涎、持续性呕吐、腹泻、剧烈头痛、四肢痉挛等，可因心力衰竭或闭尿而死。吸入砷化氢蒸气可发生黄疸、肝硬化，肝、脾肿大等；皮肤接触可触发皮炎、湿疹，严重者可出现溃疡。有机胂化合物大多数是具有砷化氢的衍生结构或偏亚砷酸衍生结构的固态或液态化合物。有机胂化合物的毒性都很强，有刺激性可影响细胞的新陈代谢，即使是极低的浓度也会引发严重的炎症及坏死，除发生眼睛、鼻、呼吸道的黏膜和角膜炎等炎症外，还可发生外表皮的炎症。脂肪族胂化合物特别是二甲胂基系有强烈的刺激性、毒性及难闻气味，三价砷较五价砷的毒性强；芳香族胂化合物虽有难闻的臭味和强烈的刺激性，但毒性较弱。砷比汞、铅等更容易发生水流迁移，其迁移去向是经河流到海洋。砷的沉积迁移是砷从水体析出转移到底质中，包括吸附到粘粒上，共沉淀和进入金属离子的沉淀中，生物可以蓄集砷。

目前，砷污染已成为环境和公共健康突出问题之一。据相关资料统计，因人类活动排放的砷每年大约为24000吨。我国土壤中砷浓度的平均值为11.2 mg/kg，比世界土壤中砷浓度的平均值6 mg/kg高近1倍。国外砷中毒事件时有发生，并造成严重的后果，如1900年英国曼彻斯特因啤酒中添加含砷的糖，造成6000人中毒和71人死亡。1955～1956年日本发生的森永奶粉中毒事件中，因使用含砷中和剂（含三氧化二砷达25～28 ppm），引起12100多人中毒，130人因脑麻痹而死亡。孟加拉国是砷污染最严重的国家，2010年，医学期刊《柳叶刀》报告称，该国7700万人因饮用水（含砷量超过50 μg/L）被砷污染而面临危险，近两百万人集体砷中毒，且已经造成多人丧命。因此，世界卫生组织称之为“历史上一国人口遭遇到的最大的群体中毒事件”。国内因砷污染事件引起严重后果的事件也较突出，据不完全统计，2008年以来，有15起事件。如2006年，湖南岳阳一些化工厂违规排放导致岳阳新墙河受到严重砷污染，砷浓度达到0.31～0.62 mg/L，超过国家标准10倍以上，导致8万多人饮水困难。2007年，贵州独山县企业违规排污，使麻球河和都柳江流域中砷含量超标，造成17人砷中毒，沿河约2万多人生活用水困难。2014年，央视曝光湖南石门因开采矿产所遗留的砷污染，导致周边土壤砷超标19倍，水中砷含量超标1000多倍，157人因砷中毒致癌死亡，当地居民的生活因砷污染受到了非常

严重的影响。

2. 常见化合物

(1) 砷酸（$H_3AsO_4 \cdot 1/2H_2O$）：无色至白色透明斜方晶系细小板状结晶，具有潮解性，不燃，剧毒。溶于水、乙醇、碱液、甘油等。加热风化并分解，用于制造有机颜料，制备无机盐或有机砷酸盐，也用于制造杀虫剂、玻璃、制药等。遇高热、明火会产生剧毒的蒸气，与金属接触会散发出剧毒的砷化氢。

(2) 三氧化二砷（As_2O_3）：俗称砒霜，无臭无味，有非晶系、等轴晶系、单斜晶系的结晶或无色粉末三种状态，易被还原，易被氧化。微溶于水，溶于酸、碱。若遇高热，升华产生剧毒的气体。燃烧（分解）产物为氧化砷。三氧化二砷主要用于提炼砷元素，是冶炼砷合金和制造半导体的原料；玻璃工业用作澄清剂和脱色剂，以增强玻璃制品透光性；皮革工业用以制亚砷酸钠作皮革保藏剂；农业上用作杀虫剂、消毒剂和除锈剂，也用作其他含砷杀虫农药的原料。工业上还用于涂料和颜料，也可作化学试剂，还用于气体脱硫、木材防腐、锅炉防垢以及玻璃和搪瓷等方面。砒霜毒性为：大鼠经口 LD_{50} 14.6 mg/kg；小鼠经口 LD_{50}31.5 mg/kg；兔经口 LD_{50}20.1 mg/kg。人经口 10～15 mg 可致急性中毒，60～300 mg 可致死；敏感者口服 1 mg 即可中毒，20 mg 可致死；每日摄食 3～5 mg，1～3 周亦可中毒。当遇到砒霜中毒时，首选的特效急救药品是二硫基丙磺酸钠。

3. 砷现场应急监测（环境空气、水、土壤）

(1) 检测试纸法（定性，≥0.5μgAs）。

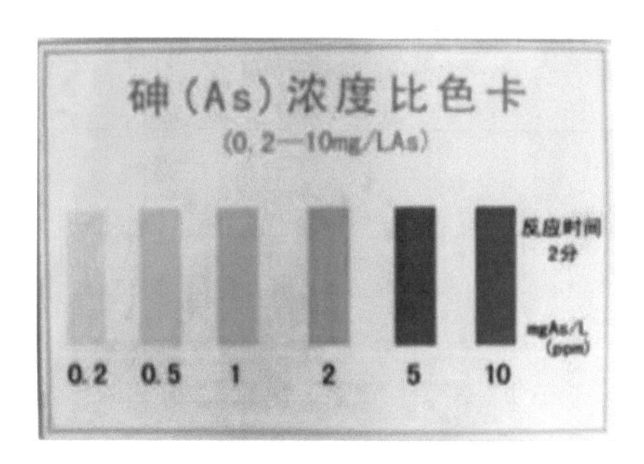

(2) 砷检测管法（商品检测管，0～0.2 mg/L）。

(3) 便携式分光光度计法。

(4) 便携式 X 射线荧光光谱仪法。

以上监测方法具体见本书第四章第三节。

4. 砷的环境质量标准、排放标准与监测方法

这里以列表方式介绍我国现行标准及监测方法，见表 3-5～表 3-7。

表 3-5　砷的水环境质量标准及监测方法

<table>
<tr><th>序号</th><th>标准名称</th><th colspan="60">标准限值
（mg/L）</th><th>标准监测方法</th></tr>
<tr><td rowspan="2">1</td><td rowspan="2">《地表水环境质量标准》
（GB 3838-2002）</td><td colspan="12">Ⅰ类</td><td colspan="12">Ⅱ类</td><td colspan="12">Ⅲ类</td><td colspan="12">Ⅳ类</td><td colspan="12">Ⅴ类</td><td rowspan="3">1)《水质　总砷的测定　二乙基二硫代氨基甲酸银分光光度法》（GB 7485-87）
(2)《水质　汞、砷、硒、铋和锑的测定　原子荧光法》（HJ 694-2014）</td></tr>
<tr><td colspan="12">0.05</td><td colspan="12">0.05</td><td colspan="12">0.01</td><td colspan="12">0.1</td><td colspan="12">0.1</td></tr>
<tr><td>2</td><td>《地下水质量标准》
（GB/T 14848-93）</td><td colspan="12">0.005</td><td colspan="12">0.01</td><td colspan="12">0.05</td><td colspan="12">0.05</td><td colspan="12">0.05</td></tr>
<tr><td rowspan="2">3</td><td rowspan="2">《海水水质标准》
（GB 3097-1997）</td><td colspan="15">第一类</td><td colspan="15">第二类</td><td colspan="15">第三类</td><td colspan="15">第四类</td><td rowspan="2">(1)《水质　总砷的测定　二乙基二硫代氨基甲酸银分光光度法》
（GB 7485-87）
(2)《海洋环境监测规范　水质分析》
（HY 003.4-91）</td></tr>
<tr><td colspan="15">0.020</td><td colspan="15">0.030</td><td colspan="15">0.050</td><td colspan="15">0.050</td></tr>
<tr><td rowspan="2">4</td><td rowspan="2">《农田灌溉水质标准》
（GB 5084-92）</td><td colspan="20">一类（水作）</td><td colspan="20">二类（旱作）</td><td colspan="20">三类（蔬菜）</td><td rowspan="3">(1)《水质　总砷的测定　二乙基二硫代氨基甲酸银分光光度法》
（GB 7485-87）
(2)《水质　汞、砷、硒、铋和锑的测定　原子荧光法》（HJ 694-2014）</td></tr>
<tr><td colspan="20">≤0.05</td><td colspan="20">≤0.1</td><td colspan="20">≤0.05</td></tr>
<tr><td>5</td><td>《渔业水质标准》
（GB 11607-89）</td><td colspan="60">≤0.05</td></tr>
</table>

表 3-6　砷的土壤及环境空气质量标准及监测方法

<table>
<tr><th>序号</th><th>标准名称</th><th colspan="6">标准限值
（mg/kg）</th><th>标准监测方法</th></tr>
<tr><td rowspan="4">1</td><td rowspan="4">《土壤环境质量标准》（GB 15618-95）</td><td>级别</td><td>一级</td><td colspan="3">二级</td><td>三级</td><td rowspan="6">(1)《展览会用地土壤环境质量评价标准（暂行）》（HJ 350-2007）附录A（规范性附录）《土壤中锑、砷、铍、镉、铬、铜、铅、镍、硒、银、铊、锌的测定　电感耦合等离子体原子发射光谱法》
(2)《土壤质量　总汞、总砷、总铅的测定　原子荧光法》
（GB/T 22105.2-2008）
(3)《土壤和沉积物　12种金属元素的测定　王水提取—电感耦合等离子体质谱法》（HJ 803-2016）
(4)《土壤和沉积物汞砷、硒、铋、锑的测定　微波消解/原子荧光法》
（HJ 680-2013）</td></tr>
<tr><td>pH值</td><td>自然背景</td><td><6.5</td><td>6.5～7.5</td><td>>7.5</td><td>>6.5</td></tr>
<tr><td>水田</td><td>15</td><td>30</td><td>25</td><td>20</td><td>30</td></tr>
<tr><td>旱地</td><td>15</td><td>40</td><td>30</td><td>25</td><td>40</td></tr>
<tr><td rowspan="2">2</td><td rowspan="2">《展览会用地土壤环境质量评价标准（暂行）》
（HJ 350-2007）</td><td colspan="3">A级</td><td colspan="3">B级</td></tr>
<tr><td colspan="3">20</td><td colspan="3">80</td></tr>
</table>

续表 3-6

3	《环境空气质量标准》（GB 3095-2012）	一级	二级	(1)《环境空气和废气　砷的测定　二乙基二硫代氨基甲酸银分光光度法（暂行）》（HJ 540-2009） (2)《环境空气　颗粒物中无机元素的测定　波长色散 X 射线荧光谱法》（HJ 830-2017）
		0.06 μg/m³（年平均）	0.06 μg/m³（年平均）	

表 3-7　砷的废水排放标准及监测方法

序号	标准名称	标准限值		标准监测方法
1	《污水综合排放标准》（GB 8978-1996）	第一类污染物最高允许排放浓度（mg/L）		(1)《水质　总砷的测定　二乙基二硫代氨基甲酸银分光光度法》（GB 7485-87） (2)《水质 汞、砷、硒、铋和锑的测定 原子荧光法》（HJ 694-2014） (3)《水质　32 种元素的测定　电感耦合等离子体发射光谱法》（HJ 776-2015）
		总砷：0.5		
2	《中药类制药工业水污染物排放标准》（GB 21906-2008	总砷（mg/L）	总砷特别限值（mg/L）	
		0.5	0.1	
3	《煤炭工业污染物排放标准》（GB 20426-2006）	总砷 日最高允许排放质量浓度		
		0.5（mg/L）		
4	《医疗机构水污染物排放标准》（GB 18466-2005）	传染病、结核病机构	综合医疗机构	
		0.5（mg/L、日均值）	0.5（mg/L、日均值）	
5	《城镇污水处理厂污染物排放标准》（GB 18918-2002）	第一类污染物最高允许排放浓度（mg/L）		(1)《水质　总砷的测定　二乙基二硫代氨基甲酸银分光光度法》（GB 7485-87） (2)《土壤质量　总砷的测定　二乙基二硫代氨基甲酸银分光光度法》（GB/T 17134-1997）
		总砷：0.1（日均值）		
		污泥农用时最高允许排放浓度（mg/kg、干污泥）		
		总砷（pH＜6.5）75	总砷（pH≥6.5）75	

5. 砷污染事件应急处置实例

(1) 砒霜泄漏事件应急处置案例

【事件回顾】

砒霜泄漏事故现场

2002 年 12 月 11 日，广西某县境内一辆运输砒霜的车辆因故翻车，车上装载的 100 桶（每桶 200 千克）共 20 吨砒霜的包装桶严重破损，大部分砒霜泄漏污染现场，其中 30 桶落入一条宽 5 m，流量约 2 m^3/s 的小河内，约 6 吨砒霜泄漏污染河流。该河流属珠江水系的上游支流，流经象州、武宣两县后，进入柳江，最后汇入珠江。事故造成河流严重污染，对下游人畜饮水和生命安全及身体健康构成严重的威胁。

【现场应急处理措施】

第一，及时启动应急预案。事故发生后，各级政府高度重视，及时启动《广西壮族自治区公共卫生突发事件处理预案》，组织相关人员共 300 多人携带救治砒霜中毒的特效急救药品、用于饮水消毒的漂白精片、现场检测仪器和抢救器材等，火速赶赴现场。立即派出专家组，指导当地卫生部门做好饮水卫生、预防中毒的应急救援工作，并协助当地政府对事故现场的应急处理提供技术指导。

第二，拦河筑坝，河流改道。在事故发生地上游 300 m 处筑两道堤坝，绕过事发点挖一条长约 500 m 的分流沟渠，使该段河水不再流经有砒霜污染的河面。

第三，用生石灰中和处理砒霜。

①向污染河流段投入大量（约 30 吨）生石灰，使其与河水中已经溶解的砒霜反应，一是生成砷的沉淀物沉积于河床底，二是中和水中的砒霜毒性。

②在泄漏事故点下游 10 ～ 50 m 的河流范围内，用装入生石灰的编织袋，分别筑起 5 道生石灰坝，阻止事故点下游残留的泄漏砒霜向下游蔓延。

③针对撒落在河岸上沿线 60 m 的陡坡地面上和撒满在植被上的砒霜，首先向撒落砒霜沿线 60 m 陡坡地面和植被撒上一层生石灰再浇上水，使其与砒霜发生中和反应，在确保现场处理人员安全的前提下，铲除灌木杂草，将受累及范围的表层泥土刨挖约 20 cm 深，并全部运回工厂作砷的回收处理；将撒落在岩石和石缝上无法清扫的砒霜，用消防车的高压水泵喷射洗净，然后在沿线 60 m 的陡坡上再覆盖一层生石灰并浇上水，让其形成石灰乳覆盖表面，以达到清除砒霜污染的目的。

第四，彻底清除泄漏砒霜污染。将上游原来临时建的简易拦河坝改建成永久性的水泥坝，解决河水渗漏的问题，并向事故点上、下游延长扩大投入生石灰覆盖的范围，使坝内的河水完全用生石灰中和沉淀后，抽干河水，将河床表层 30 cm 深的土石挖出运走，再铺上一层生石灰，并在其上覆盖一层 10 cm 厚的水泥混凝土，永久性固化事故点的河滩，以防在河底层残留的含有砷的沉淀物二次溶出或渗透。

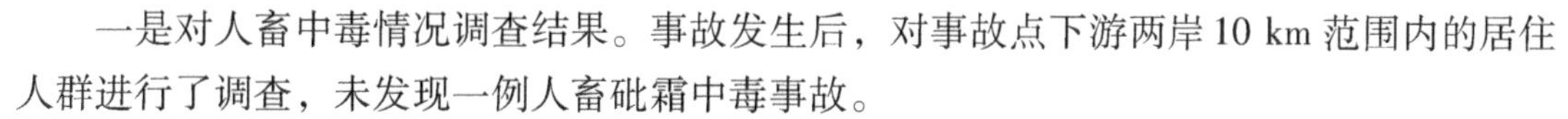

【处置效果评价】

一是对人畜中毒情况调查结果。事故发生后，对事故点下游两岸10 km范围内的居住人群进行了调查，未发现一例人畜砒霜中毒事故。

二是对水污染处理效果评价。事故发生后，对事故现场的下游三个县内的河段，分段设立动态监测点，全程共设立了17个监测点，每4小时采集一次水样分析水中砷的浓度。对事故点、事故点下游5 km、10 km、30 km处三个监测点的水样砷浓度监测结果进行统计，第1个监测点（事故点）砷污染在事发的次日16:00时达到最高峰，最高为6.0 mg/L，超过国家《地表水环境质量标准》（GB 3838-2002）Ⅱ类（0.05 mg/L）119倍。经采用上述综合措施处理后，砷污染态势得到了有效的控制，从第三天开始河水的砷浓度迅速回落，10天后降至0.078 mgL。

三是对本次应急处置采用碱性沉淀法效果评价。对污染的水体中投加生石灰的作用有两方面：一方面，生石灰与砒霜反应后生成砷酸钙，难溶于水，沉淀于河泥中，反应式如下：

$$3Ca(OH)_2 + As_2O_3 = Ca_3(AsO_3)_2 \downarrow + 3H_2O$$

另一方面生石灰能提高水的pH值，使毒性较强的三价砷氧化为毒性较弱的五价砷，降低了毒性。

实践证明，砷污染应急事故处理工作中，用生石灰作为沉淀剂，并结合其他辅助措施，不仅安全有效、简便易行，而且可以达到彻底清除污染的效果。

（2）砷等重金属污染河流应急处置案例

【事件回顾】

2013年9月12日零时，北江预警监测系统显示，广东省地表水自动监测系统坪石子站砷浓度为0.072 mg/L，超标0.44倍，武江河地表水重金属浓度出现异常。经对武江河各支流及相关断面水质进行采样和监测分析，发现湖南省跨境支流南花溪和乐昌交界断面地表水砷浓度为0.0753 mg/L，超标0.51倍；镉浓度为0.0769 mg/L，超标13倍。据预判，该事件将对广东省武江、北江饮用水源水质安全构成威胁。

【处置措施】

一是第一时间畅通粤湘信息互通渠道。广东省环保厅在接到通报后，按照《湘粤两省跨界河流水污染联防联控协作框架协议》，立即知会湖南省环保厅。同时，韶关市环保局根据《韶关市环境保护局　郴州市环境保护局关于建立边界应急联动工作机制的协议》，也立即向湖南省郴州市环保局、宜章县环保局通报相关情况，商请郴州市环保局及宜章县环保局联手开展环境安全排查整治行动，从源头上控制砷、镉污染源进一步流入广东省武江河段。

二是迅速组织污染源排查和水质监测。湖南省宜章县环保局接到广东省通报后，立即开展污染源排查工作。9月13日凌晨排查发现污染源位于武江河上游兰花溪段的宜章县岩泉镇一家非法冶炼铟厂，该厂利用暗管将高浓度的重金属废水偷排至武水（江）支流乐水河，经对厂区残存的废水进行监测发现，废水中砷浓度为8528 mg/L，超标17055倍；镉浓度为3559 mg/L，超标35589倍；铊浓度为57.2 mg/L。宜章县相关部门立即对该厂依法进行取缔，切断污染源。事件发生后，韶关市环保局也立即组织乐昌市环保部门对武江沿岸河段布设13个监测点位进行采样监测，并根据受污染水流移动情况及污染源情况不断调整监测方案，密切监控水质变化。同时，开展境内武江河沿途环境安全排查。

三是密切关注水质异常处置情况。水质异常情况出现后，广东省环保厅密切关注事件处置进展情况，与韶关市环保局和乐昌市环保局负责同志加强沟通，通过电话、短信、电子邮件等及时了解采样监测点位镉、砷、铊浓度数据，掌握应急处置工作进展情况。同时，与湖南省环保厅保持密切联系，全面了解事件处置的进度。韶关市环保局邀请环保部华南环境科学研究所的专家进行研究，提出处置建议。乐昌市政府组织相关部门召开专项应对处置工作会议，全面部署开展应对武江河重金属浓度异常工作，乐昌市城管局、水务局、卫生局、自来水公司等部门配合做好预警应对工作。辖区内河流型自来水厂在环保部门的指导督促下，落实除砷、除镉、除铊工艺技术的应对工作，坪石镇和乐昌市水厂供水正常，武江河乐昌市、乳源县各断面也未出现砷、镉浓度超标情况。

【处置效果】

通过湘粤两省环保部门密切协作，采取调水稀释处置，沿线水厂积极启用了镉、砷、铊去除工艺的处置措施，至2013年9月24日，广东省武江河全段水质已恢复正常，沿线水厂供水未受到影响，将事件对社会的影响降到最低程度。

【成功经验】

第一，信息共享互通，及时掌握事件发展变化。突发事件的信息工作是应急管理工作的“生命线”。广东、湖南两省环保部门建立信息互通机制，每天交换应急监测数据等相关信息，及时共同掌握污染状况和事件处置进展情况，实现上下游互通、跨部门共享的应急处置一盘棋的工作机制，保证了事件处置的及时性、主动性。

第二，科学布控，密切监控水质水情。跨界污染事件中，科学布置监测点位、第一时间准确提供水质水情，为应急处置争取了宝贵的时间，提供了有力的技术支撑。跨界两省联合制定环境应急监测方案，统一监测分析方法和评价标准，建立上下游一体的环境监测网络，实现上下游应急处置一张水系图、一张监测表。环保、水利、卫生等部门联合开展应急监测工作，环保部门密切监控河流水质变化，卫生部门密切监控水厂水源水、出厂水、末梢水、备用水源水质变化，水利部门密切监控河流、水库水文变化，各部门每天定期交流水质情况，为事件处置决策提供技术支撑。

第三，跨界联手，形成治污合力。跨界河流水污染联防联控协作框架协议签订后，协议双方将省跨界流域水污染防治作为环境保护工作重点，纳入各自辖区环境保护规划，并采取有力措施切实加强辖区内污染防治工作，建立水源保护和污染防治长效机制，以努力控制和减少流域水环境污染影响。一旦发生跨界污染事件，相关省区将会本着相互理解、相互支持的原则，在水质监测、污染削减、水量调度、信息互通等方面进行积极沟通协调，两省（区）共商联合处置水污染事件工作，确保水质安全。

第四，依靠预警，迅速排查污染源。建立河流水质预警实时监控系统，能及时发现水质异常情况。广东省2014年完成了北江流域饮用水源水质预警监控系统建设，实现水质自动监测预警。武江水质异常事件起始于广东省地表水自动监测系统发现的重金属浓度异常，发现时间早，为及时切断污染源、提前介入应急处置、提前保障沿线水厂取水供水争取了时间，使处置工作较为主动，造成的污染程度小，处置工作迅速、耗时少，且未造成水厂停水，饮用水源未受到影响。

（三）镉及其化合物

1. 概述

镉（Cd）是一种灰色而有光泽的金属，在自然界中主要以硫化镉（CdS）形式存在。金属镉化学性质较为活泼，在空气中可被缓慢氧化而失去金属光泽，加热时可在表面形成氧化物，也可与硫直接化合生成硫化镉。镉不溶于水，能溶于硝酸、醋酸，在稀盐酸和稀硫酸中缓慢溶解，同时放出氢气。高温下镉与卤素反应激烈，形成卤化镉；也可与硫直接化合，形成硫化镉。镉的化合物大多数为无色，但硫化物为黄色或橙色。有毒的镉化合物有醋酸镉、硫酸镉、硝酸镉、氰化镉、氧化镉、邻氨基苯甲酸镉等，其中除硫化镉和氧化镉极微溶于水外，其余都溶于水。

镉被国际癌症研究署（IARC）归类为第一类人类致癌物，对人体健康的影响越来越受到世人的关注。各国对不同类的食物或饮用水中镉浓度限值进行了限定，美国《饮用水水质标准》中，镉的最高污染限量目标和最高污染限值均为 0.005 mg/L，世界卫生组织（WHO）建议镉在饮用水中的限值为 0.003 mg/L。我国《生活饮用水水质卫生规范》（GB 5749-2006）镉的限值为 0.005 mg/L；国际食品法典委员会（CAC）制定粮食中镉的推荐限量：豆类 0.1 mg/kg，稻谷 0.2 mg/kg，大米 0.4 mg/kg，大豆及花生 0.2 mg/kg。我国国家标准《食品中镉限量卫生标准》（GB 15201－94）对镉限量进行规定：大米 0.2 mg/kg，面粉 0.1 mg/kg，杂粮、蔬菜和蛋类 0.05 mg/kg，水果 0.03 mg/kg，肉和鱼 0.1 mg/kg。

镉污染对人体伤害症状之一

镉和其他元素的协同作用可增加其毒性。镉通过“三废”排入环境，环境受镉污染后，镉能在生物体内富集，易被农作物、蔬菜、稻米所吸收，通过食物链进入人体引起慢性中毒。镉被人体吸收后，在体内形成镉硫蛋白，选择性蓄积在肝、肾中。镉与含羟基、氨基、巯基的蛋白质分子结合，使许多酶系统受到抑制，影响肝、肾器官中酶系统的正常功能。镉从人体中的排出速度慢，人肾皮质镉的生物学半衰期为 10～30 年，周期长、隐蔽性大，是最易在体内蓄积的有毒物质。长期摄入会影响人的造血、神经、肾脏和其他器官的功能，具有致癌、致畸和致突变作用。

镉在工业上应用广泛，镉作为原料或催化剂用于生产电池、塑料、颜料和试剂、塑胶稳定剂，由于镉的抗腐蚀性及耐摩擦性，也是生产不锈钢、电镀以及制作雷达、电视机荧光屏等原料；还是制造原子核反应堆用控制棒的材料之一。目前，世界各国都存在着不同程度的镉污染，工业发达国家尤为突出，如美国工业每年向大气排放的镉多达1000 吨以上，日本神户每年排放含镉的废水多达3000 吨。我国镉污染已成为严重环境安全问题，近几年，镉污染事件频发，如2005 年广东北江的镉污染事件、2006 年湖南湘江的镉污染事件、2009 年湖南浏阳镉污染事件、2012 年广西的龙江河镉污染事件，造成沿岸及下游数百万居民饮用水安全遭到严重威胁。我国镉污染主要是工业生产中排放的废渣、废气和废水引起的。水体中镉的污染主要来自铅锌矿、有色金属冶炼、电镀、玻璃、油漆颜料、纺织印染、照相等行业。目前，镉污染呈现出的由点到面、由工业向农业、由水体向土壤甚至食品转移的态势，已从看似遥远的工业排污口，悄悄地转移到人们的米柜和菜篮，形成废水—土壤—植物—人体污染途径。

2．镉化合物污染事故应急处理方法

突发性水环境污染时，镉主要以溶解态形式存在，所占比例在60% 以上。因此，污染水体应急一般采用化学沉淀技术处理。该方法应用于多起污染事故中，效果好，如广东北江镉污染事件、广西龙江镉污染事件等。

化学沉淀法主要是通过适当的化学反应，将废水中呈溶解态的镉离子转变为难溶于水或不溶于水的化合沉淀物，然后再通过过滤从水体中去除这些沉淀物。主要包括难溶盐沉淀法、氢氧化物沉淀法和铁氧体法。

难溶盐沉淀法使用沉淀剂与废水中的镉离子形成难溶的沉淀化合物，从而将镉离子从水中去除。目前，最常用的是硫化物沉淀法。其原理是在 pH 值大于 6 时，S^{2-} 与溶液中的 Cd^{2+} 反应生成难溶物 CdS，化学反应方程式为：$S^{2-} + Cd^{2+} \rightarrow CdS\downarrow$。沉淀剂一般选用 Na_2S、NaHS、H_2S 等，硫化物沉淀过程中遇到酸会产生 H_2S 气体，造成二次污染。因此，如何避免或减少 H_2S 气体的产生成为目前硫化物沉淀法亟需解决的问题。

氢氧化物沉淀法又称中和沉淀法，是在含有镉离子的废水中加入碱，镉离子就会以氢氧化物的形式沉淀析出。其中，OH^- 与溶液中 Cd^{2+} 的反应为：$2OH^- + Cd^{2+} \rightarrow Cd(OH)_2\downarrow$。在沉淀过程中，影响其效果的因素主要有 pH、沉淀剂种类和沉淀方式等。pH 太低，镉离子不会完全沉淀；pH 太高，沉淀物会出现反溶。常用的沉淀剂有 NaOH、$Ca(OH)_2$、$CaCO_3$、CaO 等，NaOH 比石灰沉淀效果好。出于对成本的考虑，沉淀剂一般选用 $CaCO_3$、$Ca(OH)_2$或 CaO。在氢氧化物沉淀法去除镉离子过程中，由于颗粒微细难以沉淀，往往需要添加絮凝剂使其沉淀。因此解决氢氧化物处理废水后的固液分离问题，改善混凝沉淀效果，成为氢氧化物沉淀法的一个研究方向。

铁氧体法是向含有镉离子的废水中投加铁盐，使镉离子形成铁氧体晶粒沉淀析出。用 NaOH 将溶液 pH 值调至 8～9，Cd^{2+} 与铁盐生成铁氧体：$Cd^{2+} + Fe^{2+} + Fe^{3+} + OH^- \rightarrow Cd_xFe_{(3-x)}O_4$。在沉淀过程中，影响其效果的因素主要有沉淀剂用量、反应温度、pH 等。

形成铁氧体需要提供足量的 Fe^{2+} 和 Fe^{3+}，而废水中的铁离子往往满足不了要求，必须额外投加 $FeCl_2$或 $FeSO_4$。反应温度影响铁氧体晶体的形成，升温可以加快生成铁氧体的速度，但是能耗增加，而且温度过高会产生大量的烟雾，既污染环境，又影响试验效果。在铁氧体法中仍然存在 pH 过低，沉淀不会完全析出；pH 过高，沉淀物出现反溶的问题。铁氧体法反应温度高，能耗高，处理时间长，沉淀物不易分离，因此在处理废水时仍需改善工艺。

3. 镉现场应急监测（水、土壤）

（1）水质检测管法（0～0.1 mg/L）。

（2）便携式比色计/光度计法（0.002～2.0 mg/L）。

（3）便携式分光光度计法。

（4）便携式 X 射线荧光光谱仪法。

以上监测方法具体见本书第四章第三节。

4. 镉常见化合物

镉化合物有氧化镉（CdO）、硫化镉（CdS）、硫酸镉（$CdSO_4$）、氯化镉（$CdCl_2$）、硝酸镉［$Cd(NO_3)_2$］、氰化镉［$Cd(CN)_2$］等。

氧化镉形态

（1）氧化镉（CdO）：无气味，具有氧化性。与镁的混合物加热时可发生爆炸。受高热分解，放出有毒的烟气。与硫、硒和锌接触会发生反应。与酸接触生成氢气。与大多数氧化剂如氯酸盐、硝酸盐、高氯酸盐或高锰酸盐等混合，形成爆炸性能的化合物。受高热分解放出有毒的气体。在空气中吸收二氧化碳变成碳酸镉，颜色逐渐变白。在氯气流中加热变成氯化镉。加热到300 ℃时，被氢气还原成金属镉。氧化镉不溶于碱，难溶于水，易溶于酸及铵盐溶液，在潮湿空气中会缓慢转变为碳酸镉。可用于制取各种镉盐。电镀工业用于配制镀镉电镀液；电池工业用于制造蓄电池的电极；电子工业用于制造光电笔管、射线照相和晶体光学材料；冶金工业用于制造各种合金如硬钢合金、印刷合金等；颜料工业用于制造镉颜料，用于油漆、玻璃、搪瓷和陶器釉药中；还用作涤纶、腈纶拉丝时的催化剂，原子核反应堆的反射、控制和调节材料。

（2）氯化镉（$CdCl_2$）：无色单斜晶体，不燃，有毒，具刺激性。易溶于水，溶于丙酮，微溶于甲醇、乙醇，不溶于乙醚。受高热分解产生有毒的腐蚀性烟气。其有害燃烧产物为氯化氢。氯化镉用于制造照相纸和复写纸的药剂、镉电池，还可用作陶瓷釉彩、合成纤维印染助剂和光学镜子的增光剂。

（3）氰化镉［$Cd(CN)_2$］：剧毒，无色结晶，不燃，在空气中稳定，加热变为棕色。能溶于水、稀酸、氰化钠和氨水，不溶于醇。与氯酸盐，亚硝酸钠（钾）混合可爆炸；遇水，潮气和酸分解有毒氢化氢气体；热分解排出有毒含镉 氰化物烟雾。

（4）硫酸镉（$CdSO_4$）：白色正交晶系结晶，有毒，溶于水，不溶于乙醇、醋酸和乙醚。其粉尘或烟尘能引起人中毒，表征为呼吸器官、消化系统和神经系统出现障碍。对水生生物有极高毒性，对水体环境产生长期不良影响。硫酸镉是电镀工业酸性镀镉法中电镀液的主要成分，电池工业用作镉电池、韦斯顿电池和其他标准电池的电解质，医药上用作角膜炎等洗眼水中的防腐剂和收敛剂，还可用于制造其他镉盐与标准镉元素。

（5）硝酸镉［$Cd(NO_3)_2$］：无色针状或棱形晶体，致癌物，有吸潮性，在空气中会潮解。溶于水，溶于乙醇、丙酮、乙酸乙酯、乙醚。用于制造催化剂、电池、含镉药剂及其他镉盐和氧化镉、分析试剂等。

5. 镉的环境质量标准、排放标准及实验室监测方法

这里以列表方法介绍我国现行标准监测方法，见表 3－8～表 3－11。

表 3－8　镉的水环境质量标准及监测方法

序号	标准名称	标准限值（mg/L）					标准监测方法
1	《地表水环境质量标准》（GB 3838-2002）	Ⅰ类	Ⅱ类	Ⅲ类	Ⅳ类	Ⅴ类	（1）《水质铜、锌、铅、镉的测定　原子吸收分光光度法》（GB/T 7475-1987） （2）《水质　32 种元素的测定　电感耦合等离子体发射光谱法》（HJ 776-2015） （3）《水质　65 种元素的测定　电感耦合等离子体质谱法》（HJ 200-2014）
		0.001	0.005	0.005	0.005	0.01	
2	《地下水质量标准》（GB/T 14848-93）	0.0001	0.001	0.01	0.01	0.01	《生活饮用水标准检测方法——金属指标》（GB/T 5750.6-2006） 8.1　原子荧光法 8.2　冷原子分光光度法 8.3　双硫腙分光光度法
3	《海水水质标准》（GB 3097-1997）	第一类	第二类	第三类	第四类		《海洋环境监测规范　水质分析》（HY 003.4-1991） （1）冷原子吸收分光光度法 （2）双硫腙分光光度法
		0.001	0.005	0.010	0.010		
4	《农田灌溉水质标准》（GB 5084-92）	一类（水作）	二类（旱作）	三类（蔬菜）			（1）《水质　铜、锌、铅、镉的测定　原子吸收分光光度法》（GB/T 7475-1987） （2）《水质　镉的测定　双硫腙分光光度法》（GB 7471-87）
		≤0.005					
5	《渔业水质标准》（GB 11607-89）	≤0.005					

表 3－9　镉的土壤及环境空气质量标准及监测方法

<table>
<tr><th>序号</th><th>标准名称</th><th colspan="6">标准限值</th><th>标准监测方法</th></tr>
<tr><td rowspan="4">1</td><td rowspan="4">《土壤环境质量标准》(GB 15618-95)</td><td rowspan="2">级别</td><td>一级</td><td colspan="3">二级</td><td>三级</td><td rowspan="4">(1)《土壤环境监测技术规范》(HJ/T 166-2004)
(2)《土壤质量 铅、镉的测定 KI－MIBK 萃取火焰原子吸收分光光度法》(GB/T 17140-1997)
(3)《土壤质量 铅、镉的测定 石墨炉原子吸收分光光度法》(GB/T 17141-1997)
(4)《土壤和沉积物 12 种金属元素的测定　王水提取—电感耦合等离子体质谱法》(HJ 803-2016)</td></tr>
<tr><td colspan="5">(mg/kg)</td></tr>
<tr><td>pH 值</td><td>自然背景</td><td><6.5</td><td>6.5～7.5</td><td>>7.5</td><td>>6.5</td></tr>
<tr><td>≤</td><td>0.20</td><td>0.30</td><td>0.30</td><td>0.6</td><td>1.0</td></tr>
<tr><td rowspan="2">2</td><td rowspan="2">《展览会用地土壤环境质量评价标准(暂行)》
(HJ 350-2007)</td><td colspan="3">A 级</td><td colspan="3">B 级</td><td rowspan="2">《展览会用地土壤环境质量评价标准(暂行)》(HJ 350－2007) 附录 A (规范性附录)《土壤中锑、砷、铍、镉、铬、铜、铅、镍、硒、银、铊、锌的测定　电感耦合等离子体原子发射光谱法》</td></tr>
<tr><td colspan="3">1 mg/kg</td><td colspan="3">22 mg/kg</td></tr>
<tr><td rowspan="2">3</td><td rowspan="2">《环境空气质量标准》
(GB 3095-2012)</td><td colspan="3">一级</td><td colspan="3">二级</td><td rowspan="2">(1)《空气和废气　颗粒物中铅等金属元素的测定　电感耦合等离子体质谱法》(HJ 657-2013)
(2)《空气和废气　颗粒物中铅等金属元素的测定　电感耦合等离子体发射光谱法》(HJ 777-2015)
(3)《空气空气　颗粒物中无机元素的测定　波长色散 X 射线荧光谱法》(HJ 830-2017)</td></tr>
<tr><td colspan="6">0.005 μg/m^3
(年平均)</td></tr>
</table>

表 3-10 镉的废水排放标准及监测方法

<table>
<tr><th>序号</th><th>标准名称</th><th colspan="6">标准限值</th><th>标准监测方法</th></tr>
<tr><td rowspan="2">1</td><td rowspan="2">《污水综合排放标准》
(GB 8978-1996)</td><td colspan="6">第一类污染物最高允许排放浓度</td><td rowspan="2">(1)《水质 32 种元素的测定 电感耦合等离子体发射光谱法》
(HJ 776-2015)
(2)《水质 65 种元素的测定 电感耦合等离子体质谱法》(HJ 700-2014)
(3)《水质 铜、锌、铅、镉的测定 原子吸收分光光度法》
(GB/T 7475-1987)</td></tr>
<tr><td colspan="6">总镉 0.1 mg/L</td></tr>
<tr><td rowspan="4">2</td><td rowspan="4">《电池工业污染物排放标准》
(GB 30484-2013)</td><td>项目</td><td>锌锰/锌银/锌空气电池</td><td>铅电池</td><td>镉镍电池</td><td>锂电池</td><td>太阳能电池</td><td rowspan="4">(1)《水质 铜、锌、铅、镉的测定 原子吸收分光光度法》
(GB/T 7475-87)
(2)《水质 镉的测定 双硫腙分光光度法》
(GB 7471-87)
(3)《大气固定污染源 镉的测定 火焰原子吸收分光光度法》
(HJ/T 64.1-2001)
(4)《大气固定污染源 镉的测定 石墨炉原子吸收分光光度法》
(HJ/T 64.2-2001)</td></tr>
<tr><td>废水总镉(mg/L)</td><td>—</td><td>0.02</td><td>0.05</td><td>—</td><td>—</td></tr>
<tr><td>废气镉化合物</td><td>—</td><td>—</td><td>0.2 (mg/m^3)</td><td>—</td><td>—</td></tr>
<tr><td colspan="6">企业边界大气污染物浓度限值
镉及化合物 0.000005 (mg/m^3)</td></tr>
<tr><td rowspan="2">3</td><td rowspan="2">《电镀污染物排放标准》
(GB 21900-2008)</td><td colspan="3">总镉限值</td><td colspan="3">总镉特别限值</td><td rowspan="2">(1)《水质 铜、锌、铅、镉的测定 原子吸收分光光度法》
(GB/T 7475-87)
(2)《水质 镉的测定 双硫腙分光光度法》
(GB 7471-87)</td></tr>
<tr><td colspan="3">0.05 mg/L</td><td colspan="3">0.01 mg/L</td></tr>
<tr><td rowspan="2">4</td><td rowspan="2">《煤炭工业污染物排放标准》
(GB 20426-2006)</td><td colspan="6">日最高允许排放质量浓度</td><td rowspan="2">《水质 镉的测定 双硫腙分光光度法》
(GB 7471-87)</td></tr>
<tr><td colspan="6">总镉 0.1 mg/L</td></tr>
</table>

续表 3－10

<table>
<tr><td rowspan="2">5</td><td rowspan="2">《医疗机构水污染物排放标准》(GB 18466-2005)</td><td>传染病、结核病机构</td><td>综合医疗机构</td><td rowspan="6">(1)《水质　镉的测定　双硫腙分光光度法》(GB 7471-87)
(2)《水质　铜、锌、铅、镉的测定　原子吸收分光光度法》(GB/T 7475-87)
(3)《土壤质量　铅、镉的测定　石墨炉原子吸收分光光度法》(GB/T 17141-97)
(4)《水质　32 种元素的测定　电感耦合等离子体发射光谱法》(HJ 776-2015)</td></tr>
<tr><td colspan="2">总镉 0.1（mg/L、日均值）</td></tr>
<tr><td rowspan="4">6</td><td rowspan="4">《城镇污水处理厂污染物排放标准》(GB 18918-2002)</td><td colspan="2">第一类污染物最高允许排放浓度</td></tr>
<tr><td colspan="2">总镉 0.01 mg/L（日均值）</td></tr>
<tr><td colspan="2">污泥农用时最高允许排放浓度
（干污泥）</td></tr>
<tr><td>总镉（pH <6.5）
5 mg/kg</td><td>总镉（pH≥6.5）
20 mg/kg</td></tr>
</table>

表 3－11　镉的废气排放标准及监测方法

<table>
<tr><td>序号</td><td>标准名称</td><td colspan="7">允许排放限值</td><td>标准监测方法</td></tr>
<tr><td rowspan="10">1</td><td rowspan="10">《大气污染物综合排放标准》(GB 16297-96)</td><td rowspan="2">最高允许排放浓度(mg/m^3)</td><td colspan="4">最高允许排放速率（kg/h）</td><td colspan="2">无组织排放监控浓度限值</td><td rowspan="17">(1)《大气固定污染源　镉的测定　火焰原子吸收分光光度法》(HJ/T 64.1-2001)
(2)《大气固定污染源　镉的测定　石墨炉原子吸收分光光度法》(HJ/T 64.2-2001)
(3)《大气固定污染源　镉的测定　对一偶氮苯重氮氨基偶氮苯磺酸分光光度法》(HJ/T 64.3-2001)
(4)《空气和废水颗粒物中金属元素的测定　电感耦合等离子体发射光谱法》(HJ 777-2015)</td></tr>
<tr><td>排气筒(m)</td><td>一级</td><td>二级</td><td>三级</td><td>监控点</td><td>浓度(mg/m^3)</td></tr>
<tr><td rowspan="8">镉及化合物 0.85</td><td>15</td><td rowspan="8">禁排</td><td>0.050</td><td>0.080</td><td rowspan="8">周界外浓度最高点</td><td rowspan="8">0.040</td></tr>
<tr><td>20</td><td>0.090</td><td>0.13</td></tr>
<tr><td>30</td><td>0.29</td><td>0.44</td></tr>
<tr><td>40</td><td>0.50</td><td>0.77</td></tr>
<tr><td>50</td><td>0.77</td><td>1.2</td></tr>
<tr><td>60</td><td>1.1</td><td>1.7</td></tr>
<tr><td>70</td><td>1.5</td><td>2.3</td></tr>
<tr><td>80</td><td>2.1</td><td>3.2</td></tr>
<tr><td rowspan="7">2</td><td rowspan="7">《陶瓷工业污染物排放标准》(GB 25464-2010)</td><td colspan="7">企业大气污染物排放限值</td></tr>
<tr><td colspan="2">生产工序</td><td colspan="3">烧成、烤花</td><td colspan="2">监控位置</td></tr>
<tr><td colspan="2">生产设备</td><td colspan="3">辊道窑、隧道窑、梭式窑</td><td colspan="2" rowspan="3">车间或生产设施排气筒</td></tr>
<tr><td colspan="2">燃料类型</td><td colspan="2">水煤浆</td><td>油、气</td></tr>
<tr><td colspan="2">镉及化合物</td><td colspan="2">0.1 mg/m^3</td><td>0.1 mg/m^3</td></tr>
<tr><td colspan="5">水污染物排放限值 0.01 mg/L</td><td colspan="2" rowspan="2">车间或生产设施排放口</td></tr>
<tr><td colspan="5">水污染物特别排放限值 0.05 mg/L</td></tr>
</table>

续表 3-11

<table>
<tr><td rowspan="2">3</td><td rowspan="2">《生活垃圾焚烧污染控制标准》(GB 18485-2014)</td><td>焚烧炉排放烟气 镉、铊及化合物浓度排放限值（测定均值）</td><td rowspan="4">(1)《空气和废气 颗粒物中铅等金属元素的测定 电感耦合等离子体质谱法》(HJ 657-2013)
(2)《大气固定污染源 镉的测定 火焰原子吸收分光光度法》(HJ/T 64.1-2001)</td></tr>
<tr><td>0.1 mg/m^3</td></tr>
<tr><td rowspan="2">4</td><td rowspan="2">《危险废物焚烧污染控制标准》(GB 18484-2001)</td><td>焚烧容量炉 排放烟气 镉及化合物最高允许浓度限值</td></tr>
<tr><td>0.1 mg/m^3</td></tr>
</table>

6. 广西河池龙江镉污染应急处置实例[30]

【事件起因】

2012 年 1 月 13 日，广西河池市环保局接到宜州市龙江河怀远镇罗山村段网箱出现死鱼的报告后，立即对龙江河沿岸企业进行排查和监测，查找死鱼原因。1 月 14 日，监测发现龙江河水体镉、砷、氨氮略有超标现象。随后在龙江河拉浪电站坝首前 200 米处检测河水中镉含量最高值为 0.4 mg/L，是《地表水环境质量标准》（GB 3838-2002）中Ⅲ类标准（0.005 mg/L）的 79 倍，砷超标 2.7 倍，龙江河沿江及其下游柳江河段沿江两岸居民饮用水安全受到严重威胁。

【处置措施】

（1）启动突发环境事件Ⅱ级应急响应。1 月 17 日，广西自治区环保厅接到河池市环保局的报告后，立即将有关情况向自治区党委、政府和环保部报告，并迅速组织环境监测、监察力量赶赴事发地，开展应急监测和调查取证工作。环保部接报当日派出该部应急办副主任等 7 人到达河池市，指导事故原因调查和应急处置工作。面对严峻事态，自治区党委、政府快速反应并作出部署，1 月 22 日启动突发环境事件应急预案，成立自治区龙江河突发环境事件应急指挥部，统筹指挥应急处置工作。根据事态发展，1 月 27 日，自治区启动突发环境事件Ⅱ级响应，充实了自治区应急指挥部成员，设立 9 个工作组，发出《关于启动广西壮族自治区突发环境事件Ⅱ级应急响应的紧急通知》。

（2）与各级媒体沟通，及时通报相关信息。电视台、电台、报纸、网站等媒体及时向市民发布相关水厂的水质情况、相关河段水体污染情况等。如柳州市在 2012 年 1 月 18 日上午接到河池市发来污染情况通报后，19 日就启动了监测数据实时向社会公众发布工作，至 2012 年 1 月 31 日下午 8 时，通过各种正规渠道向社会公众及时发布了 130 多条水情信息。

（3）加强对水源监测。各环保部门按环境应急组制定的水质监测方案对多个断面进行监测，每两小时通报一次多个断面实时监测情况。卫生部门按应急指挥部卫生应急工作组制定了《生活饮用水卫生监督监测技术方案》《备用水源水质卫生应急监测方案》《备用水源供水风险评估方案》以及《备用水源供水应急消毒技术方案》等系列技术方案，规定水质监测指标、监测频次和监测技术方法，并通过应急指挥部统一下发，各区域范围内组织各有关疾病预防控制中心和卫生监督所依方案开展相关卫生监督监测与风险评估工作。各有关卫生监督所依据《生活饮用水卫生监督管理办法》，对辖区范围内的市政供水、自备水厂、二次供水加大卫生监督力度，确保供水单位供水安全。各有关疾病预防控制中心依据《生活饮用水卫生标准》（GB 5749－2006）做好生活饮用水水质监测工作，保证在第一时间真实地反馈生活饮用水水质情况，为领导决策提供依据。

龙江河突发环境事件媒体沟通会

（4）技术专家组制定水污染处理方案，并实施。主要采取絮凝沉淀和调水稀释等方法降低龙江河镉浓度。为消除镉污染，在当地利用大坝控制受污河水的流量，在污染源至叶茂电站、叶茂电站至龙江三桥、龙江三桥至洛东水电站、洛东水电站至三岔水电站、三岔水电站至三岔铁路桥等断面设立5道“防线”，通过放水稀释、投放降解吸附物等方式降低镉浓度。2012年1月20日至29日当地平均每日聚合氯化铝使用量超过300吨。

龙江河突发环境事件现场投放聚合氯化铝

（5）涉重金属企业立即停产，排查整顿。广西自治区环保厅调集环境监察人员对河池市所有涉重金属企业开展地毯式排查，确保不出现新的污染。

【事故原因】

事故是由广西金河矿业股份有限公司非法将污水直接排放到地下溶洞引起的。据参与事故处置的专家估算，此次镉污染事件，镉泄漏量约20吨。

【处置效果评价】

此次事件定性为重大突发环境事件。由于及时、科学处置实现了广西自治区提出的“确保柳州市自来水厂取水口水质达标、柳州市供水达标、柳州市不停水、沿江群众饮用水安全”的“四个确保”目标，得到有关专家的充分认可，被认为是我国镉污染事件处置史上的一个奇迹，并得到国务院工作组的充分肯定，为污染事件中处置效果最好的一次。

7. 2005年北江流域镉污染事故处置案例

【事件回顾】

2005年12月15日，广东省韶关市环保部门在常规水质监测中发现北江韶关段镉严重超标。经广东省环保局紧急排查，确认是韶关冶炼厂设备检修期间违法超标排放含镉废水所致，如不及时妥善处置，将对下游广州、佛山、清远等市正常供水造成灾难性后果，威胁数千万人的饮水安全和成千上万企业的正常用水。事故发生后，党中央、国务院，广东省委、省政府高度重视，主要领导先后作出批示，要求立即采取坚决措施，停止超标排放，加强水质监测，千方百计消除污染，严肃查处有关责任人员。广东省政府成立以副省长为组长的北江水域镉污染事故调查处理小组。

北江镉污染影响范围

【处置措施】

（1）全面开展排查，切断污染源头。2005年12月20日，广东省政府作出了韶关冶炼厂立即停止排放含镉废水的决定。21日下午，省领导深入现场，督促该厂当晚7时30分停止排污。为彻底切断污染源，广东省环保局组织力量对北江韶关段排污企业进行地毯式排查，重点加强对小冶炼厂等小型企业的监管，共出动2500多人次，排查企业300多家，关停企业43家。与此同时，广东省环保局组织广州、佛山、肇庆、清远等市深入开展北江沿岸地区排放含镉废水企业的排查工作，共出动860多人次，排查企业312家，发现排放含镉废水的企业10家，责令其中超标排放的9家企业停止排污。

应急物质——降镉药剂

（2）实施联合防控，确保水质达标。经联合专家组反复论证，提出了实施白石窑水电站削污降镉工程、联合流域水利调度工程、南华水厂除镉净水示范工程等一系列措施。12月23日开始实施白石窑水电站削污降镉工程和多个水库联合调度工程。白石窑水电站削污降镉工程23日上午7时50分启动，29日上午8时完成，共投降镉药剂3000吨。联合流域水利调度工程从 23 日晚上 8 时至 30 日晚上 8 时向污染河段补充新鲜水 4700 万立方米。两项工程的实施，削减镉浓度峰值 27%。削污降镉工程停止后，继续实施联合流域水利调度工程，将污染水团分隔在白石窑和飞来峡两个库区之间进一步稀释，累计从水库和飞来峡以上未受污染的天然河道向受污染的河道补充新鲜水量 3.33 亿立方米，有效降低了被污染河段的镉浓度，确保了飞来峡出水水质镉浓度总体达标。

事故现场投放降镉药剂

（3）多部门联动，确保用水安全，避免次生事故发生。南华水泥厂所属水厂应急除镉净水示范工程 12 月 25 日完成，并取得成功。在进水镉浓度为 0.027 毫克/升的情况下，出厂水镉含量降至 0.0022 毫克/升，优于生活饮用水检验规范要求。在总结南华水厂除镉净水示范工程经验的基础上，完成了应急除镉净水系统。广州、佛山、肇庆等市均按照广东省的部署完成了北江沿线水厂的应急除镉系统或供水管网改造等工程。卫生部门组织力量紧急对沿北江两岸陆域纵深 1 公里以内的 3968 口水井进行了认真排查，53 口水井水进行检测，水质全部达标。农业部门对北江两岸种植业、畜禽养殖业进行排查，采取措施停用北江水灌溉农田和畜禽养殖。海洋渔业部门组织开展渔业资源应急监测，发出警报停止食用受污染的水产品。通过组织工作组进村，利用广播、电视宣传等手段，通知群众不要直接饮用受污染的江水，确保无一人饮用受污染的水、吃受污染的食品。

（4）强化应急监测，掌控控水质变化。事故发生后，广东省环保局立即启动了应急监测方案，在北江流域共设立 21 个监测断面，每两小时监测一次，并根据水质变化，及时调整监测方案，增加监测断面，加大监测频率。从全省环保系统抽调人员和车辆，确保参与应急监测的人员达到 350 人/天，专用监测车辆 50 多台/天，共分析样品 1 万多个。坚持每天召开两次水质情况分析会，每天两次向国家环保总局和省委、省政府报送水质情况专报，及时为省委、省政府科学决策提供准确信息。

重金属分析仪——电感耦合等离子体质谱仪

（5）坚持正面引导，确保社会稳定。2005 年 12 月 20 日，广东省委宣传部向媒体公开了这次污染事故。随后，处理小组积极通过新闻媒体及时向社会发布事故处置进展情况，并从12月24日起每天向社会公布一期《北江韶关—清远段水质镉监测情况通报》。及时向境外媒体和外国驻穗领事馆通报事故处置情况，避免了别有用心的人利用此事制造混乱。信息公开和新闻报道为应急处置工作创造了有利的舆论和社会环境，维护了社会稳定。

【处置效果】

经过一个多月的艰苦努力，事故处置工作取得良好成效。12月31日，北江韶关段镉浓度稳定达标，飞来峡出水水质镉浓度实现了总体低于0.01mg/L的目标。2006年1月28日，事故调查处理小组宣布北江镉污染事故应急状态终止。由于应对及时、处置得当，事故造成的影响小、危害轻、损失少，北江沿线没有一个城市水厂停水，未发生群众恐慌事故，获得了社会各界的一致好评。

【成功经验】

(1) 领导重视、果断决策是事故处置的根本保证。事故发生后，广东省领导多次作出重要批示，省政府两次召开省府常务会议听取事故处置工作情况汇报，研究处置对策，迅速调动各方面力量，采取强有力措施，将污染事故影响降至最低，使这次污染事故的处置取得良好的成效。

原广东省长黄华华到事故现场办公

(2) 依靠科学、依靠专家是事故处置的重要基础。事故发生后，16名国家专家和12名广东省内专家组成事故处置联合专家组，依靠大量的监测数据，经过科学分析、准确预测，提出了实施白石窑水电站降镉削污工程、联合流域水利调度工程和南华水厂除镉净水示范工程等方案。相关方案及时实施，成功降低了污染水体镉浓度和镉含量，确保了沿江居民饮水安全。环境监测作为本次事故处置工作的重中之重，通过科学布点、规范监测，昼夜连续监控，及时、准确地掌握水质变化情况，为事故的处理提供了有力的支持。

专家组研讨降镉方案

(3) 快捷应对、措施得力是事故处置的关键所在。对事故的早发现、早报告、早处理，为处置工作赢得了时间。责令韶关冶炼厂立即停止向北江排放含镉污水，迅速开展沿江各地污染源全面排查，彻底切断污染源，保证了不再增加北江流域镉污染负荷。果断采取白石窑水电站降镉削污和联合流域水利调度等工程措施，有效地降低了污染水体镉浓度峰值和镉通量，确保了

飞来峡出水水质达标。实施南华水厂除镉净水示范工程不仅解决了南华水厂供水问题，也为下游清远和佛山等市的供水设施改造提供示范经验，保证了沿岸群众的饮水安全。

（4）齐心协力、多方联动是事故处置的重要保障。在事故处置过程中，广东省环保局充分发挥在事故处置工作的主导作用，强化监管，加强监测，严密监控水质变化；广东省监察厅认真调查事故原因，严肃追究责任；广东省委宣传部强调相关宣传纪律，认真把好新闻宣传关；广东省建设厅认真组织和指导水厂实施应急改造工程；广东省水利厅积极实施联合流域水利调度工程；各级卫生部门认真做好饮用水卫生检验；农业和海洋渔业部门对受污染的农产品、水产品及时检验并发出警报；广东省国资委认真督促企业做好环境整治工作；沿江各级政府积极实施饮用水源应急预案，认真组织开展污染源排查，彻底切断污染源。

（5）信息公开、及时维护了社会稳定。事故处理过程中，事故调查处理小组建立了完善的信息通报制度，及时向广东省委、省政府和国家环保总局等报送事故处理、水质变化、工作进展等情况，确保了信息畅通。适时公开信息，及时向社会发布污染事故处理进展情况，保障人民群众的知情权，避免了恶意炒作和不切实际报道，为事故处理工作创造了有利的舆论环境，维护了社会稳定。

（四）铅及其化合物

1. 概述

铅是自然界中分布广的一种元素，是人类使用较早，也是常见常用的金属之一。金属铅是蓝白色重金属，质柔软，延性弱，展性强；在空气中表面易氧化而失去光泽，变暗。铅溶于硝酸、热硫酸、有机酸和碱液，不溶于稀盐酸和硫酸。铅具有熔点低、易提取、密度大、硬度小、易于加工、耐腐蚀等特性，广泛用于国民经济的多个领域内，主要用于制造蓄电池、建筑材料、电缆外防护层和弹药等。据有关资料统计显示，2007 年全球铅的消费统计比例为汽车蓄电池 69.7%，电缆护套 2.5%，轧制材和挤压材 6.5%，弹药、军火 6.9%，合金 2.8%，染料等化合物 8.9%，其他 2.7%。全世界大约仅有 1/4 的铅被回收再利用，其余大部分以废气、废水、废渣等各种形式排放于环境中，造成大面积的大气、水体、土壤等环境铅污染。

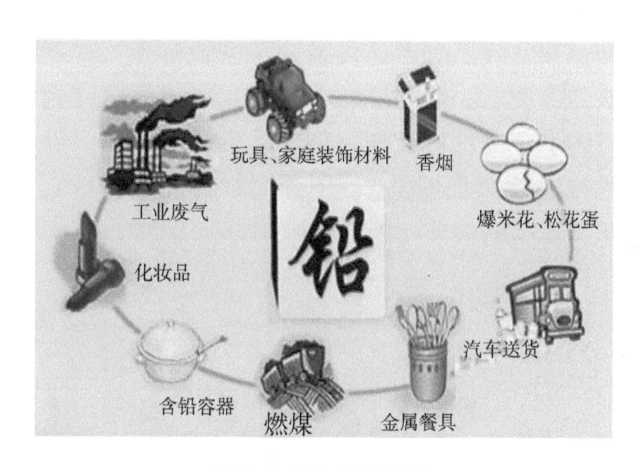

环境中铅的主要来源

国内相关文献表明我国各个地区存在不同程度的铅污染，且在大气、水体、土壤等各种环境中都存在铅污染，其中以土壤铅污染最为突出，且部分地区相当严重。珠江三角洲农田铅含量比自然土壤平均高出 20% 以上，局部地区高 2 倍以上；陈同斌等人对北京菜地土壤含量进行分析，土壤铅含量表现出极明显的铅积累效应，平均积累指数为 1.21。由于土壤铅污染而引起的多种粮食污染，东部某省粮食（大米、小麦、面粉）中铅检出率达88%，铅含量超标（国家卫生标准）率为21.4%，局部地区超标率达66%；2002年，农业部稻米及制品质量监督检验测试中心（杭州）对生产基地和市场稻谷与大米样品进行检测，并对照部颁《无公害食品—大米》标准（NY 5115-2002），结果表明，稻谷样品达标比例仅为57.4%，大米样品达标率为79.3%。中国科学院地理科学与资源研究所环境修复研究中心对北京市蔬菜铅含量进行测定，综合超标率为9.2%；对辽宁某市近郊农田的大白菜进行铅含量检测，其超标率100%。我国南部地区，广西某市12个蔬菜样品中50%以上铅含量超标；湖南某市蔬菜中铅含量超标比较严重，主要蔬菜基地中有13种蔬菜铅超标率达60%，特别是叶菜类铅含量100%超标。

铅及其化合物污染物对植物和动物都会产生较大的毒害，铅可以抑制植物细胞分裂和生长，刺激和抑制一些酶的活性，影响组织蛋白质合成，降低光合作用和呼吸作用，伤害细胞膜系统，从而影响植物的生长和发育。人体对铅的吸收缓慢，主要经消化道及呼吸道吸收，铅进入人体后主要积蓄在骨骼、动脉、肝、肾、胰和肺中，也可进入脑部；铅能置换骨骼中的钙而储存在骨骼中，可对人的中枢和外周神经系统、血液系统、肾脏、心血管系统和生殖系统等多个器官和系统造成损伤，能造成认知能力和行为功能改变、遗传物质损伤、诱导细胞凋亡等，具有一定致突变和致癌性。我国尿铅正常值上限为0.08mg/L，即使每天摄入很低量的铅，也会在人体内储存积累而导致慢性中毒。慢性中毒症状主要特征有：肠胃道的紊乱如食欲不振、便秘、由于小肠痉挛而发生肠绞痛，齿龈及颊粘膜上由于硫化铅的沉着而形成的灰蓝色铅线等。神经系统受侵犯而发生头痛、头晕、疲乏、烦躁易怒、失眠，晚期可发展为铅脑病，引起幻觉、谵妄、惊厥等；外周可发生多发性神经炎，出现铅毒性瘫痪。中毒早期，血液中出现大量含嗜碱性物质的幼稚红细胞，如点彩红细胞、网织红细胞、多染色红细胞等，一般认为这是骨髓中血细胞生长障碍的表现，晚期可抑制骨髓及破坏红细胞而产生贫血。

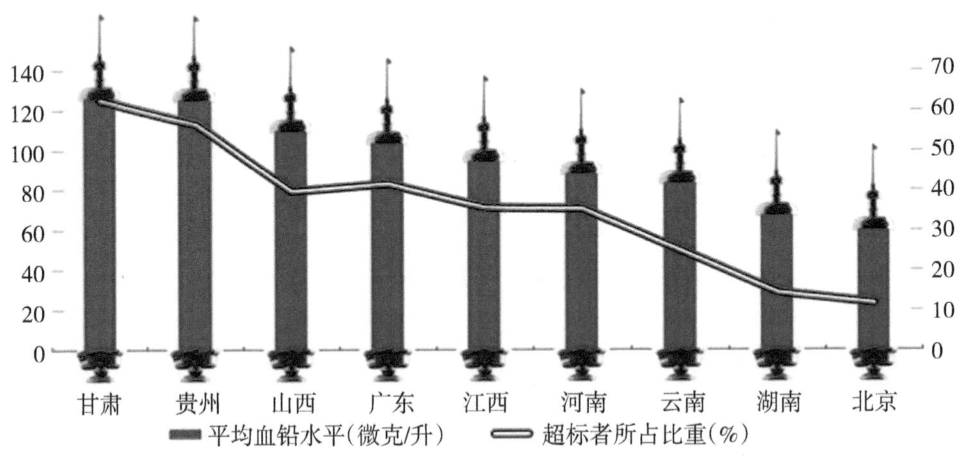

2001年——2007年中国部分省份儿童平均血铅水平以及超标者所占比例(抽样调查)

近年来，我国由于铅污染，血铅超标事件频发，如2008年12月，河南卢氏县一家冶炼厂排放的废气、废水，导致村里高铅血症334人，铅中毒103人；2009年，全国发生11起血铅超标事件，2009年8月，陕西凤翔县一家铅锌冶炼公司排放废水、废气，导致至少615名儿童铅超标；2010年2月，湖南嘉禾县250名儿童血铅超标，引发中毒事件的是炼铅企业公司；2011年5月，浙江省湖州市德清县发生了332人血铅超标的污染事件，原因是浙江某电池股份有限公司违法违规生产、职工卫生防护措施不当；2012年2月，上海市政府确认，49名儿童血铅中毒，原因是上海三家企业所排放的铅污染物在环境中长期积累；2012年2月到3月，广东韶关仁化县董塘镇陆续查出159名儿童血铅超标；2012年5月，广东河源某电池有限公司周边居民发生96人血铅超标事件。

2. 铅常见化合物

（1）四氧化三铅（Pb_3O_4）：称“红丹”“铅丹”。有毒，橙红色粉末。相对密度9.1，500 ℃分解成一氧化铅和氧气，不溶于水而溶于热碱溶液中。有氧化性，溶于盐酸放出氯气，溶于硫酸则放出氧气。将一氧化铅粉末在空气中加热至450～500 ℃氧化而得，用于制钢铁的防锈漆，也用作蓄电池、玻璃等的原料。

（2）氯化铅（$PbCl_2$）：白色结晶粉末。有毒，相对密度5.85，熔点501 ℃，沸点950 ℃。微溶于热水，不溶于冷水、乙醇和乙醚，易溶于氯化铵、硝酸铵和苛性碱溶液。由可溶性铅盐溶液与盐酸或氯化钠反应而得，用来制取颜料和其他铅盐。

（3）硫化铅（PbS）：具有金属光泽的铅灰色立方晶体或黑色粉末。相对密度7.5。熔点1114 ℃，1281 ℃升华。不溶于水、碱溶液和乙醇，溶于硝酸、浓盐酸和热的稀盐酸。自然界中主要矿石为方铅矿。由铅盐溶液中通入硫化氢而得，为炼铅的主要原料。高纯度的硫化铅可用作半导体材料。

（4）硫酸铅（$PbSO_4$）：白色重质结晶粉末。相对密度6.2，熔点1170 ℃。不溶于乙醇，难溶于冷水，微溶于热水，溶于强酸的浓溶液中，但稀释后将析出硫酸铅沉淀。也能溶解于氢氧化钠浓溶液中。自然界中存在的硫酸铅矿常呈斜方晶体，在铅盐溶液中加稀硫酸可生成硫酸铅，用作油漆颜料和制蓄电池。

（5）醋酸铅［$Pb(CH_3COO)_2 \cdot 3H_2O$］：无色透明晶体。在空气中放置，很快会在表面形成白色粉末状碳酸铅薄层。微带醋酸臭味，有毒，味甜，称“铅糖”。相对密度2.55，熔点75 ℃（快速加热时），75 ℃时失去结晶水。易溶于水、丙三醇，不溶于乙醚，微溶于乙醇。醋酸铜铝由氧化铅和醋酸反应即得，可用作印染工业的媒染剂、分析试剂（鉴定硫化物，测定CrO_3、MoO_3），制造铬黄颜料，亦可用作医药（如用作未破皮肤上的收敛剂）。

（6）铬酸铅（$PbCrO_4$）：俗称“铅铬黄”“铬黄”。黄色单斜晶体，相对密度6.12。熔点844 ℃。不溶于水、醋酸，易溶于硝酸，也可溶于苛性碱溶液。广泛用于涂料、橡胶、塑料、陶瓷工业中。

（7）碱式碳酸铅［$(PbCO_3)_2 \cdot Pb(OH)_2$］：工业上称为“铅白”，白色无定形的重质粉末，有毒，相对密度6.14，400 ℃分解，产生二氧化碳。不溶于水、乙醇，溶于硝酸、醋酸，同时放出二氧化碳。在苛性碱溶液中可形成水溶性的铅酸盐。与含有少量硫化氢的空气接触，逐渐变黑。主要用于生产油漆。涂料工业主要作为生产原漆、防锈漆和户外用漆的白色颜料。也是制陶瓷彩釉、绘画涂料、化妆品的原料。

（8）四乙基铅［$(CH_3CH_2)_4Pb$］：无色液体，剧毒，可由呼吸道吸入或皮肤接触后引起急性或慢性中毒。相对密度1.653，沸点约200 ℃（分解），折光率1.5198。燃烧时伴有橘红色火焰。几乎不溶于水，溶于苯、石油醚、汽油，微溶于乙醇。常用作汽油抗震剂以提高汽油的辛烷值；也可作引发剂，引发自由基链反应。

3. 铅现场应急监测（气、土壤）

（1）气体检测管法（0.1～10 mg/m^3）。

（2）便携式比色计/光度计法。

（3）便携式离子计法。

（4）便携式X射线荧光光谱仪法。

以上监测方法具体见本书第四章第三节。

4. 铅的环境质量标准、排放标准及实验室监测方法

相关的标准及监测方法见表3－12～表3－15。

表3－12　铅的水环境质量标准及监测方法

<table>
<tr><th>序号</th><th>标准名称</th><th colspan="60">标准限值
（mg/L）</th><th>标准监测方法</th></tr>
<tr><td rowspan="2">1</td><td rowspan="2">《地表水环境质量标准》
（GB 3838-2002）</td><td colspan="12">Ⅰ类</td><td colspan="12">Ⅱ类</td><td colspan="12">Ⅲ类</td><td colspan="12">Ⅳ类</td><td colspan="12">Ⅴ类</td><td rowspan="2">（1）《水质　铜、锌、铅、镉的测定　原子吸收分光光度法》
（GB/T 7475-87）
（2）《水质　32种元素的测定　电感耦合等离子体发射光谱法》
（HJ 776-2015）</td></tr>
<tr><td colspan="12">0.01</td><td colspan="12">0.01</td><td colspan="12">0.05</td><td colspan="12">0.05</td><td colspan="12">0.1</td></tr>
<tr><td>2</td><td>《地下水量标准》
（GB/T 14848-93）</td><td colspan="12">0.005</td><td colspan="12">0.01</td><td colspan="12">0.05</td><td colspan="12">0.1</td><td colspan="12">0.1</td><td>《生活饮用水标准检测方法——金属指标》
（GB/T 5750.6-2006）
8.1　原子荧光法
8.2　冷原子分光光度法</td></tr>
<tr><td rowspan="2">3</td><td rowspan="2">《海水水质标准》
（GB 3097-1997）</td><td colspan="15">第一类</td><td colspan="15">第二类</td><td colspan="15">第三类</td><td colspan="15">第四类</td><td rowspan="2">《海洋环境监测规范　水质分析》
（HY 003.4-1991）
（1）冷原子吸收分光光度法
（2）无火焰原子吸收分光光度法</td></tr>
<tr><td colspan="15">0.001</td><td colspan="15">0.005</td><td colspan="15">0.010</td><td colspan="15">0.050</td></tr>
<tr><td rowspan="2">4</td><td rowspan="2">《农田灌溉水质标准》（GB 5084-92）</td><td colspan="20">一类（水作）</td><td colspan="20">二类（旱作）</td><td colspan="20">三类（蔬菜）</td><td rowspan="3">（1）《水质　铜、锌、铅、镉的测定　原子吸收分光光度法》
（GB/T 7475-87）
（2）《水质　镉的测定　双硫腙分光光度法》
（GB 7471-87）
（3）《水质　65种元素的测定　电感耦合等离子体质谱法》（HJ 700-2014）</td></tr>
<tr><td colspan="60">≤0.1</td></tr>
<tr><td>5</td><td>《渔业水质标准》
（GB 11607-89）</td><td colspan="60">≤0.05</td></tr>
</table>

表 3－13　铅的土壤及环境空气质量标准和监测方法

<table>
<tr><th>序号</th><th>标准名称</th><th colspan="6">标准限值</th><th>标准监测方法</th></tr>
<tr><td rowspan="4">1</td><td rowspan="4">《土壤环境质量标准》(GB 15618-95)</td><td rowspan="2">级别</td><td>一级</td><td colspan="3">二级</td><td>三级</td><td rowspan="4">(1)《土壤环境监测技术规范》(HJ/T 166-2004)
(2)《土壤质量　铅、镉的测定 KI－MIBK 萃取火焰原子吸收分光光度法》(GB/T 17140-97)
(3)《土壤质量　铅、镉的测定　石墨炉原子吸收分光光度法》(GB/T 17141-97)
(4)《土壤和沉积物 12 种金属元素的测定　王水提取—电感耦合等离子体质谱法》(HJ 803-2016)</td></tr>
<tr><td colspan="5">(mg/kg)</td></tr>
<tr><td>pH 值</td><td>自然背景</td><td><6.5</td><td>6.5～7.5</td><td>>7.5</td><td>>6.5</td></tr>
<tr><td>≤</td><td>35</td><td>250</td><td>300</td><td>350</td><td>500</td></tr>
<tr><td rowspan="2">2</td><td rowspan="2">《展览会用地土壤环境质量评价标准（暂行）》(HJ 350-2007)</td><td colspan="3">A 级</td><td colspan="3">B 级</td><td rowspan="2">《展览会用地土壤环境质量评价标准（暂行）》(HJ 350－2007）附录 A（规范性附录）《土壤中锑、砷、铍、镉、铬、铜、铅、镍、硒、银、铊、锌的测定，电感耦合等离子体原子发射光谱法》</td></tr>
<tr><td colspan="3">140 mg/kg</td><td colspan="3">600 mg/kg</td></tr>
<tr><td rowspan="4">3</td><td rowspan="4">《环境空气质量标准》(GB 3095-2012)</td><td colspan="6">标准限值（$\mu g/m^3$）</td><td rowspan="4">(1)《空气和废气 颗粒物中铅等金属元素的测定　电感耦合等离子体质谱法》(HJ 657-2013)
(2)《环境空气 铅的测定　石墨炉原子吸收分光光度法（暂行）》(HJ 539-2009)
(3)《环境空气　颗粒物中无机元素的测定　波长色散 X 射线荧光谱法》(HJ 830-2017)</td></tr>
<tr><td colspan="2"></td><td colspan="2">一级</td><td colspan="2">二级</td></tr>
<tr><td colspan="2">年平均</td><td colspan="2">0.5</td><td colspan="2">0.5</td></tr>
<tr><td colspan="2">季平均</td><td colspan="2">1</td><td colspan="2">1</td></tr>
</table>

表3-14　铅的废水排放标准及监测方法

<table>
<tr><th>序号</th><th>标准名称</th><th colspan="5">标准限值</th><th>标准监测方法</th></tr>
<tr><td rowspan="2">1</td><td rowspan="2">《污水综合排放标准》(GB 8978-96)</td><td colspan="5">第一类污染物最高允许排放浓度</td><td rowspan="2">(1)《水质　铜、锌、铅、镉的测定　原子吸收分光光度法》(GB/T 7475-87)
(2)《水质 65 种元素的测定 电感耦合等离子体质谱法》(HJ 700-2014)
(3)《水质　32 种元素的测定　电感耦合等离子体发射光谱法》
(HJ 776-2015)</td></tr>
<tr><td colspan="5">总铅 1.0 mg/L</td></tr>
<tr><td rowspan="4">2</td><td rowspan="4">《电池工业污染物排放标准》
(GB 30484-2013)</td><td>项目</td><td>铅电池</td><td>镉镍电池</td><td>锂电池</td><td>太阳能电池</td><td rowspan="4">(1)《水质　铜、锌、铅、镉的测定　原子吸收分光光度法》(GB/T 7475-87)
(2)《固定污染源废气　铅的测定　火焰原子吸收分光光度法（暂行）》
(HJ 538-2009)</td></tr>
<tr><td>废水总铅</td><td>0.5（mg/L）
0.1(特别限值)</td><td>—</td><td>—</td><td>—</td></tr>
<tr><td>废气铅化合物</td><td>0.5
(mg/m^3)</td><td>—</td><td>—</td><td>—</td></tr>
<tr><td colspan="5">企业边界大气污染物浓度限值
铅及化合物　0.01 mg/m^3</td></tr>
<tr><td rowspan="3">3</td><td rowspan="3">《电镀污染物排放标准》
(GB 21900-2008)</td><td colspan="5">标准限值（mg/L）</td><td rowspan="3">(1)《水质　铜、锌、铅、镉的测定　原子吸收分光光度法》(GB/T 7475-87)
(2)《水质　铅的测定　双硫腙分光光度法》
(GB 7470-87)</td></tr>
<tr><td colspan="2">总铅
(mg/L)</td><td colspan="3">总铅别限值
(mg/L)</td></tr>
<tr><td colspan="2">0.2</td><td colspan="3">0.1</td></tr>
<tr><td rowspan="2">4</td><td rowspan="2">《煤炭工业污染物排放标准》
(GB 20426-2006)</td><td colspan="5">日最高允许排放质量浓度</td><td rowspan="2">《水质　铅的测定 双硫腙分光光度法》
(GB 7470-87)</td></tr>
<tr><td colspan="5">总铅 0.5 mg/L</td></tr>
<tr><td rowspan="2">5</td><td rowspan="2">《医疗机构水污染物排放标准》
(GB 18466-2005)</td><td colspan="2">传染病、结核病机构</td><td colspan="3">综合医疗机构</td><td rowspan="6">(1)《水质　铜、锌、铅、镉的测定　原子吸收分光光度法》(GB/T 7475-87)
(2)《土壤质量　铅、镉的测定　石墨炉原子吸收分光光度法》
(GB/T 17141-97)
(3)《水质　32 种元素的测定　电感耦合等离子体发射光谱法》
(HJ 776-2015)</td></tr>
<tr><td colspan="5">总铅 1.0（mg/L、日均值）</td></tr>
<tr><td rowspan="4">6</td><td rowspan="4">《城镇污水处理厂污染物排放标准》
(GB 18918-2002)</td><td colspan="5">第一类污染物最高允许排放浓度</td></tr>
<tr><td colspan="5">总铅：0.1 mg/L（日均值）</td></tr>
<tr><td colspan="5">污泥农用时最高允许排放浓度
（干污泥）</td></tr>
<tr><td colspan="2">总铅（pH < 6.5）
300 mg/kg</td><td colspan="3">总铅（pH≥6.5）
1000 mg/kg</td></tr>
</table>

表 3-15　铅的废气排放标准及监测方法

<table>
<tr><th>序号</th><th>标准名称</th><th colspan="7">允许排放限值</th><th>标准监测方法</th></tr>
<tr><td rowspan="10">1</td><td rowspan="10">《大气污染物综合排放标准》(GB 16297-96)</td><td rowspan="2">最高允许排放浓度(mg/m³)</td><td colspan="4">最高允许排放速率(kg/h)</td><td colspan="2">无组织排放监控浓度限值</td><td rowspan="10">(1)《固定污染源废气　铅的测定　火焰原子吸收分光光度法》(HJ 685-2014)
(2)《空气和废气　颗粒物中铅等金属元素的测定　电感耦合等离子体质谱法》(HJ 657-2013)</td></tr>
<tr><td>排气筒(m)</td><td>一级</td><td>二级</td><td>三级</td><td>监控点</td><td>浓度(mg/m³)</td></tr>
<tr><td rowspan="8">镉及化合物 0.70</td><td>15</td><td rowspan="8">禁排</td><td>0.004</td><td>0.006</td><td rowspan="8">周界外浓度最高点</td><td rowspan="8">0.006</td></tr>
<tr><td>20</td><td>0.006</td><td>0.009</td></tr>
<tr><td>30</td><td>0.027</td><td>0.041</td></tr>
<tr><td>40</td><td>0.047</td><td>0.071</td></tr>
<tr><td>50</td><td>0.072</td><td>0.11</td></tr>
<tr><td>60</td><td>0.10</td><td>0.15</td></tr>
<tr><td>70</td><td>0.15</td><td>0.22</td></tr>
<tr><td>80</td><td>0.20</td><td>0.30</td></tr>
<tr><td rowspan="8">2</td><td rowspan="8">《陶瓷工业污染物排放标准》(GB 25464-2010)</td><td colspan="7">企业大气污染物排放限值(mg/m³)</td><td rowspan="8">(1)《固定污染源废气　铅的测定　火焰原子吸收分光光度法》(HJ 685-2014)
(2)《水质　32种元素的测定　电感耦合等离子体发射光谱法》(HJ 776-2015)</td></tr>
<tr><td>生产工序</td><td colspan="4">烧成、烤花</td><td colspan="2">监控位置</td></tr>
<tr><td>生产设备</td><td colspan="4">辊道窑、隧道窑、梭式窑</td><td colspan="2" rowspan="3">车间或生产设施排气筒</td></tr>
<tr><td>燃料类型</td><td colspan="2">水煤浆</td><td colspan="2">油、气</td></tr>
<tr><td>镉及化合物</td><td colspan="2">0.1</td><td colspan="2">0.1</td></tr>
<tr><td colspan="5">水污染物排放限值 0.3 mg/L</td><td colspan="2" rowspan="3">车间或生产设施排放口</td></tr>
<tr><td colspan="2">直接排放</td><td colspan="3">间接排放</td></tr>
<tr><td colspan="5">水污染物特别排放限值 0.1 mg/L</td></tr>
<tr><td>3</td><td>《生活垃圾焚烧污染控制标准》(GB 18485-2014)</td><td colspan="7">焚烧炉排放烟气 锑、砷、铅、铬、钴、铜、锰、镍及化合物浓度排放限值(以 Sb + As + Pb + Cr + Cu + Mn + Ni 计)(测定均值)1.0 mg/m³</td><td rowspan="2">(1)《空气和废气　颗粒物中铅等金属元素的测定　电感耦合等离子体质谱法》(HJ 657-2013)
(2)《固定污染源废气　铅的测定　火焰原子吸收分光光度法(暂行)》(HJ 538-2009)
(3)《固定污染源废气　铅的测定　火焰原子吸收分光光度法》(HJ 685-2014)</td></tr>
<tr><td>4</td><td>《危险废物焚烧污染控制标准》(GB 18484-2001)</td><td colspan="7">焚烧容量炉铅及化合物最高允许浓度限值 1.0 mg/m³</td></tr>
</table>

（五）铬及其化合物

1. 概述

铬（Cr）的单质是一种银白色、质脆而硬的金属，其硬度仅次于金刚石，是硬度最大的金属元素，硬度9，比重7.18，熔点1857 ℃ ±20 ℃。沸点2672 ℃。不溶于水、硝酸、王水，溶于稀硫酸、盐酸。铬为不活泼性金属，在常温下对氧和湿气都是稳定的，在空气中生成抗腐蚀性的致密氧化膜。与氯酸钾加热反应时呈闪光，在加热条件下能与卤素、硫、氮、碳、硅、硼及一些金属化合。地壳中铬含量约为0.02%，主要矿物有铬铁矿等。铬有+2到+6五种化合价，三价铬化合物（如三氧化二铬）最稳定，六价铬化合物主要是铬酸盐和重铬酸盐。

工业生产中排放的废气

铬及化合物广泛应用于各生产活动中，金属铬用作铝合金、钴合金、钛合金及高温合金、电阻发热合金等添加剂。氧化铬用作耐光、耐热的涂料，也可用作磨料，玻璃、陶瓷的着色剂，化学合成的催化剂。铬矾、重铬酸盐用作皮革的鞣料，织物染色的媒染剂、浸渍剂及各种颜料。镀铬和渗铬可使钢铁和铜、铝等金属形成抗腐蚀的表层，并且光亮美观，大量用于家具、汽车、建筑等行业。此外，铬矿石还大量用于制作耐火材料。

铬及化合物工业生产废水中普遍含有高浓度的铬盐，一旦废水未经处理或处理不达标而排放到水源中，则可能导致严重的饮用水铬污染事件。此外，合金厂排放含铬废渣，如处理不当，经淋溶后，也会导致对地下和地表水六价铬污染。铬化合物主要存在形态有 Cr^{2+}、Cr^{3+} 和 Cr^{6+}，不同价态对人体的毒性不同，其中 Cr^{6+} 的毒性最大，比 Cr^{3+} 的毒性大100倍，具有显著的致癌、致突变作用，被国际癌症研究协会（IRAC）列入人体致癌物质，它可影响细胞的氧化、还

企业排放含铬废水污染环境

原，能与核酸结合，对呼吸道、消化道有刺激作用，导致严重的胃肠紊乱和肺部癌症。而 Cr^{3+} 的毒性相对较小，且是人体必需的微量元素，但过量摄入仍可造成对人体的伤害。铬急性中毒多由六价铬化合物引起。六价铬化合物具有强烈的刺激性和致敏性，接触部位可出现针头大小的丘疹或湿疹样改变，感染后形成直径为 2 ～ 8 mm 圆形溃疡，边缘隆起，底部有渗出物，病程长，久治难愈，一般为 1 ～ 2 个，无疼痛感，愈合缓慢；若灼伤面积超过 10%，可因急性循环衰竭、肝肾功能衰竭、凝血功能障碍、血管内溶血而导致死亡。长期接触铬化合物烟尘或酸雾，会出现流泪、咽痛、干咳等症状，可引起慢性结膜炎、咽炎、支气管炎；浓度较高时，可使鼻膜糜烂、溃疡、穿孔，孔径为 2 mm ～ 2 cm，症状为流涕、鼻塞、鼻干、鼻出血、嗅觉减退等。皮肤长期接触含铬化合物，可引起皮炎，接触部位呈红斑、水肿、丘疹，严重者可导致水疱、糜烂等发生。

近年来，国内学者研究表明，我国铬污染较严重，污染领域主要集中在土壤和水环境，污染事件时有发生，如 2011 年 8 月，云南曲靖某化工实业有限公司将 5222.38 吨重毒化工废料铬渣非法倾倒，导致珠江源头南盘江附近水质受到严重污染，附近农村 77 头牲畜死亡，并对周围村庄及山区留下一定的生态风险。

2. 铬化合物水污染事故应急处理方法

发生因铬化合物污染的水体，一般采用化学还原法对事故水体进行应急处理。化学还原法的基本原理：向废水中加入还原剂（二氧化硫、亚硫酸氢钠、硫酸亚铁、亚硫酸钠等），先将六价铬还原成三价铬，然后再加入石灰或氢氧化钠，使其在 pH 值为 8 ～ 9 时生成氢氧化铬沉淀，去除铬离子。采用硫酸亚铁还原，在碱性条件下使其沉淀，是饮用水水源发生六价铬污染事件下简单、经济、有效的应急处理方法。足量的还原剂硫酸亚铁、控制适宜的还原反应和沉淀反应 pH 值，是保证六价铬得以完全去除的基本条件。

3. 铬常见化合物

（1）三氧化铬（CrO_3）：暗紫红色晶体，易潮解，剧毒，比重 2.70，熔点 196 ℃，高温下易分解；易溶于水，溶于乙醇、醚并分解，亦溶于硫酸及硝酸。三氧化铬由重铬酸钠浓溶液和浓硫酸反应制得。用于制造玻璃、鞣革和镀铬等。

（2）氢氧化铬［$Cr(OH)_3$］：灰蓝色或绿色胶状沉淀，不溶于水，微溶于氨水，易溶于酸而形成相应的三价铬盐，溶于过量碱形成铬阴离子；具有胶体特性，易被三氯化铬乳化为悬胶。陈化后对碱作用活性下降，但仍能溶于酸。高温脱水后生成绿色的三氧化二铬 Cr_2O_3。用于制取三价铬盐、亚铬酸盐；也用于颜料以及处理羊毛等。

（3）氯化铬（$CrCl_3$）：红紫色晶体，比重 2.76（15 ℃），熔点 1150 ℃。1300 ℃升华；不溶于冷水、乙醇、丙酮、甲醇和乙醚，微溶于热水，有少许 $CrCl_2$ 存在时则可溶于水。其六水合物为紫色单斜晶体，比重 1.76，熔点 83 ℃，不溶于乙醚，微溶于丙酮，溶于水和乙醇。氯化铬高温下由三氧化二铬和碳粉的混合物和氯气作用或盐酸与氢氧化铬反应制得。氯化铬主要用作制取其他铬盐的中间体、媒染剂、颜料及镀铬等。

（4）氯化铬酰（CrO_2Cl_2）：暗红色液体，具有强腐蚀性，比重 1.911，熔点 -96.5 ℃，

沸点117 ℃，在潮湿空气中发烟分解，溶于乙醚、四氯化碳、二硫化碳等溶剂；在醋酸溶液中易缔合，遇水分解生成铬酸和氯化氢，能分解乙醇；常温下干燥避光时稳定，与易氧化的有机物作用剧烈，引起燃烧、爆炸。被碱分解生成铬酸盐。在蒸气状态或有机溶液中呈单分子状态。氯化铬酰由无水氯化氢与三氧化铬反应制得，用于有机氧化反应、氯化反应中及作三氧化铬的溶剂。

（5）铬矾［$KCr(SO_4)_2 \cdot 12H_2O$］：暗紫色八面体结晶，比重1.826（25 ℃），熔点80 ℃，不溶于乙醇，溶于水、稀酸。其水溶液遇稀碱或氨水沉淀出氢氧化铬，后者能溶于过量碱，但不溶于过量氨水。100 ℃脱去10分子结晶水，400 ℃完全脱水。紫色的铬矾溶液在加热时由于发生水合异构络合物而变成绿色，溶液冷后放置一段时间后析出紫色铬矾晶体。铬矾由亚硫酸还原重铬酸钾的稀硫酸溶液制得，用于印染、照相、陶瓷等方面。

（6）铬酸钾（K_2CrO_4）：柠檬黄色晶体，有毒，比重2.732（18 ℃），熔点968.3 ℃，不溶于乙醇，溶于水。670 ℃以上变为红色。铬酸钾由粉状铬铁矿、碳酸钾、石灰石经高温煅烧，炉料以硫酸钾溶液浸出处理而得。铬酸钾用于有机氧化反应，作分析试剂及制其他铬化合物的原料。

（7）铬酸钡（$BaCrO_4$）：黄色单斜或斜方晶体，有毒，比重4.50，不溶于水、稀醋酸或铬酸，溶于盐酸和硝酸。铬酸钡由氯化钡与铬酸钠溶液反应而得，用以制颜料、玻璃和陶瓷等。

（8）铬酸铅（$PbCrO_4$）：黄色单斜晶体，比重6.32，熔点844 ℃，不溶于水、醋酸，易溶于硝酸，也可溶于苛性碱溶液。铬酸铅由醋酸铅溶液中滴加铬酸钠制得，用作颜料，广泛应用于涂料、橡胶、塑料、陶瓷等工业中。

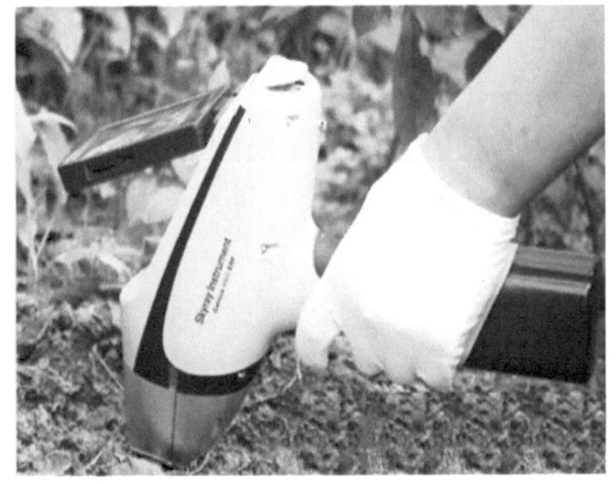

EDX930便携式土壤重金属分析仪

（9）重铬酸钾（$K_2Cr_2O_7$）：橙红色晶体，比重2.676（25 ℃），熔点398 ℃，241.6 ℃时三斜晶体转为单斜晶体；溶于水，不溶于乙醇，常温下在空气中稳定。重铬酸钾是强氧化剂，加热至500 ℃分解而放出氧。重铬酸钾由铬酸钾用硫酸酸化，产物经重结晶提纯而得，用作强氧化剂、分析试剂，用于鞣革及制烟火、颜料等方面。

（10）重铬酸铵［$(NH_4)_2Cr_2O_7$］：橙色晶体，比重2.155（25 ℃），170 ℃分解，溶于水、乙醇，不溶于丙酮；同还原性强的有机物接触会发生爆炸。重铬酸铵由铬酸与氨水反应制得。用于制造茜素、铬矾、烟火，亦用于香料合成、油脂提纯、鞣革、照相业等。

4. 铬现场应急监测（水、土壤）

（1）检测试纸法Cr（Ⅲ）定性，≥2 mg/L；Cr定性，≥0.1%。

（2）水质检测管法（0～1.5 mg/L）。

（3）便携式比色计/光度计法（0.05～30 mg/LCr 或 0.01～1.0 mg/LCr 或 5.0～100 mg/LCr^{2+}）。

（4）便携式分光光度计法（0.02～1.0 mg/LCr）。

（5）便携式 X 射线荧光光谱仪法。

以上监测方法具体见本书第四章第三节。

5. 铬的环境质量标准、排放标准及实验室监测方法

相关的标准及监测方法见表 3－16～表 3－19。

表 3－16　铬的水环境质量标准及监测方法

<table>
<tr><th>序号</th><th>标准名称</th><th colspan="60">标准限值（mg/L）</th><th>标准监测方法</th></tr>
<tr><td rowspan="2">1</td><td rowspan="2">《地表水环境质量标准》（GB 3838-2002）</td><td colspan="12">Ⅰ类</td><td colspan="12">Ⅱ类</td><td colspan="12">Ⅲ类</td><td colspan="12">Ⅳ类</td><td colspan="12">Ⅴ类</td><td rowspan="2">（1）《水质　六价铬的测定　二苯碳酰二肼分光光度法》（GB 7467-87）
（2）《水质　32 种元素的测定　电感耦合等离子体发射光谱法》（HJ 776-2015）</td></tr>
<tr><td colspan="12">0.01</td><td colspan="12">0.05</td><td colspan="12">0.05</td><td colspan="12">0.05</td><td colspan="12">0.1</td></tr>
<tr><td>2</td><td>《地下水质量标准》（GB/T 14848-93）</td><td colspan="12">0.005</td><td colspan="12">0.01</td><td colspan="12">0.05</td><td colspan="12">0.1</td><td colspan="12">0.1</td><td>《生活饮用水标准检测方法——金属指标》（GB/T 5750.6-2006）
8.1　原子荧光法</td></tr>
<tr><td rowspan="2">3</td><td rowspan="2">《海水水质标准》（GB 3097-97）</td><td colspan="15">第一类</td><td colspan="15">第二类</td><td colspan="15">第三类</td><td colspan="15">第四类</td><td rowspan="2">（1）《海洋环境监测规范　水质分析》（HY 003.4-91）
（2）《水质　六价铬的测定　二苯碳酰二肼分光光度法》（GB 7467-87）</td></tr>
<tr><td colspan="15">0.005</td><td colspan="15">0.010</td><td colspan="15">0.020</td><td colspan="15">0.050</td></tr>
<tr><td rowspan="2">4</td><td rowspan="2">《农田灌溉水质标准》（GB 5084-92）</td><td colspan="20">一类（水作）</td><td colspan="20">二类（旱作）</td><td colspan="20">三类（蔬菜）</td><td rowspan="3">（1）《水质　六价铬的测定　二苯碳酰二肼分光光度法》（GB 7467-87）
（2）《水质　65 种元素的测定　电感耦合等离子体质谱法》（HJ 700-2014）</td></tr>
<tr><td colspan="60">≤0.1</td></tr>
<tr><td>5</td><td>《渔业水质标准》（GB 11607-89）</td><td colspan="60">≤0.1</td></tr>
</table>

表 3-17　铬的土壤及环境空气质量标准及监测方法

<table>
<tr><th>序号</th><th>标准名称</th><th colspan="6">标准限值</th><th>标准监测方法</th></tr>
<tr><td rowspan="5">1</td><td rowspan="5">《土壤环境质量标准》(GB 15618-95)</td><td rowspan="2">级别</td><td>一级</td><td colspan="3">二级</td><td>三级</td><td rowspan="5">(1)《土壤环境监测技术规范》(HJ/T 166-2004)
(2)《土壤　总铬的测定　火焰原子吸收分光光度法》(HJ 491-2009)
(3)《土壤和沉积物　12种金属元素的测定　王水提取—电感耦合等离子体质谱法》(HJ 803-2016)</td></tr>
<tr><td colspan="5">(mg/kg)</td></tr>
<tr><td>pH 值</td><td>自然背景</td><td><6.5</td><td>6.5～7.5</td><td>>7.5</td><td>>6.5</td></tr>
<tr><td>农田≤</td><td>90</td><td>250</td><td>300</td><td>350</td><td>400</td></tr>
<tr><td>旱地≤</td><td>90</td><td>150</td><td>200</td><td>250</td><td>300</td></tr>
<tr><td rowspan="2">2</td><td rowspan="2">《展览会用地土壤环境质量评价标准(暂行)》(HJ 350-2007)</td><td colspan="3">A 级</td><td colspan="3">B 级</td><td rowspan="2">《展览会用地土壤环境质量评价标准(暂行)》(HJ 350-2007)附录 A(规范性附录)《土壤中锑、砷、铍、镉、铬、铜、铅、镍、硒、银、铊、锌的测定，电感耦合等离子体原子发射光谱法》</td></tr>
<tr><td colspan="3">190 mg/kg</td><td colspan="3">610 mg/kg</td></tr>
<tr><td rowspan="2">3</td><td rowspan="2">《环境空气质量标准》(GB 3095-2012)</td><td colspan="3">一级（六价铬）</td><td colspan="3">二级（六价铬）</td><td rowspan="2">(1)《空气和废气　颗粒物中铅等金属元素的测定　电感耦合等离子体质谱法》(HJ 657-2013)
(2)《环境空气　颗粒物中无机元素的测定　波长色散 X 射线荧光光谱法》(HJ 830-2017)</td></tr>
<tr><td colspan="6">2.5×10^{-8} mg/m^3
(年平均)</td></tr>
</table>

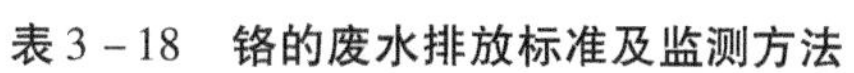

表3－18 铬的废水排放标准及监测方法

<table>
<tr><th>序号</th><th>标准名称</th><th colspan="3">标准限值</th><th>标准监测方法</th></tr>
<tr><td rowspan="3">1</td><td rowspan="3">《污水综合排放标准》（GB 8978-96）</td><td colspan="3">第一类污染物最高允许排放浓度（mg/L）</td><td rowspan="3">（1）《水质 六价铬的测定 二苯碳酰二肼分光光度法》（GB 7467－87）
（2）《水质 总铬的测定》（GB 7466-87）
（3）《水质 32种元素的测定 电感耦合等离子体发射光谱法》（HJ 776-2015）</td></tr>
<tr><td colspan="2">总铬</td><td>六价铬</td></tr>
<tr><td colspan="2">1.5</td><td>0.5</td></tr>
<tr><td rowspan="3">2</td><td rowspan="3">《电镀污染物排放标准》（GB 21900-2008）</td><td rowspan="2">废水（mg/L）</td><td>总铬：1.0</td><td>总铬别限值：0.5</td><td rowspan="3">（1）《水质 六价铬的测定 二苯碳酰二肼分光光度法》（GB 7467-87）
（2）《水质 总铬的测定》（GB 7466-87）
（3）《固定污染源排气中铬酸雾的测定 二苯基碳酰二肼分光光度法》（HJ/T 29-99）</td></tr>
<tr><td>六价铬：0.2</td><td>六价铬别限值：0.1</td></tr>
<tr><td>废气</td><td colspan="2">铬酸雾：0.05 mg/m³</td></tr>
<tr><td rowspan="2">3</td><td rowspan="2">《煤炭工业污染物排放标准》（GB 20426-2006）</td><td colspan="3">废水 总铬：1.5 mg/L</td><td rowspan="9">（1）《水质 六价铬的测定 二苯碳酰二肼分光光度法》（GB 7467-87）
（2）《水质 总铬的测定》（GB 7466-87）
（3）《水质 32种元素的测定 电感耦合等离子体发射光谱法》（HJ 776-2015）
（4）《土壤和沉积物 12种金属元素的测定 王水提取—电感耦合等离子体质谱法》（HJ 803-2016）</td></tr>
<tr><td colspan="3">废水 六价铬：0.5 mg/L</td></tr>
<tr><td rowspan="3">4</td><td rowspan="3">《医疗机构水污染物排放标准》（GB 18466-2005）</td><td colspan="2">传染病、结核病机构（mg/L、日均值）</td><td>综合医疗机构（mg/L、日均值）</td></tr>
<tr><td colspan="2">总铬：1.5</td><td>总铬：1.5</td></tr>
<tr><td colspan="2">六价铬：0.5</td><td>六价铬：0.5</td></tr>
<tr><td rowspan="4">5</td><td rowspan="4">《城镇污水处理厂污染物排放标准》（GB 18918-2002）</td><td colspan="3">第一类污染物最高允许排放浓度（mg/L）</td></tr>
<tr><td colspan="3">总铬：0.1（日均值） 六价铬：0.05（日均值）</td></tr>
<tr><td colspan="3">污泥农用时最高允许排放浓度（mg/kg、干污泥）</td></tr>
<tr><td colspan="2">总铬（pH＜6.5）
600</td><td>总铬（pH≥6.5）
1000</td></tr>
</table>

表 3-19　铬的废气排放标准及监测方法

<table>
<tr><th rowspan="3">序号</th><th rowspan="3">标准名称</th><th colspan="7">允许排放限值</th><th rowspan="3">标准监测方法</th></tr>
<tr><th rowspan="2">最高允许排放浓度（mg/m^3）</th><th colspan="4">最高允许排放速率（kg/h）</th><th colspan="2">无组织排放监控浓度限值</th></tr>
<tr><th>排气筒（m）</th><th>一级</th><th>二级</th><th>三级</th><th>监控点</th><th>浓度（mg/m^3）</th></tr>
<tr><td rowspan="6">1</td><td rowspan="6">《大气污染物综合排放标准》（GB 16297-1996）</td><td rowspan="6">铬酸雾 0.070</td><td>15</td><td rowspan="6">禁排</td><td>0.008</td><td>0.012</td><td rowspan="6">周界外浓度最高点</td><td rowspan="6">0.0060</td><td rowspan="6">《固定污染源排气中铬酸雾的测定　二苯基碳酰二肼分光光度法》（HJ/T 29-1999）</td></tr>
<tr><td>20</td><td>0.013</td><td>0.020</td></tr>
<tr><td>30</td><td>0.043</td><td>0.066</td></tr>
<tr><td>40</td><td>0.076</td><td>0.12</td></tr>
<tr><td>50</td><td>0.12</td><td>0.18</td></tr>
<tr><td>60</td><td>0.16</td><td>0.25</td></tr>
<tr><td>2</td><td>《生活垃圾焚烧污染控制标准》（GB 18485-2014）</td><td colspan="7">焚烧炉排放烟气 锑、砷、铅、铬、钴、铜、锰、镍及化合物浓度排放限值（以 Sb + As + Pb + Cr + Cu + Mn + Ni 计）（测定均值）1.0 mg/m^3</td><td rowspan="2">《空气和废气颗粒物中铅等金属元素的测定　电感耦合等离子体质谱法》（HJ 657-2013）</td></tr>
<tr><td>3</td><td>《危险废物焚烧污染控制标准》（GB 18484-2001）</td><td colspan="7">焚烧容量炉≤300（kg/h）：铬、锡、锑、铜、锰排放及化合物最高允许浓度限值 4.0 mg/m^3</td></tr>
</table>

（六）镍及其化合物

1. 概述

镍（Ni）是一种银白色金属，具有良好的机械强度和延展性，难熔、耐高温，有很高的化学稳定性，在空气中不氧化，是一种十分重要的有色金属原料。镍的化合物在自然界里有三种基本形态，即镍的氧化物、硫化物和砷化物。氧化物有氧化亚镍、四氧化三镍等；镍的硫化物有 NiS_2、Ni_6S_5、Ni_3S_2、NiS 等；镍的砷化物有砷化镍和二砷化三镍。天然水中的镍以卤化物、硝酸盐、硫酸盐以及某些有机和无机络合物的形式溶解于水，溶于水的镍离子能与水结合形成水合离子，当遇到 Fe^{3+}、Mn^{4+} 的氢氧化物、粘土或絮状的有机物时会被吸附，也会和硫离子反应生成硫化镍而沉淀。工业上用于镀镍的原料是镍的硫酸盐或氯化镍，镍在水中的迁移主要是形成沉淀和共沉淀以及在晶形沉积物中向底质迁移，这种迁移的镍共占总迁移量的 80%；溶解形态和固体吸附形态的迁移仅占

5%。镍广泛应用于合金、电镀、铸造、催化剂、电池、焊条、造币等行业生产。据报道，全球80%的镍应用于不锈钢、镍合金和合金钢的生产，10%应用于电镀，10%应用于催化剂、化学电池、造币、颜料和其他化学品生产。

环境中镍污染主要来源于镍矿的开采和冶炼、合金钢的生产和加工过程，煤、石油燃烧时排放的烟尘，电镀生产过程等。冶炼镍矿石及冶炼钢铁时，部分矿粉会随气流进入大气。在焙烧过程中也有镍及其化合物排出，主要为不溶于水的硫化镍、氧化镍、金属镍粉尘等，燃烧生成的镍粉尘遇到热的一氧化碳，会生成易挥发的、剧毒的致癌物羰基镍。水环境中镍污染来源主要是冶炼、采矿、电镀、化工等行业污水排放或泄漏等。镍可在土壤中富集，含镍的大气颗粒物沉降、含镍废水灌溉、动植物残体腐烂、岩石风化等都是土壤中镍的来源。

工业生产排放含镍废水

镍及其化合物有毒且难以生物降解和热降解，易通过食物链富积在生物体内积累，主要存在于脊髓、脑、肺和心脏等部位，可能引起肿瘤，也可能使肺部逐渐硬化；日常生活中如果大量接触镀镍物品，接触的皮肤部位会引起过敏性皮炎和湿疹等；当人体摄入过量的镍，初期会造成头晕、头痛，有时恶心呕吐，长期过量则高烧、呼吸困难等，甚至会因中枢神经障碍而引起精神错乱；如误服较大量的镍盐时，可产生急性胃肠道刺激现象，发生呕吐、腹泻，其毒性主要表现在抑制酶系统，如酸性磷酸酶。国内外大量文献表明，镍具有致癌性，尤以肺癌和鼻咽癌突出。镍也是致敏性金属，约有20%的人对镍离子过敏，我国规定车间空气中羰基镍的最高容许浓度为0.001 mg/m^3。镍及化合物对生态环境危害也较大，Ni^{2+}能在土壤中富集并影响农作物的生长，镍对水稻产生毒性的临界浓度是20 ppm；实验证明，当水体中的Ni^{2+}浓度超过1.2 mg/L时即可引起鱼类死亡。地表水中镍的最高容许浓度为0.002 mg/L。

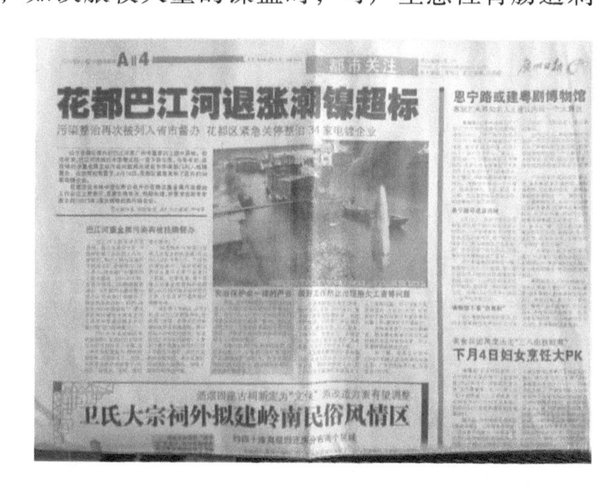

A‖4 都市关注

花都巴江河退涨潮镍超标

污染整治再次被列入省市督办 花都区紧急关停整治34家电镀企业

恩宁路或建粤剧博物馆

下月4日妇女烹饪大PK

卫氏大宗祠外拟建岭南民俗风情区

近年来，电镀、酸洗等工业生产过程中排放含镍废水时有超标，给环境带来了较大的安全隐患，特别是在饮用水安全方面。据“金羊网—新快报”2012年2月29日报道，广州巴江河镍指标异常，34家重金属污染企业被关停。2011年7月的一次检查中，某企业偷排污水中重金属镍的含量达到每升 618 mg/L，超标 3 万倍。

2. 镍化合物水污染事故应急处理方法

发生因镍化合物污染的水体，一般采用碱性沉淀法对事故水体进行应急处理。赵丛珏等研究结果显示，碱性沉淀法处理水中的镍效果和稳定性很好，三氯化铁对镍的去除效果最好。调节水体 pH 值为 10.0，采用三氯化铁可有效去除水中超标 50 倍的镍，镍浓度能降到国家标准限值以下；调节水体 pH 值为 9.5，采用聚合氯化铝可有效去除自来水中超标 10 倍的镍，镍浓度能降到国家标准限值以下；采用硫化钠沉淀法，对镍没有明显的去除效果。

3. 镍的化合物

镍的化合物主要有氧化镍、氢氧化镍、醋酸镍、硫酸镍、氯化镍、羟基镍等。

(1) 羰基镍 [$Ni(CO)_4$]：剧毒，无色挥发性液体，有煤烟气味，易燃液体，不溶于水，溶于醇等多数有机溶剂；暴露在空气中能自燃，遇明火、高热强烈分解燃烧，能与氧化剂、空气、氧、溴强烈反应，引起燃烧爆炸；沸点 43 ℃，熔点 −25 ℃，相对密度 1.32。羰基镍主要用于制高纯镍粉，也用于电子工业及制造塑料中间体，可用作催化剂。羰基镍对呼吸道有刺激作用，可导致肺、肝、脑损害。羰基镍是脂溶性的，能透入细胞内分解出一氧化碳和镍，致毒可能是羰基镍整个分子、一氧化碳和镍三者共同作用的结果。羰基镍损伤肺毛细管内皮细胞，抑制细胞中含巯基的酶，使毛细管通透性增加，最后造成肺水肿。中国（TJ 36−79）规定车间空气中有害物质的最高容许浓度 0.001 mg/m^3。

(2) 氧化镍（NiO）：为绿色粉末状固体，熔点为 1980 ± 20 ℃，密度为 6.67 g/cm^3；不溶于水，不溶于碱液，为碱性氧化物，溶于酸和氨水。氧化镍用作搪瓷的密着剂和着色剂，陶瓷和玻璃的颜料；在磁性材料生产中用于生产镍锌铁氧体等，以及用作制造镍盐原料、镍催化剂并在冶金、显像管中应用；也用作电子元件材料、催化剂、搪瓷涂料和蓄电池材料等。

(3) 氢氧化镍 [$Ni(OH)_2$]：常温下为蓝绿色晶体，是还原性氢氧化物，能和某些强氧化剂反应生成 NiO（OH），有较强的碱性，为中强碱，在饱和水溶液（质量比浓度 5%）中能电离出大量 OH^- 和少量 [$Ni(OH)_6$]$^{4-}$ 阴离子，也能溶于 NaOH、KOH 等强碱，形成 Na_4[$Ni(OH)_6$] 或 K_4[$Ni(OH)_6$]。氢氧化镍主要用于制镍盐原料、碱性蓄电池、电镀、催化剂。

(4) 硫酸镍（$NiSO_4$）：纯品为绿色结晶，有毒，易溶于水，其水溶液呈酸性，微溶于乙醇、甲醇、酸、氨水。硫酸镍有无水物、六水物、七水物 3 种，以六水物为主，无水物为黄绿色结晶体，六水物是蓝色或翠绿色细粒结晶体，七水物为绿色透明结晶体。硫酸镍接触尘沫及有机物能引起燃烧或爆炸，受高热分解产生有毒的硫化物烟气。硫酸镍主要用于电镀工业，是电镀镍和化学镍的主要镍盐，也是金属镍离子的来源，能在电镀过程中离解镍离子和硫酸根离子，在硬化油生产中是油脂加氢的催化剂，医药工业用作

生产维生素 C 中氧化反应的催化剂，无机工业用作生产其他镍盐如硫酸镍铵、氧化镍、碳酸镍等的主要原料，印染工业用于生产酞青艳蓝络合剂，用作还原染料的媒染剂；可用于生产镍镉电池等。空气中硫酸镍最高容许浓度为 0.5 mg/m^3。

(5) 醋酸镍 [$Ni(CH_3COO)_2$]：为绿色单斜晶体，有醋酸气味，可燃，有毒；具刺激性、致敏性；相对密度为 1.744（20 ℃），溶于水、乙醇、氨水；遇明火、高热可燃，其粉末与空气可形成爆炸性混合物，当达到一定浓度时，遇火星会发生爆炸，受高热分解放出有毒的气体——一氧化碳、二氧化碳、氧化镍。醋酸镍用于镀镍、金属着色、制镍催化剂及织物媒染剂等。

4. 镍现场应急监测（水、土壤）

(1) 检测试纸法。

(2) 水质检测管法。

(3) 便携式比色计/光度计法。

(4) 便携式分光光度计法。

(5) 便携式 X 射线荧光光谱仪法。

以上监测方法具体见本书第四章第三节。

重金属分析仪——电感耦合等离子体发射光谱仪

5. 镍的环境质量标准、排放标准及实验室监测方法

相关的标准及监测方法见表 3-20～表 3-22。

表 3-20　镍的水及土壤环境质量标准及监测方法

序号	标准名称	标准限值						标准监测方法
1	《地下水量标准》（GB/T 14848-93）	单位	Ⅰ类	Ⅱ类	Ⅲ类	Ⅳ类	Ⅴ类	《生活饮用水标准检测方法——金属指标》（GB/T 5750. 6-2006）
		（mg/L）	0. 005	0. 05	0. 05	0. 1	0. 1	
2	《海水水质标准》（GB 3097-197）	单位	第一类	第二类	第三类	第四类		（1）《水质　镍的测定　丁二酮肟分光光度法》（GB 11910-89） （2）《水质　镍的测定　火焰原子吸收分光光度法》（GB 11912-89） （3）《水质　65 种元素的测定　电感耦合等离子体质谱法》（HJ 700-2014） （4）《水质　32 种元素的测定　电感耦合等离子体发射光谱法》（HJ 776-2015）
		（mg/L）	0. 005	0. 010	0. 020	0. 050		
3	《农田灌溉水质标准》（GB 5084-92）	一类（水作）		二类（旱作）		三类（蔬菜）		
		≤0. 05 mg/L						
4	《渔业水质标准》（GB 11607-89）	≤0. 005 mg/L						
	《地表水环境质量标准》（GB 3838-2002）	0. 002 mg/L						
5	《土壤环境质量标准》（GB 15618-95）	级别	一级	二级			三级	（1）《土壤环境监测技术规范》（HJ/T 166-2004） （2）《土壤质量　镍的测定　火焰原子吸收分光光度法》（GB/T 17139-97） （3）《土壤和沉积物　12 种金属元素的测定　王水提取—电感耦合等离子体质谱法》（HJ 803-2016）
			（mg/kg）					
		pH 值	自然背景	<6. 5	6. 5～7. 5	>7. 5	>6. 5	
		≤	40	40	50	60	200	
6	《展览会用地土壤环境质量评价标准（暂行）》（HJ 350-2007）	A 级			B 级			《展览会用地土壤环境质量评价标准（暂行）》（HJ 350 - 2007）附录 A（规范性附录）《土壤中锑、砷、铍、镉、铬、铜、铅、镍、硒、银、铊、锌的测定，电感耦合等离子体原子发射光谱法》
		50 mg/kg			2400 mg/kg			

表 3－21　镍的废水排放标准及监测方法

序号	标准名称	标准限值		标准监测方法
1	《污水综合排放标准》（GB 8978-96）	第一类污染物最高允许排放浓度		（1）《水质　镍的测定　丁二酮肟分光光度法》（GB 11910-89） （2）《水质　镍的测定　火焰原子吸收分光光度法》（GB 11912-89） （3）《水质　65 种元素的测定　电感耦合等离子体质谱法》（HJ 700-2014） （5）《水质　32 种元素的测定　电感耦合等离子体发射光谱法》（HJ 776-2015）
		总镍　1.0 mg/L		
2	《电镀污染物排放标准》（GB 21900-2008）	总镍	总镍别限值	
		0.5 mg/L	0.1 mg/L	
3	《电池工业污染物排放标准》（GB 30484-2013）	镉镍/氢镍电池		（1）《大气固定污染源　镍的测定　火焰原子吸收分光光度法》（HJ/T 63.1-2001） （2）《大气固定污染源　镍的测定　石墨炉原子吸收分光光度法》（HJ/T 63.2-2001） （3）《水质　镍的测定　火焰原子吸收分光光度法》（GB 11912-89） （4）《水质　65 种元素的测定　电感耦合等离子体质谱法》（HJ 700-2014） （5）《水质　32 种元素的测定　电感耦合等离子体发射光谱法》（HJ 776-2015）
		废水总镍	0.5 mg/L 0.05 mg/L（特别限值）	
		废气镍及化合物	1.5（mg/m^3）	
4	《城镇污水处理厂污染物排放标准》（GB 18918-2002）	第一类污染物最高允许排放浓度		
		总镍：0.05 mg/L（日均值）		
		污泥农用时最高允许排放浓度（mg/kg、干污泥）		
		总镍（pH＜6.5） 100	总镍（pH≥6.5） 200	

表 3-22　镍的废气排放标准及监测方法

<table>
<tr><th>序号</th><th>标准名称</th><th colspan="7">允许排放限值</th><th>标准监测方法</th></tr>
<tr><td rowspan="10">1</td><td rowspan="10">《大气污染物综合排放标准》(GB 16297-96)</td><td rowspan="2">最高允许排放浓度(mg/m³)</td><td colspan="4">最高允许排放速率(kg/h)</td><td colspan="2">无组织排放监控浓度限值</td><td rowspan="17">(1)《大气固定污染源　镍的测定 火焰原子吸收分光光度法》(HJ/T 63.1-2001)
(2)《大气固定污染源 镍的测定　石墨炉原子吸收分光光度法》(HJ/T 63.2-2001)
(3)《大气固定污染源　镍的测定　丁二酮肟—正丁醇萃取分光光度法》(HJ/T 63.3-2001)
(4)《水质　镍的测定　火焰原子吸收分光光度法》(GB 11912-89)</td></tr>
<tr><td>排气筒(m)</td><td>一级</td><td>二级</td><td>三级</td><td>监控点</td><td>浓度(mg/m³)</td></tr>
<tr><td rowspan="8">镍及化合物 4.3</td><td>5</td><td rowspan="8">禁排</td><td>0.15</td><td>0.24</td><td rowspan="8">周界外浓度最高点</td><td rowspan="8">0.40</td></tr>
<tr><td>20</td><td>0.26</td><td>0.34</td></tr>
<tr><td>30</td><td>0.88</td><td>1.3</td></tr>
<tr><td>40</td><td>1.5</td><td>2.0</td></tr>
<tr><td>50</td><td>2.3</td><td>3.5</td></tr>
<tr><td>60</td><td>3.3</td><td>5.0</td></tr>
<tr><td>70</td><td>4.6</td><td>7.0</td></tr>
<tr><td>80</td><td>6.3</td><td>10</td></tr>
<tr><td rowspan="7">2</td><td rowspan="7">《陶瓷工业污染物排放标准》(GB 25464-2010)</td><td colspan="7">企业大气污染物排放限值(mg/m³)</td></tr>
<tr><td>生产工序</td><td colspan="4">烧成、烤花</td><td colspan="2">监控位置</td></tr>
<tr><td>生产设备</td><td colspan="4">辊道窑、隧道窑、梭式窑</td><td colspan="2" rowspan="3">车间或生产设施排气筒</td></tr>
<tr><td>燃料类型</td><td colspan="2">水煤浆</td><td colspan="2">油、气</td></tr>
<tr><td>镉及化合物</td><td colspan="2">0.2</td><td colspan="2">0.2</td></tr>
<tr><td colspan="5">企业水污染物排放限值 0.01mg/L</td><td colspan="2" rowspan="2">车间或生产设施排放口</td></tr>
<tr><td colspan="5">水污染特别排放限值 0.05 mg/L</td></tr>
<tr><td>3</td><td>《生活垃圾焚烧污染控制标准》(GB 18485-2014)</td><td colspan="7">焚烧炉排放烟气 锑、砷、铅、铬、钴、铜、锰、镍及化合物浓度排放限值(以 Sb + As + Pb + Cr + Cu + Mn + Ni 计)(测定均值) 1.0 mg/m³</td><td rowspan="2">(1)《空气和废气颗粒物中铅等金属元素的测定　电感耦合等离子体质谱法》(HJ 657-2013)
(2)《大气固定污染源　镍的测定　石墨炉原子吸收分光光度法》(HJ/T 63.2-2001)</td></tr>
<tr><td>4</td><td>《危险废物焚烧污染控制标准》(GB 18484-2001)</td><td colspan="7">焚烧容量炉砷、镍及化合物(以 AS + Ni 计)最高允许浓度限值 1.0 mg/m³</td></tr>
</table>

6. 巴江镍污染事件应急处置实例

【事件回顾】

2010年12月11日20:15，广东省环保厅接广州市环保局报告，本市花都区巴江河部分河段水质镍超标。接报后，环境监察监测人员立即赶赴现场，组织开展污染源排查和水质监测工作。

巴江河由九曲河和乐排河（乐排河在花都境内又名国泰河，上游位于清远市石角镇境内）在花都白坭村汇合而成，流经花都区赤坭镇、炭步镇和白云区神山镇。巴江河在鸦岗与白坭河、流溪河汇合后进入珠江。巴江河是花都区的主要饮用水源地之一，沿途有赤坭水厂、巴江水厂、炭步水厂三个水厂，供水能力18万吨/日，实际供水7.3万吨/日。

【处置措施】

（1）地毯式排查，搜索寻找污染源。

①从12月11日21时开始，历时3天，广东省环保厅会同佛山、广州两地的市、区、县、街道环保人员，对南海花都交界处乐排河沿线各镇存在废水排往巴江的企业进行专项检查，共检查企业120家，发现违法企业共9家，检查组要求企业现场整改，责令5家企业停产，并要求地方环保部门配合当地政府立即查处，消除环境风险。

②广州市、区两级环保部门出动执法人员680多人次，对花都区境内巴江河、国泰河河段18公里、两岸纵深2～3公里范围内70多平方公里的区域进行污染排查，至12月13日在花都的排查范围内暂未发现排放涉镍污染物的企业。

③污染联合排查确定污染源，发现位于花都与清远交界的国泰村附近有两处由废弃采石场形成的水坑，分别称为清远石湖和花都国泰石场，分属清远市清城区石角镇和广州市花都区赤坭镇。上述两水塘互相连通，并与乐排河相连。其中，清远石湖约300亩，于1999年结束石灰石开挖；花都国泰石场约200亩，于2003年关闭。位于清远一侧的北水坑岸边堆积着大量红色、绿色污泥，具有明显电镀废渣的特征。该水坑原为清远电镀厂群生产废水的集中排放地。对该水坑水质监测表明镍浓度分别是0.113 mg/L、0.15 mg/L和0.112 mg/L，超标5.5倍以上。因该水坑与位于花都一侧的南水坑相连，形成交叉污染，坑水流入国泰河后汇入巴江河。事发时水塘周边企业没有直接向其排放污水，但由于此地偏僻且处于两市交界，之前清远市有电镀企业、广州市花都区有铝灰厂等重污染企业在此存在（已在2009年前被取缔），由于近期下雨、水塘水位较高，外溢至乐排河，故确定上述水坑水为造成巴江河镍超标的污染源。

（2）应急监测，说清水质变化。广东省环境监测中心组织开展应急监测工作，在巴江流域布设12个断面：0#七星水泥厂旁桥下、1#七星桥、2#清远广州交界处、2－1#国泰渡槽、3#建岗桥、4#木广塘桥、5#白石桥、6#九曲河、7#九曲河乐排河混合后、8#白坭（巴江）、9#炭步水厂、10#巴江水厂。监测项目为镍，监测频次为每2小时1次。12月14日10时起断面减少为5个：1#木广塘桥、2#九曲河国泰河混合后、3#赤坭水厂吸水点、4#炭步水厂吸水点、5#巴江水厂吸水点，频次降为每天采样2次，监测时间为上午10点和下午4点。监测数据每天一报。水质监测工作持续到2011年1月底才结束。

（3）多措并举，确保饮水安全和社会稳定。

①花都区政府封堵了水塘，切断污染源。清远石湖和花都国泰石场水塘与乐排河之间的封堵施工从12月14日上午开始，至15日中午完成，修建了一道堤面宽12米、堤底宽32米、堤高9米、长度80米的土石方堤坝，污染源被切断。

②广州花都区政府组织专家，加强对各相关水厂除镍工艺技术的指导，做好供水水源置换预案，确保供水安全；通过采取工程性措施，尽可能调控水塘污染源的出水量，保障取水水质达标。相关水厂改进净化工艺，各水厂供水持续保持正常，出水水质达标，同时做好备用水源应急预案，做好事件信息披露和舆情控制工作。12月15日，花都区政府在《今日花都》报纸上发布了事件有关信息，并加强与宣传部门的沟通，正确引导舆论，防止炒作。广州市花都区、佛山市南海区和清远市清城区环保部门做好环境监管和水质监测信息的报送工作，坚持一天一报，确保信息畅通。

③广州市花都区政府、清远市清城区政府组织专家研究制定两个水塘污染水体的处置方案，并按属地原则分别组织处置，省、市环保部门予以协调指导。省环境保护厅会同广州、佛山、清远三市编制跨界环境问题整治方案。

【处置效果】

事件造成清远石角镇与花都赤坭镇交界断面、交界断面以下乐排河国泰渡槽、木广塘桥、白石桥断面镍浓度超标，最大超标5倍，自12月15日前全线达标；下游巴江河的赤坭水厂、炭步水厂和巴江水厂吸水点镍浓度超标，最大超标0.6倍，自14日下午起达标。由于水厂采取了应急措施，三个水厂供水正常。

（七）铊及其化合物

1. 概述

铊（Tl）是由英国科学家WilliamCreokes于1861年在研究硫酸厂废渣的光谱时首先发现并命名的，其原子序数为81。铊是一种银白色的重金属元素，易氧化，易溶于酸，不溶于水和碱溶液。铊在自然环境中含量很低，是一种伴生元素，几乎不单独成矿物，大多以分散状态同晶形杂质存在于铅、锌、铁、铜等金属的硫矿中，常作为这些金属冶炼的副产品来回收和提取。其主要的化合物有氧化物、硫化物、卤化物、硫酸盐等。铊盐一般为无色、无味的结晶，溶于水后形成亚铊化物。铊及其化合物都是剧毒品，为人体非必需元素。

铊被广泛用于电子、军工、航天、化工、冶金、通讯等各个方面，在光导纤维、辐射闪烁器、光学透位、辐射屏蔽材料、催化剂和超导材料等方面具有潜在应用价值。在现代医学中，Tl同位素被广泛用于心脏、肝脏、甲状腺、黑色素瘤以及冠状动脉类等疾病的检测诊断。

铊及铊化合物经消化道、呼吸道、皮肤等途径进入人体内，被胃肠道吸收后，以离子形式进入血液，并随血液到达全身的器官和组织。可溶性的铊离子与体内的生物分子

工业生产排放含重金属（铊）废水污染河涌

（如酶类）中的 - SH、 - NH、COOH、 - OH 等基团结合，导致其生物活性丧失，从而使组织功能出现障碍，且铊离子对钾离子有拮抗抑制作用，铊离子会干扰一些依赖钾的关键生理过程。人体中铊主要通过肾和肠道排出，少量可从乳汁、汗腺、泪液、毛孔和唾液中排出。铊对哺乳动物的毒性大于铅、汞，属高毒类，具有蓄积性，为强烈的神经毒物。铊长期累积会导致人体中毒，其临床症状轻者表现为头晕、耳鸣、乏力、食欲下降、头痛、四肢痛、腹痛和神经麻痹，引发神经炎；重者表现为脱发、双目失明甚至死亡。铊对植物的毒性远大于铅、镉、汞等其他重金属，在植物中，铊与钾有相互拮抗作用，受铊污染植物中的铊均与钾的传输有关，一旦铊取代了生物体内的钾，植物就会受到巨大危害。铊污染过的土壤中小麦长势低矮，叶子发黄和卷曲；大豆铊中毒时，根系呈棕褐色、侧根稀少、发育不良，地上部老叶发黄，亩产量降低。

铊在环境中的迁移方式与其物化性质、环境影响因素及人类活动密切相关。铊是易淋滤元素，含铊岩石或矿物在次生氧化作用下易向环境中释放大量铊。在 pH 小于 3 和温度升高时有利于岩石或矿物中的铊活化并向其他环境介质中迁移。在自然水体中铊存在形式有 Tl^{+}、Tl^{3+} 两种氧化状态及吸附相。氧化态铊在水体中主要以 Tl^{+} 化合物形式迁移。吸附相，即铊被吸附在固体矿物（铁锰氧化物表面和水体中的自然颗粒物）上，随颗粒物向水底沉降，并在沉积物中积淀下来，被吸附到水体或水系沉积物中。我国土壤中铊的分布范围为 0.29～1.17 mg/kg，分布和迁移主要受土壤来源、pH 值、土壤溶液的离子强度、有机质、粘土矿物和 Fe、Mn 氧化物等多种因素共同制约。土壤中铊的存在形态主要有水溶态、硅酸盐结合态、硫化物结合态和有机质结合态。水溶态的铊在土壤溶液中以 Tl^{+}、Tl^{3+} 和 $[TlCl_4]^{-}$ 等卤素化合物及 SO_4^{2-}、AsO_2^{-} 的配合物形式存在，并且水溶态的铊可直接被植物吸收，容易淋溶进入土壤深层或随溶液迁移；大气中铊污染物的主要来于源燃煤火力发电厂、水泥厂和金属冶炼厂等工业生产。当铊在生产过程中释放进入大气后，它会以氧化物或其他化合物的形式存在于大气中。大气中的铊可随着大气环流进行长距离的迁移，并能随着雨、雪的沉降而迁移到地表水、土壤和植物中。

我国贵州兴义地区曾是铊污染比较严重的地区之一，该地区灶矾山麓矿渣中含铊化合物高达 106 mg/kg，被雨水淋溶进入土壤中（土壤铊含量达 50 mg/kg），再被蔬菜吸收富集（蔬菜中铊含量达 11.4 mg/kg）。居民中曾出现慢性铊中毒患者 200 多例。近年来，铊污染事件时有发生，如 2010 年 10 月北江铊污染事件，2013 年 7 月贺江铊镉污染事件等，严重危害饮用水安全。

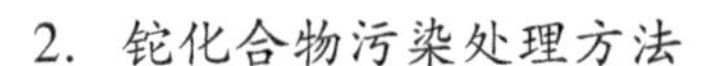
2. 铊化合物污染处理方法

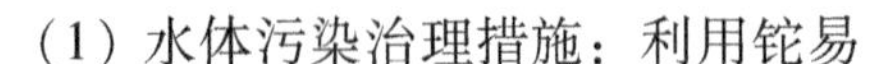
（1）水体污染治理措施：利用铊易被“海绵吸附体”吸附的性质，在被污染水体中加入 MnO（固）等吸附剂，降低铊的活动速率并使其沉淀；低温、氧化和碱性条件下，铊从一价向三价转化，故可在污染水体中加入氧化剂和碱性物质（如石灰等），并注意控制温度，降低铊活动性。

（2）铊污染的土壤，主要治理方法：

①工程治理方法：客土，即在污染的土壤上加入未污染的新土；换土，即将已污染的土壤移去，换上未污染的新土；翻土，将污染的表土翻至下层；去表土，将污染的表土移去等。

②植物治理方法：结合污染区情况，利用铊超富集植物的特性，种植能容忍和超量积累铊的植物，如中亚灌木和屈曲花科植物来清除土壤中可交换态铊。

③化学治理方法：在铊污染土壤中加入改良剂，改变铊在土壤中的存在形式，使其固定，降低其在环境中的迁移性和生物可利用性。如加入石灰等碱质改变土壤的 pH，降低铊的化学活动性。

④农业治理方法：因地制宜的改变耕作管理制度，在污染土壤上不种植进入食物链的植物，不施用含铊化肥。

3. 铊常见化合物

铊化合物有数十种，常见的有硫酸铊、硝酸铊、醋酸铊、碳酸铊、磷酸铊、氧化铊、氯化铊、溴化铊、碘化铊、氢氧化铊、甲酸铊、乙酸铊等，均为剧毒化合物。

（1）硫酸铊（Tl_2SO_4）：又名硫酸亚铊，为无色或白色斜方晶系结晶，不燃，高毒，具刺激性，受高热分解放出有毒的气体，有害燃烧产物为氧化硫、铊；硫酸铊溶于水，易溶于硫酸。硫酸铊主要用作杀鼠剂、分析试剂等。

（2）碘化铊：不溶于酸，难溶于水，溶于王水及浓硫酸。在液氨中可与钠反应，在

稀盐酸和稀硫酸中稳定，可与硝酸反应，生成硝酸铊，游离出碘；相对密度8.00，危险标记13，为有毒品。碘化铊主要用于制造药物、光谱分析、热定位的特种过滤器、与溴化铊组成混合结晶、传送极长波长的红外线辐射。α型其为黄色斜方晶系晶体，遇X光射线或光能产生荧光，在高压下显示出金属的传导性；β型其为体心立方晶格，属立方晶系的结晶，是一种准稳定相，红色。

(3) 乙酸铊：白色针状晶，密度3.68 g/cm³，熔点110 ℃，有毒，易潮解。能溶于水和醇。乙酸铊由碳酸铊或新沉淀的氢氧化亚铊和甲酸作用蒸发结晶制取，用作高比重溶液，分离矿物的组分，也用于治疗痢疾和结核病。

(4) 溴化铊：是铊的溴化物，有三溴化铊和溴化铊两种。三溴化铊为黄色结晶固体，微溶于水，溶于乙醇，不溶于丙酮，易潮解变成棕色，并放出溴。溴化铊为淡黄色固体，等轴晶系，具有氯化铯型晶体结构，密度7.463 g/cm³ (18 ℃)，熔点459 ℃，沸点819 ℃，遇光由浅灰色变为黑色，加热在熔点以下升华，熔解而不分解。溴化铊主要用于制造药物，禁配物为强氧化剂、强酸。

4. 铊现场应急监测（水、土壤）

(1) 水质检测管法（0～0.1 mg/L）。

(2) 便携式比色计/光度计法（0.002～2.0 mg/L）。

(3) 便携式分光光度计法。

(4) 便携式X射线荧光光谱仪法。

以上监测方法具体见本书第四章第三节。

5. 铊的环境质量标准及废水排放标准

表3-23 铊的水环境及排放标准

序号	标准名称	标准限值（mg/L）	监测方法
1	《地表水环境质量标准》(GB 3838-2002)	0.0001	(1)《水质 65种元素的测定 电感未知含等离子体质谱法》(HJ 200-2014) (2)《水质 铊的测定 石墨炉原子吸收分光光度法》(HJ 748-2015)
2	湖南省《工业废水铊污染物排放标准》(GB 44/968-2014)	0.005	
3	广东省《工业废水铊污染物排放标准》(GB 44/1989-2017)	总铊0.002	

6. 广东北江铊污染事件

【事件回顾】

2010年10月18日14:00时，广东省环境保护厅接到广州市环保局报告，广州市南洲水厂和沙湾水厂吸水点和末梢水中检测出重金属铊浓度异常。监测结果显示，北江干流12个断面铊浓度均不同程度出现超标现象（介于0.0002～0.0010 mg/L之间），浓度从上游至下游呈现递减趋势。初步判断是由于北江上游地区铊排放污染所致。经组织专家对监测数据和流域企业检查情况进行全面分析后，10月19日2:00时，确定此次铊污染事故是由隶属中金岭南有色金属股份有限公司的韶关冶炼厂违法排放含铊废水所致。

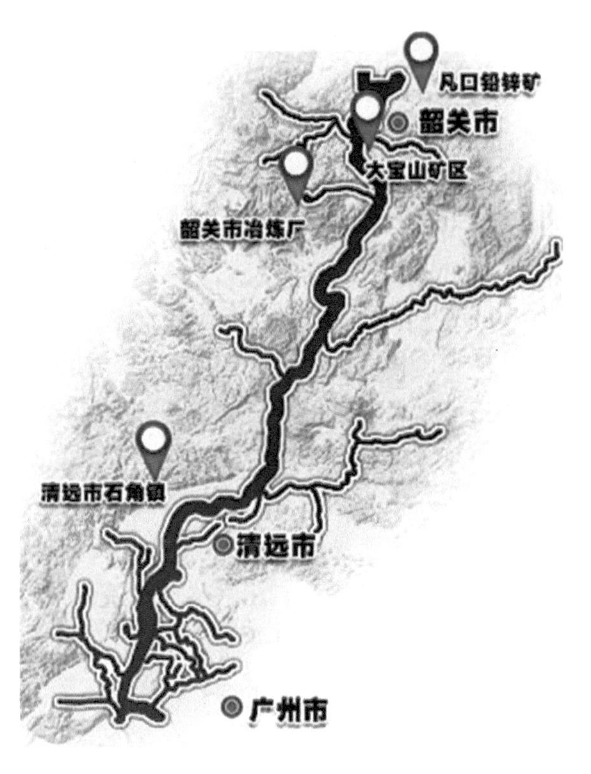

广东北江铊污染区域

【处理措施】

（1）加强排查，迅速切断污染源。广东省环境保护厅接到事故报告后，立即组织开展北江流域污染源排查工作，并在确定肇事企业后，于10月19日2:00时依法责令韶关冶炼厂立即停止排污。19日4:00时，该厂已停止排放含铊废水；20日12:00时，一条生产线停产。20日21:00时，省政府责令该厂全面停产。21日8:00时，省领导带队赶赴韶关冶炼厂，督促该厂必须落实全面停产措施，并要求省环境保护厅派专人进驻该厂，加强督查，确保全面停产、停排。与此同时，前方指挥部要求省环境保护厅、省国资委会同韶关、清远两市组织力量对北江韶关至清远段排污企业进行地毯式排查，共出动5464人次，排查企业1556家次，关停企业28家，确保北江不再增加铊排放量。

（2）科学决策，实施调水稀释受污染水体。根据铊元素的特性，处置受铊污染河流水体最有效的办法是调水稀释。经过科学分析论证，决定采取实施飞来峡水利枢纽工程水质水量联合控制和西江补水等综合措施，通过流域调水稀释污染物，解决河道污染问题，取得明显效果。针对西江来水量大幅减少和飞来峡水库拦蓄能力已超极限等水情动态变化情况，为确保北江思贤滘以下河段水质达标，前方指挥部及时组织专家组研究分析，提出了请求国家防总加大西江下泄流量的方案，并报省主要领导同意后，于10月26日以省政府名义发函商请国家防总发出西江水资源调度。在国家防总、南方电网公司和广西方面的大力支持下，从10月28日至11月11日，西江（梧州水文站）的流量稳定保持在3300立方米/秒左右，北江飞来峡水库下泄流量稳定保持在350立方米/秒左右，通过有效利用调水稀释污染物，确保了北江思贤滘以下河段水质达标。

（3）加强监测，密切关注水质变化情况。事故发生后，环境保护部门在北江上游的韶关至清远段11个断面和广州、佛山地区7个水厂进水口设置监测点位，每天采样监测，并对韶关冶炼厂排污口下游断面、飞来峡大坝出水口等重点点位加密监测，共出动采样车2622车次、监测人员6570人次，采集样品4967个，获得4967个有效监测数据。省环境保护厅利用地理信息系统和先进的网络手段，及时、形象、直观地展示各点位监测数

监测人员在事故现场采集样品

据和浓度变化趋势，为数据综合分析和领导、专家决策提供服务。住房城乡建设部门和卫生部门组织对沿线49个水厂进厂水、出厂水和末梢水水质进行监测，严密监控水厂进出水水质，科学评估水质安全状况，为有效处置污染事故提供了科学依据。

（4）突出重点，切实保障供水安全。前方指挥部把确保供水安全作为处置工作的重点来抓，要求北江沿线的广州、佛山、清远等市启动饮用水源应急响应，组织摸清沿线水厂基本情况，对可能受影响的水厂实行“一厂一策”和“一厂一责”，因地制宜，科学制订有效措施，确保供水安全；针对部分水厂入水水质铊超标的问题，组织专家开展水厂净水除铊相关技术攻关，通过改造水厂工艺、有针对性投加药剂、铺设颗粒活性碳改造碳砂滤池等手段，完善水厂净水除铊工艺，为沿线水厂出水水质达标提供了技术支撑。

（5）加强引导，及时主动公开相关信息。前方指挥部采取适时、适度公开的原则，在查明污染源后的10月21日发出了第一份新闻通稿，及时向社会公布污染事故和初步处置情况；23日，又适时公布处置工作最新动态，及时消除公众的疑虑，牢牢掌握舆论的主动权。同时，宣传、公安等相关部门积极关注国内外媒体、网络和社会对事件的反应，坚持正面引导，及时回应和澄清网上各类不实传言，为应急处置工作创造了有利的舆论环境。沿线各级政府认真做好当地群众工作，及时向群众说明事故情况和政府处置工作情况。事故处置过程中，未出现记者蜂拥而至、媒体集中炒作等情况，舆论态势平稳，社会秩序井然。

（6）查明原因，追究相关人员责任。经调查认定，此次事故是一起重大水污染事故，是一起责任事故。事故直接原因是，韶关冶炼厂使用铊含量高的进口原料生产，废水处理过程中未能有效除铊，进而违反排放许可证的规定（韶关冶炼厂向韶关市环境保护局申领的《排污许可证》载明允许排放的污染物不包括铊），向北江排放高浓度含铊废水。事故的间接原因是，韶关冶炼厂从未向环境保护部门报告其使用澳大利亚进口矿石导致外排废水铊浓度增大的情况并办理排放污染物申报登记；明知含铊废水排放将造成环境污染，仍然没有采取有效除铊措施。此外，环保部门也有失察和监管不到位的责任。根据调查结果，调查组提出追究9名责任人员党政纪责任，对1名责任人员进行诫勉谈话并处罚肇事企业的建议。

【处置效果评价】

经过1个多月的艰苦努力，处置工作取得圆满成功。从11月28日开始，北江全线铊浓度下降到0.0001 mg/L，未超过《地表水环境质量标准》（GB 3838–2002）规定标准限值。由于事故应对及时、处置得当，北江沿线没有一个城市水厂停水，没有发生一起群众恐慌事件，沿线群众饮水安全得到保障，社会秩序稳定，使事故造成的影响小、损失少、危害轻，确保了广州亚运会的顺利举办。

7. 贺江铊镉污染事件应急处置案例

【事件回顾】

2013 年 6 月 28 日，广西壮族自治区贺州市下游贺江断面陆续出现网箱死鱼现象。7 月 1 日，下游约 30 公里处出现网箱死鱼现象。7 月 5 日，下游约 70 公里处也出现死鱼现象。7 月 5 日 20 时，监测结果表明，贺江从贺州到粤桂两省交界处镉浓度最高超标 3 倍。7 月 6 日，广西壮族自治区环境监测中心站监测结果发现粤桂两省交界扶隆码头部分断面重金属镉、铊出现超标，其中扶隆断面（两省交界处上游约 500 米处）镉浓度超标 1.2 倍，铊浓度超标 2.1 倍，严重威胁下游广东省贺江、西江饮用水源水质安全。

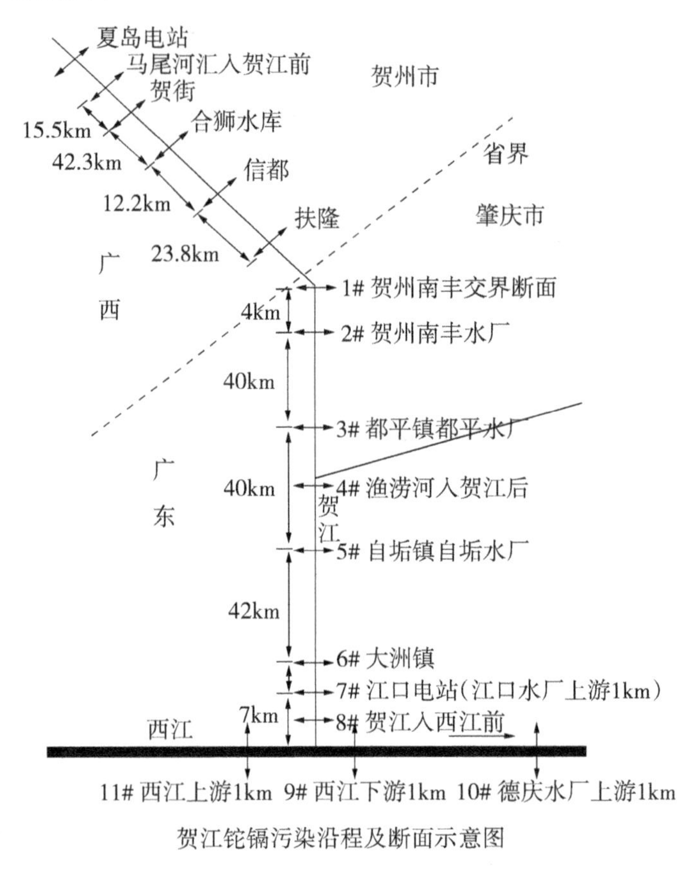

贺江铊镉污染沿程及断面示意图

【处置措施】

（1）全面排查，锁定污染源。广西先行关闭污染水域上游全部采选矿企业，组织国土、环保、公安等部门沿河逐家查找污染源，并于 7 月 8 日凌晨锁定贺州市某选矿厂为主要污染源。该厂非法建设铟提取生产设施，将含镉、铊等高浓度污染物的生产废水排入溶洞，通过地下河进入马尾河并流入贺江，是造成此次污染的主要原因。此外，马尾河流域数 10 个采选矿非法生产点的违法排污，也是污染事件原因之一。

（2）粤桂联手，形成强大的治污合力。事件发生后，广西根据泛珠应急处置预案、粤桂跨界水污染联合处置合作协议和贺州肇庆联合处置合作协议的有关规定，及时向广东通报相关情况。按照省领导要求，广东省充分利用粤桂合作框架协议平台，本着相互理解、相互支持的原则，在水质监测、污染削减、水量调度、信息互通等方面与广西进行积极沟通协调：

一是做到联防联治，形成联合治污的强大合力。两省（区）共同签订了《贺江水污染事件应急处置工作会议纪要》，共同制订了《贺江环境突发事件粤桂联合应急处置总体方案》，贺州、肇庆指挥部也多次召开现场会，共商联合处置贺江水污染事件工作。

二是粤桂环保部门迅速建立信息互通机制，每天交换环境监测数据以及处置进展情况。同时，密切与广西方面沟通协调，要求上游加快排查和切断污染源，从源头上彻底消除污染隐患。

三是粤桂环保部门联合制定监测方案，统一监测方法、标准，实现贺江上下游监测数据的互通，并实现跨部门信息共享，形成上下游一体的监测网络体系。

四是两省（区）建立水量应急调度机制，对广西境内的合面狮、爽岛水库与广东封开江口、都平、白垢三个梯级电站实施联合调度，科学调水，确保西江水质安全。

（3）迅速响应，周密部署应急处置工作：

① 广东省环保厅接到广西通报后，厅领导第一时间率厅应急办、省环境监测中心有关人员赶赴现场，立即开展水质应急监测，组织专家会商，对事态进行研究和预判，及时向省委省政府报告。

② 广东省肇庆市迅速启动应急预案，成立以市长为组长的肇庆市处置贺江流域水质污染事件联合指挥部，下设综合组、监测组、新闻宣传组、应急工程组、应急交通疏导组、社会稳定组、卫生医疗组、饮水安全保障组、后勤保障组、技术指导组等 10 个专项工作组；按照省政府的要求，广东省环保厅会同省委宣传部、省政府应急办、省公安厅、省住建厅、省水利厅、省卫生厅等省直有关部门组成贺江水污染事件指导小组，对事件处置进行全程协调指导。

应急监测车在现场进行快速检测

③ 7 月 7 日，广东省领导在肇庆市主持召开紧急会议，研究部署应急处置工作；环保部领导召集粤桂两省区在肇庆市召开协调会，对上下游协同处置、跨界污染提出了明确要求。

④ 7 月 6 日以来，广东省应急指导小组和现场联合指挥部工作人员一直坚守一线，并肩作战。指挥部每天投入近千人、出动近百台车次参与应急处置，所有工作人员采取三班倒的形式每天 24 小时坚守岗位，努力奋战。

（4）攻坚克难，全力保障群众饮水安全。事件发生后，联合指挥部为防止群众饮用贺江水及食用死鱼，采取实行不间断供水、降镉除铊工艺等有力措施维护沿线群众生产生活秩序：

一是联合指挥部紧紧依托省卫生监督所、清华大学、深圳水务集团、广州水务集团等专家力量，通过对南丰镇、江口镇自来水厂进行工艺改造，确保出厂水处理达到相关饮用水标准。

二是省、市、县政府迅速投入应急专项资金550万元启动江口和南丰应急水源工程建设，江口镇管道、南丰镇工程管道分别在7月11日、14日完成并试供水成功，比原计划各提前2天和4天。

（5）科学布控，密切监控水质水情变化。环保、水利、卫生等部门全力开展应急监测工作，每天定期召开例会研判水情，为正确决策和事件处置提供了有力的技术支撑和科学依据：

一是广东省环境监测中心组织市、县和省第五地质大队近200名环境监测人员在贺江和西江沿线设置11个水质监测断面进行同步采样监测，密切监控水质变化。事件发生以来共出动送样、采样人员954人次，车辆690车次，共出具有效数据2502个。

二是卫生部门及时制定《贺江水污染应急卫生监测方案》，对江口水厂、南丰水厂的水源水、出厂水、末梢水、备用水源等水质进行严密监控。

三是水利部门每天在贺江沿线的南丰水文站、爽岛水库下游东安江出口、贺江出西江口三个河流断面以及都平电厂、白垢电厂、江口电厂三个梯级水电站开展水文监测。

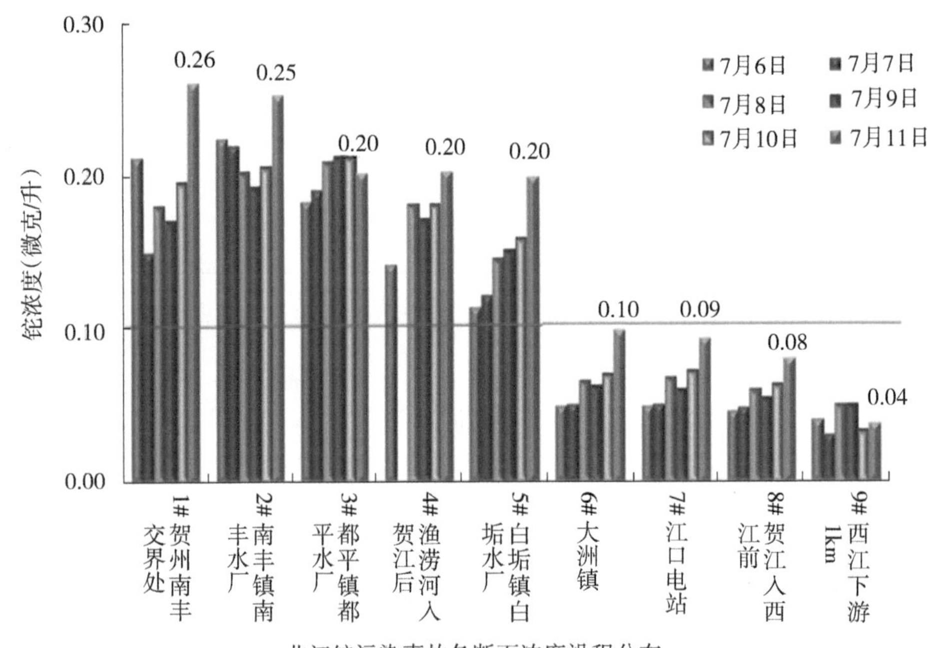

北江铊污染事故各断面浓度沿程分布

（6）畅通渠道，强化应急信息报送。事件发生后，广东省环保厅按照突发事件信息报告制度的有关要求，第一时间向省委值班室、省政府总值班室、省委办公厅信息综合室、环境保护部等分别报送23期突发事件信息专报，为上级部门和领导及时掌握事件进展和作出处置决策提供准确信息。同时，两广环保部门建立了通畅的信息交互机制，及时通报上下游污染处置情况。肇庆市处置贺江流域水质污染事件联合指挥部定期以工作简报形式向上级有关部门报送最新处置动态。

（7）正确引导，维护社会大局稳定。此次事件引起了公众和媒体的广泛关注，广东省委宣传部坚持统筹协调，加强省内新闻单位的管理，为应急处置工作创造了有利的舆论环境。肇庆市联合指挥部专门召开贺江水体污染处置新闻发布会，及时向国家、省、市10多家媒体通报应急处置工作进展情况，消除公众疑虑，保障公众知情权。应急处置期间，制作和印发饮用水卫生宣传海报和小册子近1万份，向群众宣传饮水卫生知识。事件没有引起媒体负面炒作，没有造成公众恐慌，没有出现居民抢水、抢物资情况，沿线群众生产生活秩序良好，社会大局稳定。

【处置效果】

事件发生后，两省区迅速行动，密切配合，共同应对，采取科学有力措施，经过近20天连续奋战，至7月20日，贺江干流水质全线达标，沿线群众饮水安全得到保障，社会秩序稳定，以最小的代价、最佳的效果，应急处置工作取得圆满成功。

【成功经验】

（1）围绕目标是根本。事件发生后，广东省领导分别作出批示，要求落实好各项预案，采取措施尽量减少受影响范围，加强监测，做好启用备用水源准备，确保群众饮用水安全；及时掌握最新动态，及时将有关情况报告环保部，密切与广西环保厅协调，防止出现大面积流域污染事件。联合指挥部提出要确保封开贺江沿线群众饮用水安全、确保社会大局稳定、确保广东省境内西江水质不受影响的“三个确保”目标，环保、水利、住建、卫生等省直部门积极主动协调指导，各部门认真履行职责，靠前指挥，科学应对，迅速调动各方面的力量，采取强有力措施，将污染事件影响降至最低。

（2）严密监测是基础。通过科学布点、规范监测，昼夜连续监控、同步采样，获得了大量、科学的基础数据，及时、准确地掌握水质变化情况，掌握污染团流动情况，形成了信息畅通、反应灵敏的水质监测体系，充分发挥了水质监测是科学决策的“眼睛”作用，为制定治污方案提供了数据支撑。

（3）科学决策是关键。在整个事件应急处置过程中，充分尊重科学，充分听取专家意见，充分发挥环境监测数据的时效性和准确性，保证了处置工作决策科学、措施及时、成效明显。事件发生后，由国家和省内环保、水文、水利、卫生专家组成联合专家组，依靠大量的水质监测和水文数据，经过科学分析、准确预测，提出了实施广西合面狮、龟石、爽岛水库和广东封开江口、都平、白垢三级电站水量联合调度稀释污染物，以及水厂除铊净水工程等技术方案，并根据事件进展实施动态调整，成功降低了污染水体铊浓度，削减自来水的铊含量，确保了沿线群众饮水安全和西江干流水质稳定达标。

（4）正确引导是手段。在本次应急处置过程中，广东省环保厅建立了完善的信息通报制度，及时向广东省委值班室、省政府总值班室、省委办公厅信息综合室、国家环境保护部等报送应急处置、水质变化、工作进展等情况，确保了信息畅通。同时，按照广东省委、省政府的部署，坚持正确的舆论导向，适时、适当、适度公开信息，及时向社会发布污染事件处置进展情况，保障人民群众的知情权；做到归口管理，统一口径，密切关注媒体对事件的反应，及时作出回应，避免了恶意炒作和不切实际报道，为应急处置工作创造了有利的舆论环境，维护了社会稳定。

（5）齐心协力是保障。事件发生后，粤桂两地相互谅解和支持，迅速建立协调联动机制，第一时间互通信息，及时采取措施应对，为应急处置赢得了宝贵的时间。在国家环境保护部组织协调下，粤桂联合治污合力得到进一步的加强，两地实现实时信息互联，通过制定联合应对方案，开展上下游同步应急监测和水利联合调度，共同做好舆论引导工作，为应急处置工作取得胜利提供了强大的力量来源。

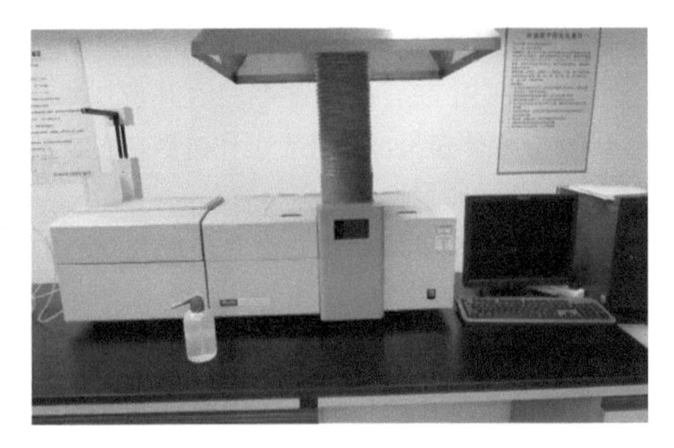

重金属分析仪器——双道原子荧光分光光度仪

在应急处置过程中，广东省、市、县、镇四级政府及相关部门通力合作、密切配合、全力以赴、团结奋战，形成了应急处置工作的强大合力，展示了巨大的凝聚力和战斗力。宣传部门认真把好新闻宣传关，严密监控舆情；财政部门及时启动应急资金，提供支持环保部门与广西方面主动对接，争取事件影响控制最小范围内，并组织调配监测力量，严密监控水质变化；水利部门积极协调实施跨省水利联合调度；住建部门认真组织和指导水厂实施应急改造工程，调整水厂净水工艺；卫生部门认真组织实施饮用水卫生监测和医疗保障，严密监测水厂进出水水质；封开贺江沿线各镇政府积极实施饮用水源应急预案，及时集中和调动各种资源和人力，保障了应急处置的顺利进行。

8．嘉陵江四川广元段铊超标事件

【事故回顾】

2017年5月5日，四川广元市环境监测中心站监测发现嘉陵江入川断面出现水质异常，西湾水厂水源地水质中铊元素超过《地表水环境质量标准》4.6倍，对饮用水安全造成严重威胁。经相关专家及部门的综合研判，初步判定此次水污染的污染源为川陕界上游输入型、一次性污染团。

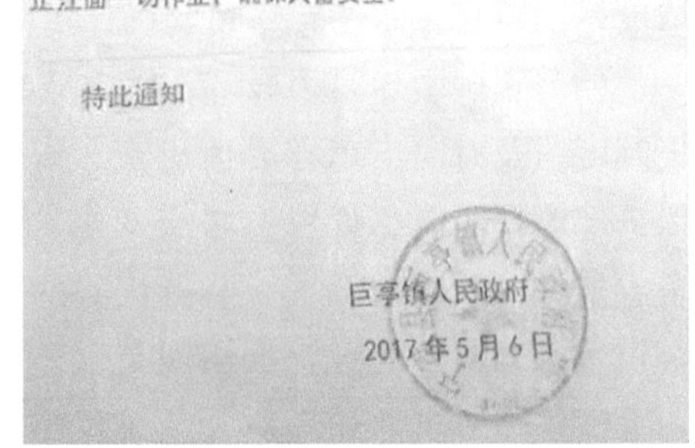

紧急通知

沿江广大群众：

5月5号晚22时接市环保局紧急通知，嘉陵江重金属铊存在不同程度超标，目前尚未发现污染源，要求我县立即组织人力对嘉陵江沿线进行排查。

重金属铊，其毒性高于铅和汞，为强烈的神经毒物，对肝肾有很大损害作用。吸入、口服可引起急性中毒，可经皮肤吸收。

在问题查清之前，嘉陵江沿线居民严禁沿江取水，并停止江面一切作业，确保人畜安全。

特此通知

巨亭镇人民政府

2017年5月6日

【应急措施】

（1）加大紧急停水后的应急保障工作。水污染发生后，广元市立即采取了净水处理、泄洪和加密监测等应急措施，西湾水厂也随即停产。为了全力保障市民生活用水，广元市立即启动了可实现日产3～4万吨的城市应急供水，同时，从6日早上8点起，15辆消防车、环卫车、专用送水车对广元市东坝、南河、万源、雪峰和老城片区部分供水不足的区域实施送水服务。

（2）调水稀释污染物。采取延长潜溪河上游的拦水坝开闸时间，加大泄洪流量，增加水的流速等措施，以达到消减、稀释污染物的目的。

（3）及时公布信息，消除群众顾虑。在沿江各镇张贴告示，提示群众勿用江水（见图）。另外，四川省广元市环境保护局、广元市城乡规划建设和住房保障局联合发布了《关于嘉陵江水质铊超标应急处置情况通报》，有效减轻了群众顾虑，维护了社会稳定。

（4）加大监测力度，及时掌握污染动态。广元市环境监测中心站加大了对嘉陵江广元段的监测范围和力度，从5月6日0时开始，嘉陵江广元段铊浓度开始出现下降趋势。6日6时，西湾水厂水源地水质铊浓度降至2.2倍，呈稳步下降趋势。6日10时，千佛崖断面（西湾水厂取水点）铊浓度为0.00021 mg/L，超标1.1倍，持续呈稳步下降趋势。

（5）污染排查。5月8日，环保部工作组与川陕两地公安、环保等部门对嘉陵江上游陕西省汉中市宁强县辖区20公里范围内企业进行了全面排查，并根据污染特征，重点调查冶炼、洗选等涉重金属企业和尾矿库。现场检查中发现，陕西省汉中市宁强县燕子砭镇某锌业铜矿公司生产环节存在重大嫌疑，工作组立即对该公司厂外水沟、尾矿库下游水沟、厂区内废水、以及厂内堆存的洗选废渣进行了采样。分析结果表明，厂外水沟和尾矿库下游水沟四个样品的铊浓度超《地表水环境质量标准》1.4倍至23.3倍；厂区内废水铊浓度为0.00319 mg/L，洗选废渣铊浓度为1.52 mg/L，分别超标20.8倍和15199倍。

【处理效果】

在7日10时，监测数据显示西湾水厂水源地水质铊元素浓度已降至0.0001 mg/L，未超过《地表水环境质量标准》限值，上游无新增污染物，嘉陵江流域水质趋于稳定，当地根据情况逐步开展恢复供水工作。

第二节　含硫化合物特征及应急处置

一、概述

含硫化合物指电正性较强的金属或非金属与硫形成的一类化合物。金属的酸式硫化物都可溶于水，但正盐中只有碱金属硫化物和硫化铵可溶。一般而言，金属硫化物的溶解度可通过阳离子极化力（离子电荷数/离子半径 r，Z^2/r）的大小来预测。阳离子极化能力的增强，将导致化合物共价性的增加，极性减小，溶解度也会降低。

部分含硫化合物的形态特征

含硫化合物是强烈的神经毒物，对眼及呼吸道粘膜有强烈的刺激作用。大量吸入气态硫化物可引起肺水肿、喉水肿、声带痉挛而致窒息，对皮肤、粘膜等组织有强烈的刺激和腐蚀作用。液态的硫化物蒸气或雾可引起结膜炎、结膜水肿、角膜混浊，以致永久

失明；引起呼吸道刺激，重者发生呼吸困难和肺水肿，高浓度时引起喉痉挛或声门水肿而窒息死亡。

含硫化合物用途广泛，可用作溶剂及合成苯的衍生物、香料、染料、塑料、医药、食品、纺织、皮革、染料、医药等工业。金属硫化物在光学和催化方面有所应用。硫化物通过各种途径进入环境中，对水体、空气等造成严重污染。空气中的硫化物主要来源含硫矿物的燃烧、化工厂、石油精炼等；水体中的硫化物来源气态硫化物溶于水、硫酸废水以及含硫化工生产废水的排放。突发事故污染也是主要的来源之一。

近年来，含硫化合物污染引发的环境事故频发，事故主要发生在生产、储存、运输和使用过程中，常表现为泄漏、爆炸事故、人员中毒等方面，如1997年11月5日江西某厂氯磺酸分厂硫酸工段发生一起急性二氧化硫中毒死亡事故、2005年12月18日铜都铜业股份有限公司冬瓜山铜矿选矿车间发生硫化氢气体中毒事故、2006年12月21日四川省达州市清溪1号井井涌硫化氢污染事件、2008年9月19日北环高速硫酸车辆侧翻事故、2010年7月21日重庆大足县处置槽车15吨硫酸泄漏事件、2008年河南“6·28”大广高速运输二硫化碳槽罐车罐体破裂泄漏事故、2012年4月13日途径佛山城区的一辆载满化学品（连二亚硫酸钠约38吨）的货车发生化学品倾泻燃烧事件等。

二、主要含硫化合物特征及事故处置

（一）硫化氢

【特征特性】

无色气体，低浓度时有臭鸡蛋味，高浓度时使嗅觉迟钝；溶于水、乙醇、甘油、二硫化碳；分子量为34.08，熔点－85.5 ℃，沸点－60.7 ℃，相对密度（水＝1）1.539g/L；相对蒸气密度（空气＝1）1.19，临界压力9.01MPa，临界温度100.4 ℃，饱和蒸气压2026.5kPa（25.5 ℃），闪点－60 ℃，爆炸极限4.0%～46.0%（体积比），自燃温度260 ℃，最小点火能0.077 mJ，最大爆炸压力0.490 MPa。

【危害】

硫化氢是强烈的神经毒物，对粘膜有强烈刺激作用。

急性中毒：高浓度（1000 mg/m^3 以上）吸入可发生闪电型死亡。严重中毒可引起神经、精神后遗症。急性中毒出现眼和呼吸道刺激症状，如急性气管－支气管炎或支气管周围炎、支气管肺炎、头痛、头晕、乏力、恶心、意识障碍等。重者意识障碍程度达深昏迷或呈植物状态，出现肺水肿、多脏器衰竭。对眼和呼吸道也有刺激作用。

慢性影响：长期接触低浓度的硫化氢，可引起神经衰弱综合征和植物神经功能紊乱等。职业接触限值：MAC（最高容许浓度）为10 mg/m^3。

【危险特性】

极易燃，与空气混合能形成爆炸性混合物，遇明火、高热能引起燃烧爆炸。硫化氢比空气重，能在较低处扩散到相当远的地方，遇火源会着火燃烧；与浓硝酸、发烟硝酸或其他强氧化剂剧烈反应可发生爆炸。

【用途或污染来源】

硫化氢主要用于制取硫磺，也用于制造硫酸、金属硫化物以及分离和鉴定金属离子。

大气中硫化氢污染的主要来源于人造纤维、天然气净化、硫化染料、石油精炼、煤气制造、污水处理、造纸等生产工艺及有机物腐败过程。

【硫化氢泄漏事故应急处理方法】列表说明如下。

表 3－24　硫化氢泄漏事故应急处理方法

处理方法	常用应急材料（药品）	灭火方法	应急防护	注意事项
根据气体扩散的影响区域划定警戒区，无关人员从侧风、上风向撤离至安全区。消除所有点火源（泄漏区附近禁止吸烟、消除所有明火、火花或火焰）。作业时所有设备应接地。应急处理人员戴正压自给式空气呼吸器，泄漏未着火时应穿全封闭防化服。在保证安全的情况下堵漏。隔离泄漏区直至气体散尽	（1）防护面具、手套等器具； （2）雾状水、泡沫、二氧化碳、干粉； （3）氧气筒	切断气源。若不能切断气源，则不允许熄灭泄漏处的火焰；喷水冷却容器，尽可能将容器从火场移至空旷处	呼吸系统防护：空气中浓度超标时，佩带过渡式防毒面具（半面罩）； 紧急事态抢救或撤离时，建议佩带氧气呼吸器或空气呼吸器；眼睛防护，戴化学安全防护眼镜；身体防护，穿防静电工作服；手防护，戴防化学品手套	（1）避免与强氧化剂、碱类接触； （2）事故现场禁止吸烟、进食和饮水； （3）现场泄漏隔离与疏散距离：小量泄漏，初始隔离 30 m，下风向疏散白天 100 m、夜晚 100 m；大量泄漏，初始隔离 600 m，下风向疏散白天 3500 m、夜晚 8000 m

【硫化氢环境质量标准、排放标准及监测方法】列表说明如下。

表3－25　硫化氢环境质量标准、排放标准及监测方法

<table>
<tr><th rowspan="2">类别</th><th rowspan="2">评价标准</th><th rowspan="2">标准限值</th><th colspan="2">监测方法</th></tr>
<tr><th>实验室</th><th>现场应急</th></tr>
<tr><td rowspan="2">环境空气</td><td rowspan="2">《工业企业设计卫生标准》
（TJ 36－79）</td><td>居住区大气中硫化氢的一次最高容许浓度规定为0.01 mg/m³</td><td rowspan="3">（1）亚甲基蓝分光光度法、直接显示分光光度计法《空气和废气监测分析方法》（第四版）国家环保总局（2003年）
（2）《工作场所空气有毒物质测定　硫化物　硫化氢的硝酸银分光光度法》
（GBZ/T 160.33－2004）
（3）《空气质量　硫化氢、甲硝醇、甲硫醚和二用二硫的测定　气相色谱法》
（GB/T 14678－93）</td><td rowspan="6">（1）便携式气体检测仪器：硫化氢库仑检测仪、硫化氢气敏电极检测仪；
（2）常用快速化学分析方法：醋酸铅检测管法、醋酸铅指示纸法</td></tr>
<tr><td>车间空气中有害物质的最高容许浓度10 mg/m³</td></tr>
<tr><td>污染源废气</td><td>《恶臭污染物排放标准》
（GB 14554－93）</td><td>标准限值（mg/m³）
一级0.03；
二级0.06～0.10；
三级0.32～0.60</td></tr>
<tr><td>地表水</td><td>《地表水环境质量标准》
（GB 3838－2002）</td><td>地表水环境质量标准基本项目标准限值（mg/L）：
1类：0.05；2类：0.1；3类：0.2；4类：0.5；5类：1.0</td><td rowspan="3">（1）《水质　硫化物的测定　亚甲基蓝分光光度计法》
（GB/T 16489－1996）
（2）《水质　硫化物的测定　直接显色光光度法》
（GB/T 17466－199）
（3）《水质　硫化物的测定　流动注射－亚甲基蓝分光光度法》
（HJ 824－2017）</td></tr>
<tr><td rowspan="2">污染源废水</td><td>《污水综合排放标准》（GB 8978－96）</td><td>第二类污染物最高允许排放浓度（1998年1月1日后建设单位）（mg/L）：
一级：1.0；二级：1.0；三级：1.0</td></tr>
<tr><td>广东省地方标准《水污染物排放限值》
（DB 44/26－2001）</td><td>硫化物最高允许排放浓度（mg/L）：
第一时段（一切排污单位）
一级：0.5；二级：1.0；三级：1.0
第二时段（合成氨工业）
一级：0.5；二级：0.5；三级：1.0
第二时段（其他排污单位）
一级：0.5；二级：1.0；三级：1.0</td></tr>
</table>

【急救措施】

皮肤接触：脱去污染的衣着，用流动清水冲洗。就医。

眼睛接触：立即提起眼睑，用大量流动清水或生理盐水彻底冲洗至少15分钟，就医。

吸入：迅速脱离现场至空气新鲜处，保持呼吸道通畅，如呼吸困难应输氧；如呼吸停止，即进行人工呼吸，就医。

（二）二氧化硫

【特征特性】

二氧化硫是无色有刺激性气味的气体，溶于水，水溶液呈酸性；溶于丙酮、乙醇、甲酸等有机溶剂；分子量 64.06，熔点 -75.5 ℃，沸点 -10 ℃，气体密度 3.049 g/L，相对密度（水 = 1）1.4（-10 ℃），相对蒸气密度（空气 = 1）2.25，临界压力 7.87 MPa，临界温度 157.8 ℃，饱和蒸气压 330 kPa（20 ℃）。

【危害】

二氧化硫易被湿润的粘膜表面吸收生成亚硫酸、硫酸，对眼及呼吸道粘膜有强烈的

电厂生产过程排放含二氧化硫的废气

刺激作用，大量吸入可引起肺水肿、喉水肿、声带痉挛而致窒息。

急性中毒：轻度中毒时，可导致流泪、畏光、咳嗽，咽、喉灼痛等；严重中毒可在数小时内发生肺水肿；极高浓度吸入可引起反射性声门痉挛而致窒息。皮肤或眼接触发生炎症或灼伤。

慢性影响：长期低浓度接触，可引发头痛、头昏、乏力等全身症状以及慢性鼻炎、咽喉炎、支气管炎、嗅觉及味觉减退等。职业接触限值：PC-TWA（时间加权平均容许浓度）5 mg/m^3；PC-STEL（短时间接触容许浓度）10 mg/m^3。

【危险特性】

二氧化硫不燃，但若遇高热，容器内压增大，有开裂和爆炸的危险。二氧化硫的乙醇或乙醚溶液在室温下接触氯酸钾即发生爆炸。

【用途或污染来源】

二氧化硫用于生产三氧化硫、硫酸、亚硫酸盐、硫代硫酸盐，也可用作冷冻剂、防腐剂、漂白剂、还原剂、熏蒸剂等，还可用于造纸、食品、纺织、皮革、染料、医药等行业。二氧化硫是大气污染物，其主要来源是含硫矿物的燃烧（如含硫的煤、制硫酸的二硫化亚铁 FeS_2 等）、制硫酸工厂的废气及火山爆发等。

【二氧化硫环境质量标准、排放标准及监测方法】列表说明如下。

表 3－26　二氧化硫环境质量标准、排放标准及监测方法

<table>
<tr><th rowspan="2">类别</th><th rowspan="2">评价（参考）标准</th><th rowspan="2" colspan="3">标准限值</th><th colspan="2">监测方法</th></tr>
<tr><th>实验室</th><th>现场应急</th></tr>
<tr><td rowspan="5">环境空气</td><td>《工业企业设计卫生标准》（TJ 36－79）</td><td colspan="3">居住区大气中二氧化硫的一次最高容许浓度规定为 0.50 mg/m³
日平均最高容许浓度规定为 0.15 mg/m³</td><td rowspan="6">（1）《环境空气　二氧化硫的测定　甲醛溶液吸收——盐酸副玫瑰苯胺分光光度法》（HJ 482-2009）
（2）《室内空气　甲醛溶液吸收——盐酸副玫瑰苯胺分光光度法》（GB/T 16128-95）
（3）《工作场所空气有毒物质测定硫化物　二氧化硫的四氯汞钾—盐酸副玫瑰苯胺分光光度法、二氧化硫的甲醛缓冲液——盐酸副玫瑰苯胺分光光度法、二氧化硫和硫酸的离子色谱法》（GBZ/T 160.33-2004）</td><td rowspan="7">（1）快速检测管法；
（2）便携式快速检测仪法</td></tr>
<tr><td rowspan="4">《环境空气质量标准》（GB 3095-2012）</td><td></td><td>一级（mg/m³）</td><td>二级（mg/m³）</td></tr>
<tr><td>平均值</td><td>20</td><td>60</td></tr>
<tr><td>24 小时平均</td><td>50</td><td>150</td></tr>
<tr><td>1 小时平均</td><td>150</td><td>500</td></tr>
<tr><td>室内空气</td><td>《室内空气质量标准》（GB/T 18883-2002）</td><td colspan="3">二氧化硫 1 小时均值限值为 0.50 mg/m³</td></tr>
<tr><td>污染源废气</td><td>《大气污染物综合排放标准》（GB 16297-96）</td><td colspan="3">（1）新污染源大气污染物无组织排放周界外浓度最高点：0.40 mg/m³；
（2）新污染源大气污染物排气筒高度限值 15 米。最高允许排放速率：二级 2.6 kg/h，三级 3.5 kg/h。最高允许排放浓度：960 mg/m³（含硫化合物的生产），550 mg/m³（含硫化合物的使用）</td><td>（1）《固定污染源排气中二氧化硫的测定　定电位电解法》（HJ/T 57-2000）
（2）《固定污染源排气中二氧化硫的测定　碘量法》（HJ/T 56-2000）
（3）《固定污染源废气　二氧化硫的测定　非分散红外吸收法》（HJ 629-2011）</td></tr>
</table>

【二氧化硫泄漏事故应急处理方法】列表说明如下。

表3－27　二氧化硫泄漏事故应急处理方法

处理方法	常用应急材料（药品）	灭火方法	应急防护	注意事项
(1) 在确保安全的情况下，采用关阀、堵漏等措施，以切断泄漏源； (2) 防止气体通过下水道、通风系统扩散或进入限制性空间； (3) 喷雾状水溶解、稀释漏出气； (4) 隔离泄漏区直至气体散尽	(1) 口罩、聚乙烯防毒服等防护器具； (2) 二氧化碳、水（雾状水）或泡沫；饱和碳酸钠溶液及甘油纱布等	灭火剂：不燃。根据着火原因选择适当灭火剂灭火，在确保安全的前提下，将容器移离火场；禁止将水注入容器；用大量水冷却容器，直至火灾扑灭；钢瓶突然发出异常声音或发生异常现象，立即撤离；毁损钢瓶由专业人员处理	呼吸系统防护：佩戴自吸过滤式防毒面罩（半面罩）。紧急事态抢救或撤离时，应该佩戴空气呼吸器或氧气呼吸器。眼睛防护：戴化学安全防护眼镜。身体防护：穿防毒渗透工作服。手防护：戴乳胶手套	(1) 应与易（可）燃物、氧化剂、还原剂、食用化学品分开存放； (2) 事故现场禁止吸烟、进食和饮水，工作毕，淋浴更衣。保持良好的卫生习惯

【急救措施】

皮肤接触：立即脱去污染的衣着，用大量流动清水冲洗，就医。

眼睛接触：提起眼睑，用流动清水或生理盐水冲洗，就医。

吸入：迅速脱离现场至空气新鲜处，保持呼吸道通畅，如呼吸困难，给输氧；呼吸、心跳停止，立即进行心肺复苏术，就医。

（三）硫酸

【特征特性】

纯硫酸为无色油状液体，密度1.84 g/m^3，沸点337 ℃，能与水以任意比例互溶，同时放出大量的热，使水沸腾，加热到290 ℃时开始释放出三氧化硫，最终变成为98.54%的水溶液，在317 ℃时沸腾而成为共沸混合物。硫酸的沸点及粘度较高，是因为其分子内部的氢键较强的缘故。

由于硫酸的介电常数较高，是电解质的良好溶剂。硫酸的熔点是10.37 ℃，加水或加三氧化硫均会使凝固点下降。

【危害】

硫酸对皮肤、粘膜等组织有强烈的刺激和腐蚀作用，蒸气或雾可引起结膜炎、结膜水肿、角膜混浊，以致失明；可引起呼吸道刺激，重者发生呼吸困难和肺水肿，高浓度

会引起喉痉挛或声门水肿而窒息死亡；口服后引起消化道烧伤以致溃疡形成，严重者可能有胃穿孔、腹膜炎、肾损害、休克等；皮肤灼伤轻者出现红斑、重者形成溃疡，愈后瘢痕收缩影响功能；溅入眼内可造成灼伤，甚至角膜穿孔、全眼炎以至失明。

慢性影响：牙齿酸蚀症、慢性支气管炎、肺气肿和肺硬化。

【危险特性】

硫酸不燃，但与易燃物（如苯）和有机物（如糖、纤维素等）接触会发生剧烈反应，甚至引起燃烧；能与一些活性金属粉末发生反应，放出氢气。遇水大量放热，可发生沸溅。具有强腐蚀性。

【用途或污染来源】

硫酸用途广泛，可用于制造硫酸铵、硫酸钠等；有机合成中用作脱水剂和磺化剂；石油工业用于油品精制和作为烷基化装置的催化剂等；金属、搪瓷等工业中用作酸洗剂；黏胶纤维工业中用于配制凝固液，是较常用的分析试剂。

大气中二氧化硫（SO_2）与水气反应，生成亚硫酸（H_2SO_3），亚硫酸被氧气氧化，生成硫酸随雨水落到地面，引起酸性土壤的形成。自然界中含硫的矿物质，如硫化亚铁，在发生氧化反应后形成硫酸，能氧化金属物，释出有毒的气体。

【硫酸环境质量标准、排放标准及监测方法】列表说明如下。

表 3－28　硫酸环境质量标准、排放标准及监测方法

类别	评价标准	标准限值	监测方法	
			实验室	现场应急
污染源废气	《大气污染物综合排放标准》（GB 16297-96）	大气污染物无组织排放周界外浓度最高限值 1.2 mg/m³；大气污染物排气筒高度限值15米。最高允许排放速率：二级 1.5 kg/h，三级 2.4 kg/h。最高允许排放浓度：430 mg/m³（火炸药厂），45 mg/m³（其他）	（1）铬酸钡分光光度法《空气和废气监测分析方法》（第四版）国家环保总局（2003 年） （2）《固定污染源废气　硫酸雾的测定　离子色谱法》（HJ 544-2016）	（1）温度—滴定法 （2）硫酸雾测定仪 （3）浊度仪法
地表水	《地表水环境质量标准》（GB 3838-2002）	集中式生活饮用水地表水源地补充项目标准限值：硫酸盐（以 SO_4^{2-} 计）250 mg/L	《水质　无机阴离子的测定　离子色谱法》（HJ/T 84-2016）	

【硫酸泄漏事故应急处理方法】列表说明如下。

表 3－29　硫酸泄漏事故应急处置方法

处理方法	常用应急材料（药品）	灭火方法	应急防护	注意事项
(1) 未穿全身防护服时，禁止触及毁损容器或泄漏物； (2) 在确保安全的情况下，采用关阀、堵漏等措施，以切断泄漏源； (3) 构筑围堤或挖沟槽收容泄漏物，防止进入水体、下水道、地下室或限制性空间； (4) 用砂土或其他不燃材料吸收泄漏物； (5) 用石灰或碳酸氢钠中和泄漏物； (6) 如果储罐或槽车发生泄漏，可通过倒罐转移尚未泄漏的液体	(1) 佩戴全防型滤毒罐； (2) 穿封闭式防化服； (3) 干燥石灰或苏打灰； (4) 干粉、二氧化碳、砂土	根据着火原因选择适当灭火剂灭火。 (1) 在确保安全的前提下，将容器移离火场； (2) 用大量水冷却容器，直至火灾扑灭； (3) 禁止将水注入容器	佩戴自吸过滤式防毒面具（全面罩），穿橡胶耐酸碱服，戴橡胶耐酸碱手套。远离易燃、可燃物。防止蒸气泄漏到工作场所空气中。搬运时要轻装轻卸，防止包装及容器损坏。配备泄漏应急处理设备。倒空的容器可能残留有害物	(1) 避免与碱类、胺类、碱金属接触； (2) 事故现场禁止吸烟、进食和饮水，工作毕，淋浴更衣。保持良好的卫生习惯

【急救措施】

皮肤接触：立即脱去污染的衣着，用大量流动清水冲洗 20～30 min，就医。

眼睛接触：立即提起眼睑，用大量流动清水或生理盐水彻底冲洗 10～15 min，就医。

吸入：迅速脱离现场至空气新鲜处，保持呼吸道通畅。如呼吸困难，给输氧；呼吸、心跳停止，立即进行心肺复苏术，就医。

食入：用水漱口，给饮牛奶或蛋清，就医。

（四）二硫化碳

【特征特性】

二硫化碳是无色或淡黄色透明液体，有刺激性气味，易挥发；不溶于水，溶于乙醇、乙醚等有机溶剂。二硫化碳分子量 76.14，熔点 -111.5 ℃，沸点 46.3 ℃，相对密度（水 =1）1.26 度（空气 =1）2.63，饱和蒸气压 40 kPa（20 ℃），燃烧热 1029.4 kJ/mol，临界温度 280 ℃，临界压力 7.39 MPa，辛醇/水分配系数 1.94，闪点 -30 ℃，引燃温度 90 ℃，爆炸极限 1.3%～50.0%（体积比）。

分析试剂——二硫化碳

【危害】

急性轻度中毒表现为麻醉症状，重度中毒出现中毒性脑病甚至呼吸衰竭死亡。慢性中毒表现有神经衰弱综合征，植物神经功能紊乱，中毒性脑病、中毒性神经病。皮肤接触二硫化碳可引起局部红斑，甚至大疱。职业接触限值：PC－TWA（时间加权平均容许浓度）5 mg/m^3（皮）；PC－STEL（短时间接触容许浓度）10 mg/m^3）（皮）。

【危险特性】

高度易燃，蒸气能与空气形成范围广阔的爆炸性混合物，摩擦、受热、明火或接触氧化剂均易引起燃烧爆炸。其蒸气比空气重，能在较低处扩散到相当远的地方，遇火源会着火回燃和爆炸；高速冲击、流动、激荡后可因产生静电火花放电引起燃烧爆炸；与铝、锌、钾、氟、氯、叠氮化物等反应剧烈，有燃烧爆炸危险。

【用途或污染来源】

二硫化碳用于生产黏胶纤维、玻璃纸、农药、橡胶助剂、浮选剂等，也用作溶剂、航空煤油添加剂。二硫化碳主要来源于人造纤维、玻璃纸、四氯化碳、橡胶、光学玻璃等的释放，但在某些上述材料使用并不多的环境中，二硫化碳浓度也非常高，可能来源于能够释放有毒有害气体的塑料制品、油脂类、有机溶剂、废气和废液，以及车辆的尾气、燃烧产物等。

【二硫化碳泄漏事故应急处理方法】 列表说明如下。

表 3－30 二硫化碳泄漏事故应急处置方法

处理方法	常用应急材料（药品）	灭火方法	应急防护	注意事项
小量泄漏：用砂土或其他不燃材料吸收，使用洁净的无火花工具收集吸收材料。 大量泄漏：构筑围堤或挖坑收容，用石灰粉吸收大量液体，用泡沫覆盖，减少蒸发，喷水雾能减少蒸发但不能降低泄漏物在受限制空间内的易燃性；用防爆泵转移至槽车或专用收集器内。作为一项紧急预防措施，泄漏隔离距离至少为 50 m，如果为大量泄漏，在初始隔离距离的基础上加大下风向的疏散距离	（1）自给式空气呼吸器，穿防毒、防静电服等； （2）雾状水、泡沫、干粉、二氧化碳、砂土	喷水冷却容器，尽可能将容器从火场移至空旷处。处在火场中的容器若已变色或从安全泄压装置中传出声音，必须马上撤离	建议应急处理人员戴正压自给式空气呼吸器，穿防毒、防静电服。作业时使用的所有设备应接地。禁止接触或跨越泄漏物。尽可能切断泄漏源。防止泄漏物进入水体、下水道、地下室或密闭性空间	（1）避免接触光照。防止蒸气泄漏到工作场所空气中； （2）避免与氧化剂、胺类、碱金属接触； （3）事故现场禁止吸烟、进食和饮水，工作毕，淋浴更衣。保持良好的卫生习惯

【二硫化碳环境质量标准、排放标准及监测方法】 列表说明如下。

表 3－31　二硫化碳环境质量标准、排放标准及监测方法

类别	评价（参考）标准	标准限值	监测方法	
			实验室	现场应急
环境空气	《工业企业设计卫生标准》(TJ 36－79)	居住区大气中二硫化碳的一次最高容许浓度规定为 0.04 mg/m^3	《空气质量　二硫化碳的测定　二乙胺分光光度法》(GB/T 14680-93)	(1) 快速检测管法；(2) 二硫化碳检测仪法
环境空气	《恶臭污染物排放标准》(GB 14554-93)	一级 2.0 mg/m^3， 二级 3.0～5.0 mg/m^3， 三级 8.0～10 mg/m^3		
室内空气	《工业企业设计卫生标准》(TJ 36－79)	车间空气中有害物质的最高容许浓度：10 mg/m^3	《工作场所空气有毒物质测定　硫（Sulfur）化物　二硫化碳的二乙胺分光光度法、二硫化碳的溶剂解吸—气相色谱法》(GBZ/T 160.33-2004)	
地表水	前苏联（1978）渔业水标准	前苏联（1978）渔业水中最高容许浓度：1.0 mg/L	《水质　二硫化碳的测定　二乙胺醋酸铜分光光度法》(GB/T 15504-1995)	

【急救措施】

吸入：迅速脱离现场至空气新鲜处，保持呼吸道通畅。如呼吸困难，给氧；如呼吸停止，立即进行人工呼吸，就医。

食入：饮足量温水，催吐，就医。

皮肤接触：立即脱去污染的衣着，用大量流动清水冲洗至少 15 分钟，就医。

眼睛接触：提起眼睑，用流动清水或生理盐水冲洗，就医。

（五）连二亚硫酸钠（Na_2SO_4）

【特征特性】

连二亚硫酸钠也称“保险粉”，是一种白色砂状结晶或淡黄色粉末化学用品，商品中有含结晶水（$Na_2S_2O_4.2H_2O$）和不含结晶水（$Na_2S_2O_4$）两种。其相对密度 2.3～2.4，

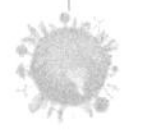

灼热时分解，熔点 300 ℃（分解），引燃温度为 250 ℃，溶于氢氧化钠溶液，，不溶于乙醇遇水发生强烈反应并燃烧。

【危害】

连二亚硫酸钠是一种有毒物质，对人的眼睛、呼吸道黏膜有刺激性；一旦遇水发生燃烧或者爆炸，其燃烧后生成的产物大部分都是有毒的气体，如硫化氢、二氧化硫。

【危险特性】

易燃：连二亚硫酸钠依据国家标准 GB 6844-86《危险货物分类与品名编号》属于一级遇湿易燃物品，遇水后发生化学反应，反应剧烈，产生可燃气体硫化氢和二氧化硫，并放出大量的热。连二亚硫酸钠还表现出很强的还原性，遇到氧化性强的酸类，如硫酸、高氯酸、硝酸、磷酸等强酸，两者就会发生氧化还原反应，反应剧烈，放出大量的热和有毒物质。

自燃：连二亚硫酸钠自燃点 250 ℃，由于其燃点低，属于一级易燃固体（燃点一般在 300 ℃下，低熔点者闪点在 100 ℃以下），遇热、火种、摩擦和撞击极易燃烧，燃烧速度快，火灾危险性大，燃烧过程中产生的气体硫化氢也可能造成更大燃烧面积，加大其火灾危险性。

爆炸：连二亚硫酸钠为淡黄色粉末状物质，在空气中形成爆炸性混合物，与大多数氧化剂如氯酸盐、硝酸盐、高氯酸盐、或高锰酸盐等组成的混合物具有爆炸危险性，即使在含有水分的情况下，稍经摩擦或撞击即发生爆炸，特别是受热分解后，反应后生成的易燃气体达到爆炸极限，其爆炸危险性更大。

【用途】

连二亚硫酸钠广泛用于纺织工业的还原性染色、还原清洗、印花和脱色及用作丝、毛、尼龙等物织的漂白，由于它不含重金属，经漂白后的织物色泽鲜艳，不易褪色。连二亚硫酸钠还可用于食品漂白，如明胶、蔗糖、蜜等。也可应用于有机合成，如在染料、药品的生产中作为还原剂或漂白剂，最适合用作木浆造纸的漂白剂。

【急救措施】

皮肤接触：脱去污染的衣着，用肥皂水和清水彻底冲洗皮肤。

眼睛接触：提起眼睑，用流动清水或生理盐水冲洗，就医。

吸入：迅速脱离现场至空气新鲜处，保持呼吸道通畅。如呼吸困难，给输氧；如呼吸停止，立即进行人工呼吸，就医。

食入：饮足量温水，催吐，就医。

【连二亚硫酸钠泄漏事故应急处理方法】列表说明如下。

表 3-32 连二亚硫酸钠泄漏事故应急处置方法

处理方法	应急材料	灭火方法	应急防护	注意事项
隔离泄漏污染区，限制出入。切断火源。建议应急处理人员戴自给正压式呼吸器，穿化学防护服。不要直接接触泄漏物。 小量泄漏：避免扬尘，用洁净的铲子收集于干燥、洁净、有盖的容器中。 大量泄漏：用干石灰、沙或苏打灰覆盖，使用无火花工具收集回收或运至废物处理场所处置	（1）佩戴防尘面具； （2）穿简易防化服； （3）戴防化手套； （4）穿防化安全靴； （5）干粉、二氧化碳、干燥砂土	（1）在确保安全的前提下，将容器移离火场； （2）不得用水、泡沫灭火； （3）灭火剂：干粉、二氧化碳、干燥砂土	建议操作人员佩戴自吸过滤式防尘口罩，戴安全防护眼镜，穿化学防护服，戴乳胶手套。尽可能切断泄漏源。防止泄漏物进入水体、下水道、地下室或密闭性空间。	（1）污染范围不明的情况下，初始隔离至少25 m，下风向疏散至少100 m。如果泄漏到水中，初始隔离至少300 m，下风向疏散至少1000 m； （2）应与氧化剂、酸类、易（可）燃物分开存放，切忌混储。采用防爆型照明、通风设施。禁止使用易产生火花的机械设备和工具； （3）事故现场禁止吸烟、进食和饮水。工作毕，淋浴更衣。保持良好的卫生习惯。

三、含硫化合物污染事故处置实例

（一）硫酸泄漏事故应急处置

【事件回顾】

2010年7月21日凌晨5时01分，一辆牌照为川Z15809运输槽车从四川泸州出发前往重庆潼南县，在行至重庆大足县中敖镇加油站时，满载15吨硫酸的运输槽车突然发生泄漏，大量浓硫酸直喷而出，流下公路的排水沟，可能会对大足县城居民饮水主河流产生影响。

【应急控制措施】

重庆大足县消防大队接警后，迅速调集3台消防车、24名官兵赶赴现场。5时11分，消防官兵到场后勘察发现，硫酸运输槽车的车尾阀门螺丝松落，大量硫酸正猛烈向外喷射，外泄的硫酸顺着公路往下流淌。

运输硫酸的槽车发生泄漏

经询问得知，运输槽车里共装有15

吨硫酸，浓度为98%，属浓硫酸。硫酸槽车上喷射的硫酸压力很大，无法进行堵漏。不断喷出的硫酸很快淌下高速路的排水沟，消防官兵经侦查发现，大足县城居民饮水主河流距事发地不到100米，一旦遭遇污染，后果不堪设想。消防官兵迅速利用水枪对泄漏硫酸进行稀释，并向大足县相关领导汇报请求支援。现场抢险人员在向当地政府应急办汇报的同时启动化危品事故应急救援预案，请求调集石灰到场对流入硫酸进行中和处理，并立即协助现场交巡警，将现场堵塞的车辆及时清理。

5时34分，重庆大足县相关领导率领县安监、环保等部门人员赶到现场，首先命令救援人员挖沟筑坝，对泄漏的硫酸混合物进行封堵，防止进入河流，同时命令就近的中敖派出所立即调运10吨石灰到现场，对硫酸进行稀释处理。同时，当地交巡警也立即将此路段双向封锁，确保石灰运输车可逆向行驶，快速将石灰运抵现场；安监、环保、卫生、水利等部门则负责对硫酸流经的下水道进行监测。

石灰运来后，消防官兵一边对硫酸槽车喷射的硫酸进行堵漏，一边将石灰倾倒公路旁的下水沟里堵住硫酸淌下河流，利用酸碱中和反应原理对硫酸水进行处理。

8时21分，硫酸槽车泄漏口压力变小，处置硫酸专业技术人员到场，将硫酸槽车泄漏口进行了堵漏，剩余的浓硫酸被安全转移。8时50分，经过多部门近4个多小时的联合处置，事故现场全部清理完毕。

【处理结果】

这次突发事件的应急处置过程中，重庆大足县的领导和环保部门的指导到位，市、县两级环保等部门紧密配合，环境应急指挥及时、措施有力，使环境污染得到有效控制，未出现水体污染未发现人员伤亡等情况，维护了人民群众的生命财产安全。

（二）“保险粉”燃烧事故应急处置

1. 佛山“保险粉”燃烧事故应急处置

【事件回顾】

2012年4月13日中午11时53分，在佛山市季华三路西往东方向路段，一辆载满化学品的货车突然发生事故，车上的化学品大量倾泻，发生剧烈化学反应，局部发生燃烧，并冒出刺鼻的黄烟，释放的有害气体令现场情况十分危急。事故同时交通堵塞，部分救援人员和附近居民出现身体不适并接受治疗。

“保险粉”燃烧事故现场

【应急控制措施】

（1）污染物确认：消防部门接警后，先后调派三个消防中队共11辆消防车、47名消防员到现场处理。消防官兵到场后勘察发现，货车中大量化学品倾泻，并剧烈燃烧，散发出浓烈刺鼻味道。经询问得知，货车里共装载38吨的连二亚硫酸钠，遇水发生燃烧或者爆炸，其燃烧后会产生大量的硫化氢、二氧化硫等有毒气体。

（2）启动应急机制：禅城区应急办接到现场抢险人员的汇报后，及时启动应急机制，成立现场应急处置指挥部，公安、军分区、武装部、消防、环保、燃气、供电、供水、卫生、宣传等部门人员、相关专家、镇街的主要领导到场参与抢险。

（3）主要措施：各职能单位，在指挥部的统一部署下迅速开展工作。

环境应急监测车到事故周边进行监测

技术专家组：确定以覆盖隔离的方式处理，所用材料为沙土、塑料膜、帆布、耐热金属桶等。

警方：13时25分，开始疏散季华三路南侧人员和车辆。

消防部门：用沙土掩埋“保险粉”，情况得到良好的控制，13时40分，不再冒烟。然而10分钟后，天降暴雨，现场人员继续往“保险粉”上堆沙土。16时10分，消防人员将沙土盖上帆布。不久，雨又开始下，“保险粉”又开始冒烟，火苗透过沙土再次蹿了起来。随着时间推移，烟雾始终没能消散，刺鼻气味忽高忽低，17时许，事故路段地面下突然传来一声轻微的爆炸声。这是由于地面过热，导致地下管道受热爆裂产生的，燃气、供电、供水部门做好相关应对工作。供电提供晚间应急照明，查明地下电缆。20时45分许，身穿防化服的消防队员进入现场，准备将包装完好的部分“保险粉”装进耐热金属桶。现场还有20余吨未燃烧的“保险粉”装载完毕后，由警车开道，由专家陪同运到可以处置此类化学品的场所。21时许，在季华路与江湾路交界处，燃气公司工作人员将这段路下燃气管道的燃气放出点燃，为防万一而将局部管道内的燃气排出。22时，由公安、武警、民兵等组成的“突击队”戴着防毒面具，用铁锹将堆积在路面上的“保险粉”放进10多个桶状物内，装上密封的货车运走。次日凌晨0时许，现场最后两堆“保险粉”被清理完毕。

环境监测人员用便携式毒气仪在事故现场进行监测

环境保护部门：大气监测组人员在现场对空气中的二氧化硫、硫化氢等有害气体进行监测。根据环保、国土、水务等部门评估危险物品对周边环境与地下水网的危害程度，立即关闭张槎海口水闸，防止有毒物品流入东平河。水监测组人员对周边河涌及石湾水

厂水质进行不间断的跟踪监测，及时将结果报告指挥部。并对本次事故残留化学品处理单位小西湾固体废物处理中心周围的环境质量进行布点跟踪监测。

监测人员对事故周边河涌进行采样

【处理结果】

经过多部门近12个小时的联合处置，事故现场全部清理完毕。在处理过程中，现场指挥得当、措施有力，使环境污染得到有效控制，未造成人员伤亡和二次严重的污染，维护了人民群众的生命财产安全。这主要得益于：一是领导高度重视、各级主管领导亲临现场指挥；二是迅速启动应急预案，处置及时得当；三是预案周密，分工明确，各司其职。

2. 梅州“保险粉”燃烧事故应急处置

【事件回顾】

2010年9月3日上午8:00时，一辆车牌号为赣C74605的大型货车运载600桶共30吨“保险粉”由湖南驶往汕头，途经汕梅高速梅县水车K19路段时，因“保险粉”掉落路面遇雨水发生自燃，约20吨“保险粉”泄漏燃烧。事故造成该路段高速公路临时封闭约8个小时。

【应急控制措施】

事故发生后，广东省委、省政府领导高度关注，分管环保的省领导立即作出重要批示：一要迅速处理，要求市有关领导到现场指挥处置工作；二要注意避免造成环境污染和人员伤亡；三要做好事故周边影响群众的疏散工作，保证道路畅通。应急中主要采取了以下措施：

（1）当地政府做好群众工作。当地政府对事故现场附近20多户村民进行疏散，组织医疗卫生人员对疑因吸入泄漏“保险粉”燃烧烟雾造成轻微不适的部分群众及时进行诊治，并做好部分损毁作物赔偿的调查摸底工作，确保群众思想稳定。

（2）有关部门保障现场秩序。交通、交警和广东路达高速公路有限公司等做好交通管制、车辆分流和现场指挥等工作，确保道路畅通和现场应急处置秩序正常。

（3）环保部门迅速组织做好现场环境应急处置工作。梅州市环保局迅速组织环境监察、监测等应急专家和技术人员到现场进行事故勘察和应急监测，指导开展有关应急处置工作，组织将157桶未燃烧的“保险粉”转移至安全地点临时堆放，并立即将事故现场有关情况向省环保厅报告，请求省厅支援。省环保厅派出省固废处理中心专家率深圳市危险废物处理有限公司技术人员、专用设备和车辆赴梅县支援应急处置工作。同时，环保部门按照现场总指挥及省环保厅专家的意见，做好无害化处置场地选址和相关准备工作。9月3日21:00时，广东省固体废物处理中心专家和深圳市危险废物处理有限公司专业处理队伍到达现场后，立即投入现场处置工作，将沙与“保险粉”的混合物转运至无害化处置点，采取摊铺、氧化的方法进行无害化处理，至9月4日04:50时，处置工作全面完成，157桶未燃烧的“保险粉”由梅县环保局委托深圳市危险废物处理有限公司进行安全贮存。同日，梅州市环保局组织梅县环保局、当地政府有关人员进行现场巡查，未发现异常情况。

【处理结果】

在广东省环保厅的大力支持指导下，在梅州市政府及有关部门的全力应对下，有效控制了事态的发展，事故得到及时有效科学处置，未造成人员伤亡，整个事故未造成严重的大气和水污染，当地社会稳定，群众生产生活秩序正常。

（三）二硫化碳泄漏燃烧事故应急案例

【事件回顾】

2008年6月28日21时30分，一辆重型槽罐车（长8250毫米、宽2400毫米、高1780毫米）载有16吨二硫化碳在从河北邯郸驶往湖南株洲途中，行至大广高速公路河南周口扶沟段K242公里处，因罐体前部破裂，造成二硫化碳泄漏，发生燃烧。事故车辆停靠于高速公路护栏边缘，驾驶员和押运员逃离现场；罐体上部形成猛烈喷射火焰，发出刺耳的呼呼声，底部有流淌火，火势较大；驾驶室及前面4个轮胎已全部烧毁，罐体处于烈焰的炙烤之下，空气中弥漫着刺鼻的恶臭味，随时都有发生爆炸的可能。

【应急控制措施】

河南省安监局、环保局、消防总队、公安厅等省直有关单位，周口市政府及市县有关部门同志先后赶到现场，根据侦察情况研究制定救援方案，调集消防部队、防化部队及地方应急队伍等救援力量，迅速开展如下工作。

（1）关闭高速，疏散群众。28日23时25分，对大广高速扶沟至鄢陵段实施交通管制，对现场周围村庄群众进行“拉网式”紧急疏散，5个村庄2000多户的8500多名群众被转移至安全地带，同时设立警戒线，昼夜巡逻，防止人员回流。

（2）冷却降温，控制火势。用车载泡沫炮对槽车罐体顶部火势进行阻击，对流淌火进行压制；用水枪消灭驾驶室明火后再对罐体前部冷却；一门自摆水炮对罐体进行冷却，

二硫化碳泄漏燃烧现场

并根据火情变化适时调整位置。严密监视火情变化和未完全燃烧残液在高速公路沟内的汇聚情况。要求前线人员身着防化服，佩戴空气呼吸器，确保自身安全。高速服务区启动增压泵，增强消火栓系统压力。8 辆水罐车负责运水，确保主战车辆供水。

（3）注水封存，阻燃防爆。由于二硫化碳属低闪点易燃液体，在常温下易挥发，比水重且不溶于水，因此指挥部决定采取注水封存的办法，防止二硫化碳液体继续挥发和着火燃烧；使用抽吸泵对罐内液体进行吸排，导入排水沟。

（4）吸附漏液，筑堤导流。用水泥、沙土筑堤，将泄漏的或流入排水沟的二硫化碳液体截流控制；投入大量活性炭进行吸附，并及时转移地方、迅速处置，防止污染环境和次生事故发生。

（5）倒罐操作，转移物料。罐体由前后两个容器组成，前部已基本泄漏完全燃烧，专业技术人员将罐体后部容器残存物料立即进行倒罐操作，移入专用危化品运输车辆，由消防车监护送往同类生产厂回收处理。

（6）现场洗消，环保检测。将罐体吊装至运载车拖走，并对事故现场及参战车辆、装备、器材、人员进行洗消和分析检测，确认各项指标正常后，解除高速公路管制，群众有序返家，恢复现场，救援结束。

【经验总结】

一是充分发挥应急专家作用，制定科学可行方案。本次聘请的两位专家是从事近 30 年化工生产技术研究、安全评价、教学管理的资深化工专家，经验丰富，业务娴熟，为事故救援提供了技术保障。

二是指挥人员沉着冷静，措施得力。疏散人员，实施交通管制，吸附漏液，筑堤截流，吸附中和，倒罐操作，拖离现场，整个过程有条不紊、处置有序，保证了救援人员安全。

三是救援人员英勇顽强，临危不惧。消防部队、防化部队和企业救援力量协同作战，冒着随时可能发生爆炸的危险，顶着高温烈焰的烘烤和毒气的威胁，不顾个人安危，冲锋在前，操作认真，奋勇拼搏，这是救援取得成功重要因素。

四是领导重视，靠前指挥，决策正确。国家、省、市、县及有关部门，第一时间赶到事发现场，听取各方意见，研究救援方案，协调各种资源，果断正确决策，为事故成功救援提供了强大动力。

五是紧急动员，共享资源，配合协作。（1）有国家、省、市、县各级政府之间的统一协作；（2）有安全监管、环保、公安、消防等各部门之间的配合协作；（3）有同类产品生产企业的技术协作，有各类救援力量的密切协作；（4）还有内蒙古、河北、湖南等省、区关于运输车辆、生产厂家、使用厂家等信息通报和事故调查协作。协作为事故处置提供了全方位支持保障，使事故救援得以迅速开展，为救援成功打下了坚实基础。

第三节　苯系物特征及应急处置

一、概述

苯系物是指单环芳烃化合物，是苯及其衍生物的总称，包括苯、甲苯、乙苯、二甲苯、苯乙烯、三甲苯等，见表3－33。苯系物多为液体，具有较强的挥发性，比水轻，有特殊的香气，不溶于水，易溶于石油醚、醇类等有机溶剂。

表3－33　苯系物的特征特性

英文名称	名称	英文缩写	分子量	分子式	结构式	熔点℃	沸点℃	致癌性
Benzene	苯	BNZ	78.12	C_6H_6		5.5	80.1	1
Toluene	甲苯	TOL	92.15	C_7H_8	CH_2	－95	110.6	2
Ethylbenzene	乙苯	EBZ	106.18	C_8H_{10}	CH_2CH_3	－95	136.2	1
p-Xylene	对二甲苯	PXY	106.18	C_8H_{10}	CH_3— —CH_3	13.2	138.4	2
m-Xylene	间二甲苯	MXY	106.17	C_8H_{10}	CH_3 CH_3	－47.9	139.1	2
o-Xylene	邻二甲苯	OXY	106.18	C_8H_{10}	CH_3 CH_3	－25.2	144.4	2
1，3，5-Trimethylbenzene	均三甲苯	[a]TMB	120.19	C_9H_{12}	CH_3 CH_3 CH_3	－44.7	164.7	2
1，2，4-Trimethylbenzene	偏三甲苯	[b]TMB	120.19	C_9H_{12}	CH_3 CH_3 CH_3	－44	168	2
1，2，3-Trimethylbenzene	联三甲苯	[c]TMB	120.19	C_9H_{12}	CH_3 CH_3 CH_3	－25	175	2
Styrene	苯乙烯	STR	104.16	C_8H_8		－30.6	146	1
备注	1表示人体强致癌剂；2表示尚无对人或动物致癌证据							

苯系物对人体及生物体有较强的毒性，如表3－34所示，经皮肤、粘膜、呼吸道、消化道等途径进入人体后，使机体受损并引起功能性障碍。急性中毒表现为麻醉作用，可使人昏迷，危及生命；轻度急性中毒能使人产生睡意、头昏、心率加快、头痛、颤抖、

意识混乱、神志不清等现象；重度急性中毒会导致呕吐、胃痛、头昏、失眠、抽搐、心率加快等症状，甚至死亡；长期接触可致慢性中毒，出现头痛、失眠、记忆力减退等症状，损害造血器官，可导致白血病、淋巴瘤等恶性疾病。

表 3－34　苯系物等的毒性分类

影响	症状	可致病的苯系物
自律神经障碍	出汗异常、手足发冷、易疲劳	芳香烃类
神经障碍	失眠、烦躁、痴呆、没精神	苯、甲苯
末梢神经障碍	运动障碍、四肢末端感觉异常	丙酮
呼吸道障碍	喉痛、口干、咳嗽	醋酸丁酯、200#溶剂
消化器官障碍	腹泻、便秘、恶心	甲苯、二甲苯、200#溶剂
视觉障碍	结膜发炎	甲苯
免疫系统障碍	皮炎、哮喘、自身免疫病变	氯苯、200#溶剂

苯系物工业应用广泛，用于各种稀释剂、油墨、清洗剂及各种涂料中，袁建辉等对2006－2010年深圳市宝安区企业使用苯系物调查表明，有61.5%的企业使用到苯系物，所占构成比最高的几类企业分别是电子类（29.3%）、五金类（23.1%）、家具类（21.3%）及印刷类（20.1%）。苯系物通过各种途径进入环境中，对水体、土壤以及空气等造成严重污染，已成为环境污染中最重要的污染物之一，被列入我国环境污染物黑名单。空气中苯系物主要来源于油漆、溶剂、胶粘剂的挥发，建筑装修材料的释放等；水体中苯系物来源于石油、化工、油漆、农药、医药、有机化工等行业排放的废水；土壤中苯系物除工业废水污染外，事故污染也是主要来源。

由于苯系物是工业生产中重要的原料，近年来，因其污染引发的环境事故频发，事故主要发生在生产、储存、运输和使用过程中，常表现为泄漏、火灾、爆炸事故、人员中毒等方面，如2000年3月17日江苏农药集团苯泄漏火灾、2005年11月13日中石油吉林石化公司双苯厂爆炸事故、2006年8月23日江苏亚邦公司苯燃烧火灾、2012年12月31日山西长治天脊煤化工集团股份有限公司苯胺泄漏事故等。

二、几种特征污染物

（一）苯（C_6H_6）

【特征特性】

苯在常温下为一种无色透明、有强烈芳香味的挥发性液体，具强折光性，易燃烧，有毒；能溶于乙醇、乙醚、丙酮、四氯化碳、二硫化碳、冰乙酸、油类等有机溶剂中，微溶于水；比水轻，熔点 5.5 ℃，沸点 80.1 ℃，燃烧时火焰光亮且带黑烟。

【危害】

苯有毒，经国际癌症研究中心（IARC）确认为致癌物。苯侵入人体途径：一是从呼吸道吸入；二是经皮肤接触吸收；三是从口食入。吸入高浓度苯对中枢神经系统有麻醉作用，引起急性中毒，轻者有头痛、头晕、步态蹒跚等症状；中度和重度中毒者，除上述症状加重、嗜睡、反应迟钝、神志恍惚等外，还可能迅速昏迷、脉搏细速、血压下降、呼吸增快、抽搐、肌肉震颤，甚至休克死亡。长期接触苯对造血系统有损害，可使白细胞和血小板减少，易导致再生障碍性贫血，引发血癌。

【危险特性】

苯蒸气比空气重，与空气能形成爆炸性混合物，能在较低处扩散到较远的距离，遇明火、高热能引起燃烧爆炸，爆炸极限 1.5%～8.0%（体积）；与氧化剂（如过氧化钾、过氧化钠、臭氧、高氯酸等）能发生强烈反应，遇火源引起回燃。苯燃烧（分解）后生成一氧化碳、二氧化碳和水。

【用途或污染来源】

苯主要用作溶剂及合成苯的衍生物、香料、染料、塑料、医药、炸药、橡胶等。早在 20 世纪初，苯就已是工业上一种常用的溶剂，主要用于金属脱脂。苯有减轻爆震的作用而能作为汽油添加剂。由于苯对人体有不利影响，对地下水质也有污染，欧美国家限定汽油中苯的含量不得超过 1%。至 2011 年时，美国国家环境保护局进一步收紧限制，汽油的苯含量上限进一步降低至 0.62%。苯在工业上最重要的用途是做化工原料，苯可以合成一系列苯的衍生物，苯与乙烯生成乙苯，乙苯可以用来生产制塑料的苯乙烯；苯与丙烯生成异丙苯，异丙苯可以经异丙苯法来生产丙酮及制树脂和粘合剂的苯酚，制尼龙的环己烷，合成顺丁烯二酸酐，用于制作苯胺的硝基苯，用于农药的各种氯苯，合成用于生产洗涤剂和添加剂的各种烷基苯，还可以用来合成氢醌、蒽醌等化工产品。

【苯泄漏事故应急处理方法】 列表说明如下。

表 3-35　苯泄漏事故应急处理办法

处理方法	常用应急材料	灭火方法	应急防护	注意事项
(1) 疏散泄漏污染区人员至安全区，禁止无关人员进入污染区，切断火源； (2) 小量泄漏：用砂土或水泥粉或煤灰或活性炭或其他惰性材料（如惰性海绵等）吸收；使用无火花工具收集吸收材料； (3) 大量泄漏：构筑围堤或挖坑收容；用泡沫覆盖，减少蒸发；用防爆泵转移至槽车或专用收集器内； (4) 运到专用处理场进行无害化处理	(1) 砂土； (2) 水泥粉、煤灰、活性炭或其他惰性材料（如惰性海绵等）； (3) 泡沫或干粉灭火器； (4) 防爆泵； (5) 槽车	灭火应用泡沫、二氧化碳、干粉、砂土等。 苯燃烧时用水灭火无效	现场应急处理人员戴正压自给式空气呼吸器，穿防毒、防静电服，作业时使用的所有设备应接地	(1) 避免明火，避免与强氧化剂接触； (2) 事故现场禁止吸烟、进食和饮水； (3) 现场泄漏隔离距离至少为 50 m。如果为大量泄漏，下风向的初始疏散距离应至少为 300 m

【苯的环境质量标准、排放标准及监测方法】列表说明如下。

表 3-36　苯的环境质量标准、排放标准及监测方法

类别	评价（参考）标准	标准限值	监测方法	
			实验室	现场应急
环境空气	《工业企业设计卫生标准》(TJ 36-79)	居住区大气中苯的日平均最高容许浓度规定为 2.4 mg/m^3，一次最高容许浓度为 0.80 mg/m^3	(1)《环境空气　苯系物的测定　固体吸附/热脱附—气相色谱法》(HJ 583-2010) (2)《环境空气　活性炭吸附/二硫化碳解吸—气相色谱法》(HJ 584-2010) (3)《工作场所空气中芳香烃类化合物的测定方法》(GBZ/T160.42-2007)	快速检测管法 便携式气相色谱法
室内空气	《室内空气质量标准》(GB/T 18883-2002)	苯小时均值限值：0.11 mg/m^3		

续表 3 - 36

<table>
<tr><th rowspan="2">类别</th><th rowspan="2">评价（参考）标准</th><th rowspan="2">标准限值</th><th colspan="2">监测方法</th></tr>
<tr><th>实验室</th><th>现场应急</th></tr>
<tr><td rowspan="6">污染源废气</td><td>《大气污染物综合排放标准》（GB 16297-1996）</td><td>(1) 无组织排放周界外浓度最高点：0.50 mg/m³
(2) 排气筒高度 15 米，最高允许排放速率：二级 0.60 kg/h，三级 0.90 kg/h</td><td>(1)《环境空气　挥发性有机物的测定　罐采样/气相色谱—质谱法》(HJ 759-2015)
(2)《环境空气　苯系物的测定　固体吸附/热脱附—气相色谱法》(HJ 583-2010)</td><td rowspan="9">快速检测管法；便携式气相色谱法</td></tr>
<tr><td>广东省《家具制造行业挥发性有机化合物排放标准》(DB 44/814-2010)</td><td rowspan="3">(1) 无组织排放周界外浓度最高点：0.1 mg/m³
(2) 排气筒高于 15 米：
最高允许排放浓度：Ⅰ时段、Ⅱ时段：1 mg/m³
最高允许排放速率：Ⅰ时段、Ⅱ时段：0.4 kg/h</td><td rowspan="3">附录 D　VOCs 监测方法</td></tr>
<tr><td>广东省《包装印刷行业挥发性有机化合物排放标准》(DB 44/815-2010)</td></tr>
<tr><td>广东省《制鞋行业挥发性有机化合物排放标准》(DB 44/817-2010)</td></tr>
<tr><td>广东省《表面涂装（汽车制造业）挥发性有机化合物排放标准》(DB 44/816-2010)</td><td>排气筒高 15 米。最高允许排放速率：Ⅰ时段：0.3 kg/h，Ⅱ时段 0.2 kg/h</td><td>附录 E　VOCs 监测方法</td></tr>
<tr><td>广东省《集装箱制造业挥发性有机物排放标准》(DB 44/1837-2016)</td><td>排气筒苯排放限值：Ⅰ、Ⅱ时段：1 mg/m³
无组织排放监控点苯浓度限值：0.1 mg/m³</td><td>附录 C　VOCs 监测方法</td></tr>
<tr><td>地表水</td><td>《地表水环境质量标准》(GB 3838-2002)</td><td>集中式生活饮用水地表水源地特定项目标准限值：苯 0.01 mg/L</td><td rowspan="3">(1)《水质　苯系物的测定　气相色谱法》(GB 11890-89)
(2)《水质　挥发性有机物的测定　吹扫捕等/气相谱法—质谱法》(HJ 639-2012)
(3)《水质　挥发性有机物的测定　顶空/气相色谱—质谱法》(HJ 810-2016)</td></tr>
<tr><td rowspan="2">污染源废水</td><td>《污水综合排放标准》(GB 8978-1996)</td><td>苯第二类污染物最高允许排放浓度（1998 年 1 月 1 日后建设单位）
一级：0.1 mg/L
二级：0.2 mg/L
三级：0.5 mg/L</td></tr>
<tr><td>广东省地方标准《水污染物排放限值》(DB 44/26-2001)</td><td>苯最高允许排放浓度：
一级：0.1 mg/L
二级：0.2 mg/L
三级：0.5 mg/L</td></tr>
<tr><td>土壤</td><td>《工业企业土壤环境质量 风险评价基准》(HJ/T 25-1999)</td><td>苯土壤基准迁移至地下水：177 mg/kg。苯土壤基准直接接触：1640 mg/kg</td><td colspan="2">(1)《土壤和沉积物挥发性有机物的测定　吹扫捕集/气相色谱—质谱法》(HJ 605-2011)
(2)《土壤和沉积物挥发性有机物的测定　顶空/气相色谱—质谱法》(HJ 642-2013)
(3)《土壤和沉积物挥发性有机物的测定　顶空/气相色谱法》(HJ 741-2015)</td></tr>
</table>

续表 3－36

《危险废物鉴别标准 浸出毒性鉴别》(GB 5085.3-2007)	浸出液中危害成分浓度限值：苯：1 mg/L	(1)《危险废物鉴别标准 浸出毒性鉴别》(GB 5085.3-2007) 附录 O：固体废物 挥发性化合物的测定 气相色谱法/质谱法 附录 P：固体废物 芳香族及含卤挥发物的测定 相色谱法 附录 Q：固体废物 挥发性化合物的测定 平衡顶空法 (2)《固体废物挥 发性有机物的测定 顶空/气相色谱—质谱法》(HJ 643-2013)

【急救措施】

如皮肤或眼睛接触，要尽快脱去污染的衣物，用肥皂水及清水彻底冲洗；呼吸道吸入时，应迅速将患者移至空气新鲜处，脱去被污染衣服，松开所有的衣服及颈、胸部纽扣，使其静卧；口鼻如有污垢物要立即清除，以保证肺通气正常，呼吸通畅；经口腔摄入者立即用水漱口，现场可用0.005%的活性炭悬液或0.02%碳酸氢钠溶液洗胃催吐，并由专人护送医院救治。

（二）甲苯

【特征特性】

甲苯又名“甲基苯”“苯基甲烷”，是重要的芳烃化合物之一，常温常压下为无色透明液体；具有特殊的芳香味，微溶于水，能溶于二硫化碳、乙醚、丙酮、氯仿等有机溶剂中；熔点 -95 ℃，沸点 111 ℃。在空气中，甲苯不完全燃烧，火焰呈黄色。

【危害】

甲苯毒性小于苯，侵入人体途径：吸入、食入、经皮吸收。甲苯对皮肤、粘膜有刺激性，对中枢神经系统有麻醉作用。

急性中毒：短时间内吸入较高浓度可出现眼及上呼吸道明显的刺激症状、眼结膜及咽部充血、头晕、头痛、恶心、呕吐、胸闷、四肢无力等症状。重度甲苯中毒后，或呈兴奋状，躁动不安、哭笑无常；或呈压抑状，嗜睡，木僵等；严重的会出现虚脱、昏迷。

慢性中毒：长期接触可发生神经衰弱综合征、肝肿大等异常症状。溅在皮肤上局部可出现发红、刺痛及泡疹等。

【危险特性】

甲苯为一级易燃物，其蒸气与空气的混合物具爆炸性。发生爆炸起火时，冒出黑烟，火焰沿地面扩散；进入现场时眼睛、咽喉会感到刺痛、流泪、发痒，并可闻到特殊的芳香气味。燃烧（分解）产物：一氧化碳、二氧化碳。

【用途或污染来源】

甲苯是氯化苯酰和苯基、糖精、三硝基甲苯和许多染料等有机合成的主要原料，是航空和汽车汽油的成分之一；主要用于油类、树脂、天然橡胶和合成橡胶、煤焦油、沥青、醋酸纤维素，也作为溶剂用于纤维素油漆和清漆，以及照相制版、墨水的溶剂。甲苯可发生氯化，生成苯一氯甲烷或苯三氯甲烷，它是良好工业上的溶剂；甲苯易硝化，生成对硝基甲苯或邻硝基甲苯，是染料的基本原料；甲苯易磺化，生成邻甲苯磺酸或对甲苯磺酸，是制糖精或染料的原料。一份甲苯和三份硝酸硝化，可生成三硝基甲苯（俗名 TNT，梯恩梯），是威力巨大的炸药。环境空气中的甲苯主要来自与汽油有关的排放及工业活动造成的溶剂损失和排放。甲苯具有挥发性，在环境中较稳定。当倾倒入水中时，可漂浮在水面，呈油状分布，会引起鱼类及其他水生生物的死亡，受污染水体散发出苯系物特有刺鼻气味。

【甲苯的环境质量标准、排放标准及监测方法】列表说明如下。

表 3－37　甲苯的环境质量标准、排放标准及监测方法

类别	评价（参考）标准	标准限值	监测方法	
			实验室	现场应急
环境空气	《工业企业设计卫生标准》（TJ 36－79）	—	（1）《环境空气　苯系物的测定　固体吸附/热脱附—气相色谱法》（HJ 583-2010） （2）《工作场所空气中芳香烃类化合物的测定方法》（GBZ/T 160.42-2007）	快速检测管法； 便携式气相色谱法
室内空气	《室内空气质量标准》（GB/T 18883-2002）	甲苯小时均值限值：0.20 mg/m^3		
污染源废气	《大气污染物综合排放标准》（GB 16297-96）	（1）无组织排放周界外浓度最高点：0.30 mg/m^3 （2）排气筒高度 15 米，最高允许排放速率：二级 3.6 kg/h，三级 5.5 kg/h	（1）《环境空气　苯系物的测定　固体吸附/热脱附—气相色谱法》（HJ 583-2010） （2）《家具制造行业挥发性有机化合物排放标准》（DB 44/814－2010）中附录 D（规范性附录）VOCs 监测方法 （3）《固定污染源废气　挥发性有机物的采样　气袋法》（HJ 732-2014）	
	广东省《家具制造行业挥发性有机化合物排放标准》（DB 44/814-2010）	（1）甲苯无组织排放周界外浓度最高点：0.6 mg/m^3 （2）甲苯和二甲苯合计（排气筒高于 15 米）： 最高允许排放浓度：Ⅰ时段 20 mg/m^3（2012 年 12 月 31 日前），Ⅱ时段 40 mg/m^3（2013 年 1 月 1 日后） 最高允许排放速率：Ⅰ时段 1.2 kg/h，Ⅱ时段 1.0 kg/h		
	广东省《包装印刷行业挥发性有机化合物排放标准》（DB 44/815-2010）	（1）甲苯无组织排放周界外浓度最高点：0.2 mg/m^3 （2）甲苯和二甲苯合计（排气筒高于 15 米，平版印刷）： 最高允许排放浓度：Ⅰ时段 30 mg/m^3（2012 年 12 月 31 日前），Ⅱ时段 15 mg/m^3（2013 年 1 月 1 日后） 最高允许排放速率：Ⅰ时段 1.8 kg/h，Ⅱ时段 1.6 kg/h	（1）《环境空气　苯系物的测定　固体吸附/热脱附—气相色谱法》（HJ 583-2010） （2）《包装印刷行业挥发性有机化合物排放标准》（DB 44/815－2010）附录 D（规范性附录）VOCs 监测方法	

续表 3-37

类别	评价（参考）标准	标准限值	监测方法	
			实验室	现场应急
污染源废气	广东省《制鞋行业挥发性有机化合物排放标准》(DB 44/817-2010)	(1) 甲苯无组织排放周界外浓度最高点：0.6 mg/m^3 (2) 甲苯和二甲苯合计（排气筒高于15米，平版印刷）： 最高允许排放浓度：Ⅰ时段30 mg/m^3 (2012年12月31日前)，Ⅱ时段：15 mg/m^3（2013年1月1日后） 最高允许排放速率：Ⅰ时段1.9 kg/h，Ⅱ时段1.5 kg/h	(1)《环境空气　苯系物的测定　固体吸附/热脱附—气相色谱法》(HJ 583-2010) (2)《制鞋行业挥发性有机化合物排放标准》(DB 44/817-2010）中附录D（规范性附录）VOCs监测方法	快速检测管法；便携式气相色谱法
	广东省《表面涂装（汽车制造业）挥发性有机化合物排放标准》(DB 44/816-2010)	(1) 甲苯无组织排放周界外浓度最高点：0.6 mg/m^3 (2) 甲苯和二甲苯合计（排气筒高15米，平版印刷）： 最高允许排放浓度：Ⅰ时段30 mg/m^3 (2012年12月31日前)，Ⅱ时段18 mg/m^3（2013年1月1日后） 最高允许排放速率：Ⅰ时段2.4 kg/h，Ⅱ时段1.4 kg/h	(1)《环境空气　苯系物的测定　固体吸附/热脱附—气相色谱法》(HJ 583-2010) (2)《表面涂装（汽车制造业）挥发性有机化合物排放标准》(DB 44/816-2010)中附录D（规范性附录）VOCs监测方法	
	广东省《集装箱制造业挥发性有机物排放标准》(DB 44/1837-2016)	无组织排放监控点：甲苯浓度限值1.8 mg/m^3 排气筒甲苯和二甲苯合计浓度限值：Ⅰ时段40 mg/m^3，Ⅱ时段20 mg/m^3	附录C　VOC_S监测方法	
地表水	《地表水环境质量标准》(GB 3838-2002)	集中式生活饮用水地表水源地特定项目标准限值 甲苯0.7 mg/L	(1)《水质　苯系物的测定　气相色谱法》(GB 11890-89) (2)《水质　挥发性有机物的测定　顶空/气相色谱—质谱法》(HJ 810-2016)	
污染源废水	《污水综合排放标准》(GB 8978-96)	甲苯第二类污染物最高允许排放浓度（1998年1月1日后建设单位） 一级0.1 mg/L，二级：0.2 mg/L，三级：0.5 mg/L		
	广东省地方标准《水污染物排放限值》(DB 44/26-2001)	甲苯第二时段最高允许排放浓度： 一级：0.1 mg/L，二级：0.2 mg/L，三级：0.5 mg/L		
土壤	《工业企业土壤环境质量风险评价基准》(HJ/T 25-1999)	土壤基准迁移至地下水：无基准值 土壤基准直接接触：543 000 mg/kg	(1)《危险废物鉴别标准 浸出毒性鉴别》(GB 5085.3-2007)) 附录O：固体废物　挥发性化合物的测定　气相色谱法/质谱法。 附录P：固体废物　芳香族及含卤挥发物的测定气相色谱法 附录Q：固体废物　挥发性化合物的测定　平衡顶空法 (2)《土壤和沉积物　挥发性有机物的测定　顶空/气相色谱法》(HJ 741-2015)	
危险废物	《危险废物鉴别标准 浸出毒性鉴别》(GB 5085.3-2007)	浸出液中危害成分浓度限值： 甲苯1 mg/L		

【甲苯泄漏事故应急处理方法】列表说明如下。

表 3－38　甲苯泄漏事故应急处理方法

处理方法	常用应急材料（药品）	灭火方法	应急防护	注意事项
(1) 疏散泄漏污染区人员至安全区，禁止无关人员进入污染区，切断火源； (2) 小量泄漏：用砂土、水泥粉、煤灰或活性炭或其他惰性材料（如惰性海绵等）吸收。使用无火花工具收集吸收材料； (3) 大量泄漏：构筑围堤或挖坑收容。用泡沫覆盖，减少蒸发。用防爆泵转移至槽车或专用收集器内。 (4) 运到专用处理场进行无害化处理	(1) 砂土； (2) 水泥粉、煤灰、活性炭或其他惰性材料（如惰性海绵等）； (3) 泡沫或干粉灭火器； (4) 防爆泵； (5) 槽车	灭火应用泡沫、二氧化碳、干粉、砂土等。 用水灭火无效	呼吸系统防护：佩戴自吸过滤式防毒面罩（半面罩）。紧急事态抢救或撤离时，应该佩戴空气呼吸器或氧气呼吸器。眼睛防护：戴化学安全防护眼镜。身体防护：穿防毒渗透工作服。手防护：戴乳胶手套	(1) 避免明火，避免与强氧化剂接触； (2) 事故现场禁止吸烟、进食和饮水，工作毕，淋浴更衣。保持良好的卫生习惯

【急救措施】

吸入：迅速脱离现场至空气新鲜处，保持呼吸道通畅，如呼吸困难，给氧。如呼吸停止，立即进行人工呼吸，就医。

食入：饮足量温水，催吐，就医；皮肤接触：脱去污染的衣着，用肥皂水和清水彻底冲洗皮肤。

（三）二甲苯［$C_6H_4(CH_3)_2$］

【特征特性】

二甲苯是苯环上两个氢被甲基取代，有邻、间、对三种异构体。工业上，二甲苯即指三种异构体的混合物（45%～70%间二甲苯、15%～25%对二甲苯和10%～15%邻二甲苯）。二甲苯毒性中等，有致癌性，为无色透明液体，微溶于水，能与乙醇、氯仿或乙醚任意混合；易燃，有特别臭味；沸点137～140 ℃，熔点13.3 ℃；相对密度（水＝1）0.86，性质较稳定。

【危害】

侵入途径：吸入、食入、经皮肤吸收。

健康危害：二甲苯对眼及上呼吸道有刺激作用，高浓度时对中枢神经系统有麻醉作用。

急性中毒：短期内吸入较高浓度二甲苯后可出现眼及上呼吸道明显的刺激症状、眼结膜及咽充血、头晕、恶心、呕吐、胸闷、四肢无力、意识模糊、步态蹒跚。重者可有躁动、抽搐或昏迷，有的有癔病样发作。

慢性中毒：长期接触有神经衰弱综合征，皮肤干燥、皲裂、皮炎等症状。

【危险特性】

二甲苯易燃，其蒸气与空气可形成爆炸性混合物，遇明火、高热能引起燃烧爆炸，与氧化剂能发生强烈反应，流速过快容易产生和积聚静电。二甲苯蒸气比空气重，能在较低处扩散至相当远的地方，遇明火会引着回燃。燃烧（分解）产物：一氧化碳、二氧化碳。

【用途或污染来源】

二甲苯是由原油在石油化工过程中制造的产品，是合成聚酯纤维、树脂、涂料、染料和农药等的原料；在医药、炸药、农药等行业可作为合成单体或溶剂，也是高辛烷值汽油组分之一。

环境中二甲苯主要来源于有机合成橡胶、油漆、染料、合成纤维、石油加工、制药、纤维素等企业的排放，在运输、贮存过程中的翻车、泄漏，火灾等意外污染事故也是环境污染的重要来源。环境中的二甲苯可以生物降解，但这种过程的速度比挥发速度低得多，挥发到空中的二甲苯可被光解。倾泄水中的二甲苯可漂浮在水面上呈油状物分布，使鱼类和水生生物的死亡。

【二甲苯泄漏事故应急处理方法】 列表说明如下。

表 3－39　二甲苯泄漏事故应急处理方法

处理方法	常用应急材料（药品）	灭火方法	应急防护	注意事项
(1) 疏散泄漏污染区人员至安全区，禁止无关人员进入污染区，切断火源； (2) 小量泄漏：用砂土或水泥粉或煤灰或活性炭或其他惰性材料（如惰性海绵等）吸收。使用无火花工具收集吸收材料； (3) 大量泄漏：构筑围堤或挖坑收容；用泡沫覆盖；减少蒸发。用防爆泵转移至槽车或专用收集器内； (4) 运到专用处理场进行无害化处理	(1) 砂土； (2) 水泥粉、煤灰、活性炭或其他惰性材料（如惰性海绵等）； (3) 泡沫或干粉灭火器； (4) 防爆泵； (5) 槽车	灭火应用泡沫、二氧化碳、干粉、砂土等。 用水灭火无效	呼吸系统防护：佩戴自吸过滤式防毒面罩（半面罩）。紧急事态抢救或撤离时，应该佩戴空气呼吸器或氧气呼吸器。 眼睛防护：戴化学安全防护眼镜。 身体防护：穿防毒渗透工作服。 手防护：戴乳胶手套	(1) 避免明火，避免与强氧化剂接触； (2) 事故现场禁止吸烟、进食和饮水。工作毕，淋浴更衣。保持良好的卫生习惯

【**二甲苯环境质量标准、排放标准及监测方法**】列表说明如下。

表 3－40　二甲苯环境质量标准、排放标准及监测方法

类别	评价（参考）标准	标准限值	监测方法	
			实验室	现场应急
环境空气	《工业企业设计卫生标准》（TJ 36－79）	居住区大气中二甲苯一次最高容许浓度为 0.30 mg/m³	（1）《环境空气　苯系物的测定　固体吸附/热脱附—气相色谱法》(HJ 583-2010) （2）《工作场所空气中芳香烃类化合物的测定方法》（GBZ/T160.42-2007）	快速检测管法、便携式气相色谱法
室内空气	《室内空气质量标准》（GB/T 18883-2002）	二甲苯小时均值限值：0.20 mg/m³		
污染源废气	《大气污染物综合排放标准》（GB 16297-96）	（1）无组织排放周界外浓度最高点 1.2 mg/m³ （2）排气筒高度 15 米，最高允许排放速率：二级 1.0 kg/h，三级 1.5 kg/h	（1）《环境空气　苯系物的测定　固体吸附/热脱附—气相色谱法》(HJ 583-2010) （2）《家具制造行业挥发性有机化合物排放标准》（DB 44/814-2010）中附录 D（规范性附录）VOCs 监测方法	
	广东省《家具制造行业挥发性有机化合物排放标准》（DB 44/814-2010）	（1）二甲苯无组织排放周界外浓度最高点：0.2 mg/m³ （2）甲苯和二甲苯合计（排气筒高于 15 米）： 最高允许排放浓度：Ⅰ时段 20 mg/m³（2012 年 12 月 31 日前），Ⅱ时段 40 mg/m³（2013 年 1 月 1 日后） 最高允许排放速率：Ⅰ时段 1.2 kg/h，Ⅱ时段 1.0 kg/h		
	广东省《包装印刷行业挥发性有机化合物排放标准》（DB 44/815-2010）	（1）二甲苯无组织排放周界外浓度最高点：0.2 mg/m³ （2）甲苯和二甲苯合计（排气筒高于 15 米，平版印刷）： 最高允许排放浓度：Ⅰ时段 30 mg/m³（2012 年 12 月 31 日前），Ⅱ时段 15 mg/m³（2013 年 1 月 1 日后） 最高允许排放速率：Ⅰ时段 1.8 kg/h，Ⅱ时段 1.6 kg/h	（1）《环境空气　苯系物的测定　固体吸附/热脱附—气相色谱法。(HJ 583-2010) （2）《包装印刷行业挥发性有机化合物排放标准》（DB 44/815-2010）中附录 D（规范性附录）VOCs 监测方法	

续表 3－40

类别	评价（参考）标准	标准限值	监测方法	
			实验室	现场应急
污染源废气	广东省《制鞋行业挥发性有机化合物排放标准》（DB 44/817-2010）	（1）二甲苯无组织排放周界外浓度最高点：0.2 mg/m^3； （2）甲苯和二甲苯合计（排气筒高于15米，平版印刷）： 最高允许排放浓度：Ⅰ时段30 mg/m^3（2012年12月31日前），Ⅱ时段：15 mg/m^3（2013年1月1日后） 最高允许排放速率：Ⅰ时段1.9 kg/h，Ⅱ时段1.5 kg/h	（1）《环境空气　苯系物的测定　固体吸附/热脱附—气相色谱法》（HJ 583-2010） （2）《制鞋行业挥发性有机化合物排放标准》（DB 44/817－2010）中附录D（规范性附录）VOCs监测方法	快速检测管法、便携式气相色谱法
	广东省《表面涂装（汽车制造业）挥发性有机化合物排放标准》（DB 44/816-2010）	（1）二甲苯无组织排放周界外浓度最高点：0.2 mg/m^3； （2）甲苯和二甲苯合计（排气筒高15米，平版印刷）： 最高允许排放浓度：Ⅰ时段30 mg/m^3（2012年12月31日前），Ⅱ时段18 mg/m^3（2013年1月1日后） 最高允许排放速率：Ⅰ时段2.4 kg/h，Ⅱ时段1.4 kg/h	（1）《环境空气　苯系物的测定　固体吸附/热脱附—气相色谱法》（HJ 583-2010） （2）《表面涂装（汽车制造业）挥发性有机化合物排放标准》（DB 44/816－2010）中附录D（规范性附录）VOCs监测方法	
	广东省《集装箱制造业挥发性有机物排放标准》（DB 44/1837-2016）	排气筒甲苯和二甲苯合计浓度限值：Ⅰ时段40 mg/m^3，Ⅱ时段20 mg/m^3 无组织排放监控点二甲苯浓度限值：1.0 mg/m^3	附录C　VOC$_S$监测方法	
地表水	《地表水环境质量标准》（GB 3838-2002）	集中式生活饮用水地表水源地特定项目标准限值二甲苯0.5 mg/L	（1）《水质　苯系物的测定　气相色谱法》（GB 11890-89） （2）《水质　挥发性有机物的测定　顶空/气相色谱—质谱法》（HJ 810-2013）	
污染源废水	《污水综合排放标准》（GB 8978-1996）	二甲苯第二类污染物最高允许排放浓度（1998年1月1日后建设单位）一级0.4 mg/L，二级0.6 mg/L，三级1.0 mg/L		
	广东省地方标准《水污染物排放限值》（DB 44/26-2001）	二甲苯第二时段最高允许排放浓度：一级0.4 mg/L，二级0.6 mg/L，三级1.0 mg/L		
	《工业企业土壤环境质量风险评价基准》（HJ/T 25-1999）	土壤基准迁移至地下水：586000 土壤基准直接接触：1000000 mg/kg	（1）（GB 5085.3-2007）危险废物鉴别标准 浸出毒性鉴别 附录O：固体废物　挥发性化合物的测定　气相色谱法/质谱法。 附录P：固体废物　芳香族及含卤挥发物的测定　气相色谱法。 附录Q：固体废物　挥发性化合物的测定　平衡顶空法 （2）《土壤和沉积物　挥发性有机物的测定　顶空/气相色谱法》（HJ 741-2015）	
	《危险废物鉴别标准　浸出毒性鉴别》（GB 5085.3-2007）	浸出液中危害成分浓度限值 二甲苯：4 mg/L		

【急救措施】

皮肤接触：脱去被污染的衣着，用肥皂水和清水彻底冲洗皮肤。

眼睛接触：提起眼睑，用流动清水或生理盐水冲洗，就医。

吸入：迅速脱离现场至空气新鲜处，保持呼吸道通畅。如呼吸困难，给输氧；如呼吸停止，立即进行人工呼吸，就医。

食入：饮足量水，催吐，就医。

（四）乙苯（$C_6H_5CH_2CH_3$）

【特征特性】

乙苯是无色液体，有芳香气味；不溶于水，能溶于乙醇、醚等多数有机溶剂；熔点 -94.9 ℃，沸点 136.2 ℃；相对密度（水 =1）0.87，相对蒸气密度（空气 =1）3.66。

【危害】

乙苯毒性较低。大量研究表明，大剂量乙苯接触可引起听力下降；对肝、肾有实质性损伤，严重者可诱发肿瘤（国际癌症研究机构（IARC）对乙苯致癌性进行了系列评价，将乙苯归为人类可疑的致癌物）；对皮肤、眼睛和呼吸道的刺激作用比甲苯强，高浓度乙苯有麻醉作用。

急性中毒：轻度中毒有头晕、头痛、恶心、呕吐、步态蹒跚、轻度意识障碍及眼和上呼吸道刺激症状；重者发生昏迷、抽搐、血压下降及呼吸循环衰竭，有肝损害；直接吸入可致化学性肺炎和肺水肿。

【危险特性】

乙苯是一种易燃易爆有机物，与空气混合形成爆炸性混和物，遇明火、高热或与氧化剂接触，有引起燃烧爆炸的危险；由于乙苯蒸气比空气重，可沿地面扩散到相当距离外的火源点燃，并将火焰引回来；与氧化剂接触会猛烈反应，流速过快容易产生和积聚静电。

【用途或污染来源】

乙苯是生产苯乙烯的中间体，广泛应用于石油化工领域；乙苯也用于有机合成及溶剂，在油漆、印染、油墨、农药生产等过程中使用；还可作为油漆稀释剂、发动机和航油中的防爆剂。

乙苯主要通过工业废水和废气进入环境中，乙苯主要通过生物降解、化学降解、光解等途径迁移。乙苯在水溶液中挥发速度快，因此，在水体中残留很少；当大量乙苯泄漏进入水中时，漂浮在水面，可造成鱼类和水生生物死亡，被污染水体散发出异味。

【乙苯环境质量标准、排放标准及监测方法】列表说明如下。

表 3－41　乙苯环境质量标准、排放标准及监测方法

类　别	评价（参考）标准	标准限值	监测方法	
			实验室	现场应急
地表水	《地表水环境质量标准》（GB 3838－2002）	集中式生活饮用水地表水源地特定项目标准限值乙苯 0.3 mg/L	（1）《水质　苯系物的测定》（GB 11890－89） （2）《水质　挥发性有机物的测定　顶空/气相色谱—质谱法》（HJ 810－2016）	快速检测管法； 便携式气相色谱法
污染源废水	《污水综合排放标准》（GB 8978－1996）	乙苯第二类污染物最高允许排放浓度（1998 年 1 月 1 日后建设单位）： 一级 0.4 mg/L，二级 0.6 mg/L，三级 1.0 mg/L		
	广东省地方标准《水污染物排放限值》（DB 44/26－2001）	乙苯第二时段最高允许排放浓度： 一级 0.4 mg/L，二级 0.6 mg/L，三级 1.0 mg/L		
土壤	《工业企业土壤环境质量风险评价基准》（HJ/T 25－1999）	乙苯： 土壤基准迁移至地下水：无基准值 土壤基准直接接触：272000 mg/kg	（1）《危险废物鉴别标准 浸出毒性鉴别》（GB 5085.3－2007） 附录 P：固体废物　芳香族及含卤挥发物的测定　气相色谱法 （2）《土壤和沉积物挥发性有机物的测定　顶空/气相色谱法》（HJ 741－2015）	
危险废物	《危险废物鉴别标准 浸出毒性鉴别》（GB 5085.3－2007）	浸出液中危害成分浓度限值：乙苯：4 mg/L		

【乙苯泄漏事故应急处理方法】列表说明如下。

表 3－42　乙苯泄漏事故应急处理方法

处理方法	常用应急材料（药品）	灭火方法	应急防护	注意事项
疏散泄漏污染区人员至安全区，禁止无关人员进入污染区，切断火源。 小量泄漏：用砂土或水泥粉或煤灰或活性炭或其他惰性材料（如惰性海绵等）吸收；使用无火花工具收集吸收材料。 大量泄漏：构筑围堤或挖坑收容；用泡沫覆盖，减少蒸发；用防爆泵转移至槽车或专用收集器内；运到专用处理场进行无害化处理	（1）砂土； （2）水泥粉、煤灰、活性炭或其他惰性材料（如惰性海绵等）； （3）泡沫或干粉灭火器； （4）防爆泵； （5）槽车	灭火应用泡沫、二氧化碳、干粉、砂土等。用水灭火无效	呼吸系统防护：佩戴自吸过滤式防毒面罩（半面罩）；紧急事态抢救或撤离时，应该佩戴空气呼吸器或氧气呼吸器。 眼睛防护：戴化学安全防护眼镜。 身体防护：穿防毒渗透工作服。 手防护：戴乳胶手套	（1）避免明火，避免与强氧化剂接触； （2）事故现场禁止吸烟、进食和饮水。工作毕，淋浴更衣，保持良好的卫生习惯

【急救措施】

皮肤接触：脱去被污染的衣着，用肥皂水和清水彻底冲洗皮肤。

眼睛接触：提起眼睑，用流动清水或生理盐水冲洗，就医。

吸入：迅速脱离现场至空气新鲜处。保持呼吸道通畅。如呼吸困难，给予输氧；如呼吸停止，立即进行人工呼吸，就医。

食入：饮足量温水，催吐，就医。

（五）苯乙烯（$C_6H_5CH=CH_2$）

【特征特性】

苯乙烯又名乙烯苯，为无色透明油状液体，易燃，有毒；难溶于水，溶于乙醇、乙醚等有机溶剂。熔点 -30.6 ℃，沸点 146 ℃；相对密度（水 =1）0.906（25 ℃），相对蒸气密度（空气 =1）3.6；爆炸极限 1.1%～6.1%（体积比），自燃温度 490 ℃。

【危害】

苯乙烯为可疑致癌物，具有刺激性。急性中毒会强烈刺激人眼及上呼吸道黏膜，出现眼痛、流泪、流鼻涕、打喷嚏、咽痛、咳嗽等症状；慢性中毒可致神经衰弱综合征，有头痛、乏力、恶心、食欲减退、腹胀、忧郁、健忘、指颤等症状。苯乙烯对呼吸道有刺激作用，长期接触可引起阻塞性肺部病变。

【危险特性】

苯乙烯为易燃液体，蒸气与空气能形成爆炸性混合物，遇明火、高热能引起燃烧爆炸；遇酸性催化剂（如路易斯催化剂、齐格勒催化剂、硫酸、氯化铁等）能发生剧烈聚合反应，放出大量热量。

【用途或污染来源】

苯乙烯是合成橡胶和塑料的单体，主要用来生产丁苯橡胶、聚苯乙烯、泡沫聚苯乙烯等；也用于与其他单体共聚制造多种不同用途的工程塑料，如与丙烯腈、丁二烯共聚制得 ABS 树脂；与丁二烯共聚所制得的 SBS 是一种热塑性橡胶，广泛用作聚氯乙烯、聚

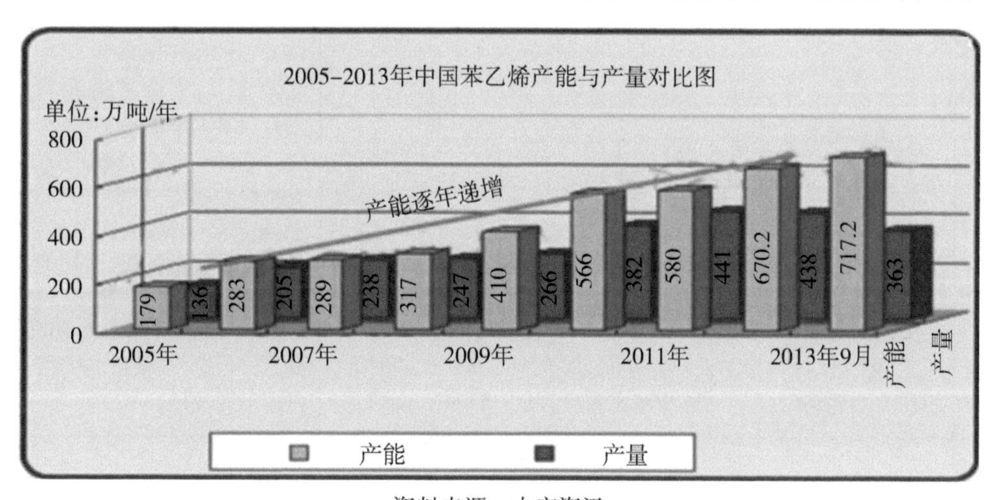

资料来源：中宇资讯

丙烯的改性剂等。工业排放含苯乙烯的废水及废气，对地表水、土壤、大气有较大的危害。苯乙烯挥发性强，在大气中易被光解，也可被生物降解和化学降解，即能被特异的菌丛所破坏，亦能被空气中的氧所氧化成苯甲醚、甲醛及苯乙醇。

【苯乙烯环境质量标准、排放标准及监测方法】列表说明如下。

表 3－43　苯乙烯环境质量标准、排放标准及监测方法

<table>
<tr><th>类别</th><th>评价（参考）标准</th><th>标准限值</th><th>实验室监测方法</th><th>现场应急</th></tr>
<tr><td>环境空气</td><td>《工业企业设计卫生标准》（TJ 36－79）</td><td>居住区大气中苯乙烯一次最高容许浓度为 0.01 mg/m^3</td><td>（1）《环境空气　苯系物的测定　固体吸附/热脱附—气相色谱法》（HJ 583-2010）
（2）《工作场所空气中芳香烃类化合物的测定方法》（GBZ/T160.42－2007）</td><td>快速检测管法；便携式气相色谱法</td></tr>
<tr><td>污染源废气</td><td>《恶臭污染物排放标准》（GB 14554-93）</td><td>（1）厂界标准值（无组织排放源）苯乙烯（mg/m^3）
一级 3；二级新扩改建 5，现有 7；三级 新扩改建 14，现有 17
（2）有组织排放源：<table><tr><th>排气筒高度（m）</th><th>排放量（kg/h）</th></tr><tr><td>15</td><td>6. 5</td></tr><tr><td>20</td><td>12</td></tr><tr><td>25</td><td>18</td></tr><tr><td>30</td><td>26</td></tr><tr><td>35</td><td>35</td></tr><tr><td>60</td><td>104</td></tr></table></td><td>（1）《环境空气　苯系物的测定　固体吸附/热脱附—气相色谱法》（HJ 583-2010）
（2）《固定污染源废气　挥发性有机物的采样　气袋法》（HJ 732-2014）</td><td rowspan="2">快速检测管法；便携式气相色谱法</td></tr>
<tr><td>地表水</td><td>《地表水环境质量标准》（GB 3838-2002）</td><td>集中式生活饮用水地表水源地特定项目标准限值苯乙烯 0.3 mg/L</td><td>（1）《水质　苯系物的测定　气相色谱法》（GB 11890-89）
（2）《水质　挥发性有机物的测定　顶空/气相色谱—质谱法》（HJ 810-2016）</td></tr>
<tr><td>土壤</td><td>《工业企业土壤环境质量风险评价基准》（HJ/T 25-1999）</td><td>乙苯：
土壤基准迁移至地下水：无基准值；
土壤基准直接接触：543000 mg/kg</td><td colspan="2">《土壤和沉积物挥发性有机物的测定　顶空/气相色谱法》（HJ 741-2015）</td></tr>
</table>

【苯乙烯泄漏事故应急处理方法】列表说明如下。

表 3-44　苯乙烯泄漏事故应急处理方法

处理方法	常用应急材料	灭火方法	应急防护	注意事项
(1) 疏散泄漏污染区人员至安全区，禁止无关人员进入污染区，切断火源。 (2) 小量泄漏：用砂土或水泥粉或煤灰或活性炭或其他惰性材料（如惰性海绵等）吸收；使用无火花工具收集吸收材料。 (3) 大量泄漏：构筑围堤或挖坑收容。用泡沫覆盖，减少蒸发。用防爆泵转移至槽车或专用收集器内。 (4) 运到专用处理场进行无害化处理	(1) 砂土； (2) 水泥粉、煤灰、活性炭或其他惰性材料（如惰性海绵等）； (3) 泡沫或干粉灭火器； (4) 防爆泵； (5) 槽车	灭火应用泡沫、二氧化碳、干粉、砂土等。用水灭火无效	呼吸系统防护：空气中浓度超标时，佩戴过滤式防毒面具；紧急事态抢救或撤离时，佩戴隔离式呼吸器。 眼睛防护：一般不需要特殊防护，高浓度接触时可戴化学安全防护眼镜。 身体防护：穿防毒物渗透工作服	(1) 避免明火，避免与氧化剂、酸类接触。 (2) 事故现场禁止吸烟、进食和饮水。工作毕，淋浴更衣。保持良好的卫生习惯。 (3) 大量泄漏时，下风向的初始疏散距离应至少为 800 m

受苯系物污染的河涌水质表观

三、苯系物污染事故应急处置实例

（一）苯泄漏事故应急处置

【事件回顾】

2011 年 2 月 24 日，一辆隶属泉州化学品公司的储罐车从三钢集团购买 15.2 吨化学品苯返回泉州，18 时 20 分途经大田县石牌高速公路桃山隧道处，发生交通事故，造成储罐阀门破裂，化学品苯约 1.7 吨从储罐中泄漏。事发地点离福建省大田县城关约 16 公里，附近的水体为隧道旁的桃山溪，该溪最终汇入均溪。

【应急控制措施】

情况紧急，为有效避免污染事故的扩散，消防应急小组配戴防毒专业面具深入苯泄漏事故中心区，迅速对罐体泄漏处进行封堵，用消防水对罐体进行喷淋，降低隧道含苯浓度，防止爆炸发生；立即在隧道两侧和离事故点约 1.5 ～ 1.6 公里处分别筑起三道沙土坝（沙土中掺和活性炭），阻止含苯消防水进入附近水体；接着调集活性炭等物质 18 吨吸附桃山隧道内和坝里拦截的含苯水。与此同时，大田县环保人员连夜展开大排查，发现苯泄漏事故地点周边及下游 50 公里内不存在集中式饮用水源地，大田县城生活饮用水取自地下水。为获取可靠而详实的监测数据，监测人员冒着严寒，紧张、认真、细致地在隧道口处第一道坝后下游溪水设置了 6 个监测点位，连夜展开现场监测。24 日 22 时，监测分析数据显示：隧道口大气中苯浓度分别为 5.67 mg/m^3 和 7.56 mg/m^3；至 24 时，隧道口大气中苯浓度已未检出。25 日 13 时，该路段恢复通车。截止 25 日 16 时，第一道坝沟边苯浓度已降至 170 mg/L，其他 6 个监测点苯均未检出。

运输过程中苯泄漏事故

【处理结果】

这次突发事件的应急处置过程中，福建省级环保部门的指导到位，市、县两级环保等部门紧密配合，环境应急指挥及时、措施有力，使环境污染得到有效控制，未出现水体污染等情况，维护了人民群众的生命财产安全。

（二）二甲苯泄漏事故

【事件回顾】

2004 年 1 月 31 日，一辆运载 5 吨二甲苯的罐车由长沙行至桂柳高速公路桂林市永福县城至波寨间下行线 428 km 处发生交通事故，罐车撞出护栏，翻下高速路护坡，罐车内二甲苯发生泄漏，3 吨多二甲苯液体流入连接位于鹿寨县洛清江上游的一条小溪。

【现场调查】

柳州市疾控中心突发公共卫生事件应急处理小组接到报告后迅速赶到现场。调查发现，事故地小溪距洛清江约 100 m，小溪宽约 1 m、深 0.5 m，水量不大。小溪水面上漂浮着大片二甲苯油膜，缓慢流入洛清江，小溪事故地至洛清江口段可见鱼虾、青蛙、鼠类死亡，空气中弥漫着强烈的刺激性气味，经过检测，事故地 1 km 范围内空气中二甲苯浓度为 30～225 mg/m^3。

【应急处理方案】

（1）在小溪与洛清江交汇处用棉胎、稻草拦截继续流往洛清江中的二甲苯。

（2）在事故发生地至洛清江下游 10 km（自来水厂上游）拦河大坝出水口处，用稻草、木糠等对河水中二甲苯进行拦截和吸附，再予以焚烧，将污染减少到最低程度。

（3）派出干部进入沿岸各村通报河水受污染情况，告知群众暂不要到河中取水饮用，通知鹿寨县 3 个水厂于 2 月 1 日、2 日暂停向居民供水。

（4）对河水水质进行动态监测。

【事故处理效果】

（1）二甲苯污染洛清江事件发生后，由于迅速采取拦截、吸附二甲苯等措施，使污染事件得到及时有效的控制。水质监测结果表明，距事故地点 10 km 的里定水电站大坝口事故发生后 10 h、15.5 h、28.5 h、31.5 h、38 h 的水样二甲苯浓度分别为 0.01、0.19、0.02、0.03、0.01 mg/L，鹿寨县水厂取水泵房（距事故地点 3 km）水样二甲苯浓度于事故发生后 31.5 h、33.5 h、38.0 h 分别为 0.030、0.04、0.011 mg/L，低于国家《生活饮用水水质卫生规范》（2012）规定的二甲苯限值（0.05 mg/L）。事故发生 1 周后，在洛清江受污染河段采集 3 份水样均未检出二甲苯。

（2）受污染河段沿岸未发生居民恐慌，未发现水生物死亡，也未发现沿江下游人畜因饮用河水而发生中毒的情况。

（三）某石化厂因火灾爆炸引发苯系物污染事件

【事件回顾】

2011 年 7 月 11 日凌晨 4:10 时，位于广东省惠州市大亚湾石化园区的某石化厂一生产装置着火，虽然到 7:10 着火已得到控制，但为防止装备爆炸，消防水泵继续喷水进行冷却，至 18:00 消防喷水全面停止。消耗消防用水量达 5.87 万立方米，其中 4.8 万立方米进入事故应急池，其余后期的消防废水暂存于厂区内雨水沟中。18:30 第一场暴雨前，有 300 多立方米消防废水残留在雨水沟，暴雨致少量受苯系物污染的消防水随雨水从地面溢流出厂。23:00 第二场暴雨发生，企业来不及将雨水沟内消防水和雨水全部泵入油罐围堰贮存，再次导致雨水沟内部分消防水随雨水溢流出厂，流入岩前河（泄洪道，周边无其他企业和居民），造成岩前河污染，并有少量小鱼死亡，但岩前河入海口围油栏以外附近海域没有受到污染。

【处置情况】

1. 现场处理历程

事发后，该公司立即启动应急响应，应急指挥领导小组第一时间赶赴现场指挥，现场人员及时切断进料，与其他区域进行有效隔离，全部投用，全厂外排系统全部关闭，其他生产单元降量生产，上下游装置均得到有效隔离。广东省环保厅11日8时许接报后，立即派出环境监察人员赶往现场调查处置。环保部对此次事件高度重视，部领导和应急办主任第一时间作出重要指示，12日，应急办领导率工作组赴现场协调、指导应急处置工作。

省、市环保部门到达现场后，联合区环保部门组成环保指挥组，加强对事故废水的监控。9:30时，未发现有废水排入外环境，事故应急池液面离池顶约2.2米，剩余容积1.8万立方米，环保指挥组要求企业紧密关注事故应急池液位状况，并建议废水向南厂区事故应急池转移。11:00时，环保指挥组现场巡查发现应急池水位上升较快，紧急向指挥中心报告，建议企业准备输送泵及海上事故防范措施，并建议管委会启动海事与海洋应急预案，要求企业在岩前河入海口布控多道围油栏及配备足够量的吸油毡。12:30时左右企业启动应急输送泵，将雨水沟消防废水泵入附近围堰，减缓事故应急池的容纳压力。但由于企业启动的应急输送泵能力有限，转移废水能力远远小于消防废水的产生量，事故应急池液面仍持续上涨，可能导致事故废水从雨水外排阀门外溢。为此，环保指挥组马上联系石化园区企业提供防爆泵，并在惠州市范围内联系购买防爆泵，以增强输送废水能力，确保输送到围堰的废水大于消防来水，保持事故应急池及雨水沟水位稳定，水位上升得到控制，并逐步下降。

11日18:30时，当地出现第一场暴雨，厂区内大量雨水汇集雨水系统，雨水沟水位继续上升，事故应急池基本蓄满。尽管加大从雨水沟向原油储罐围堰的泵入力度，但仍有少量经雨水稀释的消防废水经雨水沟排出。环保指挥组立即调动输送泵，继续加强泵输能力，事故应急池液位得到有效控制。

11日23:00时，出现第二场暴雨，历时30～40分钟，降雨量达40毫米，厂区雨量预计为6.8万立方米，雨水连同雨水沟内消防水通过雨水沟上部外溢出厂，但事故应急池污水和围堰内消防废水基本未外排。由于企业在厂区采用吸油毡、活性炭等除油材料对浮油等进行处理，并在岩前河入海口预设了两道围油栏进行防护，区环保局组织专业救援队伍对围油栏油污进行清理，减轻了对近岸海域的影响。

12日，针对雨水监控池总排放口及周边水体有不同程度的超标现象，区环保局发函督促企业尽快处理事故废水，要求企业将事故应急池、围堰及雨水沟等所有废水尽快处理达标排放。12日23:30时，企业调集了5台消防车、11台槽罐车将雨水沟污水转移石化区污水处理厂处理。

12日下午，环保部工作组抵达事发现场后，经现场勘查，对下一步工作提出了指示：一是迅速切断污染源，厂方采取一切措施将厂区内现存的全部泄漏的物料、消防水和雨水在3天之内做到安全处置，防止第三次泄漏至外环境；二是不能对海洋造成污染，当地政府应该对岩前河河道内的污水处置工作负责，采取一切措施减低污染物浓度，不能对海洋造成污染；三是及时发布信息，当地政府及时发布因暴雨导致泄漏行为演变为排污行为造成环境污染的信息，并高度重视岩前河河道内出现的死鱼，立即请海洋渔业部门对死鱼进行检测，正确引导舆论，维护社会稳定；四是全面排查，企业应进一步自查，消除隐患，彻底查清事件原因，避免此类事件再次发生；五是事后评估，地方政府应对此事件进行全面评估，评估其对环境造成的影响。

在工作组的指导下，企业12日连夜采取以下措施对存放的消防水和雨水进行处理：一是对厂区事故应急池中存放的消防废水和雨水，组织槽罐车转运至大亚湾清源污水处理厂（大亚湾石化区污水处理厂），同时用水泵向企业污水处理厂转输（该污水处理厂位于南厂区，满负荷处理能力每小时600立方米）；二是对事故核心区内雨水沟采取上下游截断的措施，将污染最重的150米雨水沟内约800立方米污水，采用吸油毡清除表面油污，废油毡委托危废处理单位妥善处理，污水用罐车运送至污水厂处理，已经运送约520立方米；三是对1、2号防火围堰内存放的约1.3万立方米消防水和雨水（从雨水沟中抽出的后期消防水和雨水，其污染浓度比事故应急池浓度低），通过吸油毡进行收油处理，同时与3、4号防火围堰底部打通，降低1、2号围堰溢出风险；四是做好事故应急池围堰和厂界防泄漏扩散工作，对事故应急池围堰利用沙袋堆垒加高，同时利用沙袋对厂界（钢丝网）进行堆垒，防止再次降雨对外环境造成污染。此外，7月13日地方政府还组织人员在做好围油栏拦截的基础上，又在岩前河河道中第二道、第三道围油栏中间修筑了活性碳吸附坝并使用聚丙烯酰胺沉淀，对流入河道中的有害物质进行处理。

根据事态发展，广东省环境监测中心进一步完善了应急监测方案，要求市、区环境监测站对岩前河上游、下游及雨水监控池、围堰、雨水沟、雨水监控池总排口等点位进行滚动监测，全面监控水质变化情况。区环保局制定了事故处置后续监管方案，环境监察人员对事故现场进行24小时值守监控。至15日晚上，围堰南污水进入雨水监控池，围堰北雨水监控池闸门前水质监测达标，达标雨水经雨水监控池总排口排放。至18日下午芳烃罐区围堰周边污水已全部排入雨水监控池，随即启动消防水车对事故周边雨水沟进行清洗并将清洗水一并排入事故应急池，全厂雨水系统投入正常运行。同时，事故应急池内废水以400 t/h的速度进入企业污水处理场处理。至8月11日，事故应急池内所有事故废水全部处置完毕，并对北厂区事故应急池进行了人工清理。

2. *应急监测历程*

应急监测响应迅速。7月11日6:00时左右，区环保部门到达现场时，发现火灾现场黑烟滚滚，烟带较长、较高，经了解，燃烧产生的烟雾，主要成分为二氧化碳。6:10时，根据风向和污染物特征，制定应急监测方案，在厂界布设6个监测点，立即开展非甲烷总烃监测，同时派专人对石化区及管委会的大气监测站数据进行监控、分析，实时掌握大气污染动态。7:50时，市监测站到达现场后，根据风向变化完善了应急监测方案，针对当时气象条件及人群敏感点的分布，在厂界上、下风向、南边灶、金门塘、惠阳彩虹城、

惠阳海关、管委会、石化区等地布设8个监测点位，开展一氧化碳、苯系物、非甲烷总烃及可吸入颗粒物监测。12:40时，市监测站组织进一步优化监测方案，增设了风田水库和柏岗两个大气监测点位。

广东省环境保护厅领导检查应急样品分析工作

11日20:00时，区监测站对岩前河入海口、岩前河水坝上及企业（北厂区）雨水池总排口监测表明，雨水监控池和岩前河水质超过广东省《水污染物排放限值》（DB 44/26－2001）第二时段一级标准，雨水监控池苯浓度为0.435 mg/L，超标3.35倍；甲苯浓度为3.52 mg/L，超标34.2倍；间二甲苯和对二甲苯浓度均为1.54 mg/L，超标2.85倍；石油类浓度为23.95 mg/L，超标3.79倍；化学需氧量浓度为188 mg/L，超标2.13倍；挥发酚浓度为1.43 mg/L，超标3.77倍；岩前河入海口水质达到《地表水环境质量标准》（GB 3838－2002）V类水质标准。

16～18日，市区两级监测站按照应急监测方案，加大监测频次，对雨水监控池总排口，岩前河上、下游实施监测，连续3天监测结果全部达标，雨水监控池总排口及岩前河水质已恢复正常浓度水平。18日晚，应急监测终止。

【经验启示】

本次事故导致了部分消防废水进入外环境中，主要原因是：

（1）企业应急准备不足。事发前，企业未能采取有效措施尽可能减少事故应急池已储存的1万立方米水量，导致应急池有效容积利用不充分。企业水泵储备不足，事故处理期间不能及时调集足够的水泵，无法满足从北厂区事故应急池和围堰向南厂区事故应急池、污水处理厂快速传输的需要。此外，消防喷水降为持续时间长达14小时，消防水达到5.87万立方米，超过设计最大事故用水和初期雨水总量以及事故应急池的容量极限。

（2）对强降雨影响估计不足。11日中午，广东省环保厅现场人员从气象部门了解到当天将有强降雨，及时通知了企业，要求做好应急准备。15时，当地三防办通过短信发布强降雨预报，地方政府现场指挥部以及省、市、区环保部门再次要求企业做好防范准备。企业虽采取了一定的防范措施，但因对消防废水的产生量和事故应急池的贮存能力、降雨强度等因素引发的环境风险估计不足，未做好充分的应对准备工作。短时间内两场降雨，雨量大，且企业厂区集雨面积大，雨水沟地势低，导致大量雨水和消防水漫过雨水沟，通过厂区地面溢流出厂。

（3）企业和石化园区环境应急预警能力欠缺。企业在接到强降雨天气预报后，没有预计到强降雨会造成地面溢流。强降雨发生后，企业没有采取在厂界内和雨水沟周围设置围堰的措施。另外，石化区应急预案不够完善，相关企业应急设施没有综合利用和资源共享，防止意外排海污染的相关控制措施不完备、应急物资储备不足。

通过此次事故，得出的经验启示是：

一是企业应做好环境风险防范工作。各类存在环境风险隐患的企业，尤其是石化企业应当经常性开展环境风险隐患排查，采取有效的环境风险防控措施，储备充足的环境应急物资，完善应急池等应急收集设施。按照《化工建设项目环境保护设计规范》的要求设计事故应急池，既要考虑容纳装置或储罐泄漏的物料，也要考虑消防废水和初期雨水，保证在污染治理设施不能正常运转或由生产安全事故及自然灾害等导致泄漏行为时，保障污染物和泄漏物质的集中收集，防止排向外环境。按照《石油化工企业环境应急预案指南》《突发环境事件应急预案管理暂行办法》等要求，完善企业环境应急预案，增强预案的科学性、针对性和可操作性，并实现预案的动态管理。

二是严防生产安全事故转化为环境污染事件。生产安全事故发生后，快速准确阻断泄漏物进入外环境是事态处置的关键。此次事故中，现场指挥部及企业贯彻了“防止泄漏物进入外环境”这一要求，采取了综合而有序的措施，分轻重缓急对污染源附近的雨水沟内高浓度消防废水和雨水现行处置，同时分别降低事故应急池、雨水沟、围堰水位，此外还对厂界进行补缺加高，有效降低了降雨造成泄漏物进入外环境的风险。

三是石化园区企业之间应加强联动。石化园区内应加强与周边企业的沟通，建立联动互助机制。一旦发生突发事件，可以临时使用相邻企业的事故应急池，调用应急物资，迅速控制事态扩大。

四是石化园区应加强环境应急管理工作。在推动企业做好环境风险防范工作的基础上，石化园区管理部门也要进一步加强园区环境应急管理工作，完善区域应急预案，协调区内相关企业的应急设施实现综合利用、资源共享，完善环境风险防控设施，储备相关应急物资。

第四节　酚类化合物特征及应急处置

一、概况

酚类化合物是指芳香烃中苯环上的氢原子被羟基取代所生成的化合物，依其分子所含的羟基数目可分为一元酚和多元酚，依其挥发性分为挥发性酚和不挥发性酚。挥发酚通常是指沸点在230 ℃以下的酚类，通常是一元酚。

自然界中存在的酚类化合物大部分是植物生命活动的结果，植物体内所含的酚称内源性酚，其余称外源性酚。酚类化合物都具有特殊的芳香气味，均呈弱酸性，在环境中易被氧化，其毒性以苯酚为最大。通常含酚废水中以苯酚和甲酚的含量最高。目前，环境监测常以苯酚和甲酚等挥发性酚作为污染衡量指标。环境中的酚污染主要指酚类化合物对水体的污染，酚类主要来自炼油、煤气洗涤、炼焦、造纸、合成氨、木材防腐和化工等废水，这些废水若不经过处理，直接排放、灌溉农田则可污染大气、水、土壤和食品。

工业生产排放含酚废水污染河涌

二、危害

酚类为原生质毒，属高毒物质。酚与细胞原浆中的蛋白质发生化学反应，低浓度时使细胞变性，高浓度时使蛋白质凝固。人体摄入一定量时，可出现急性中毒症状；长期饮用被酚污染的水，易慢性中毒，表现为头晕、头痛、出疹、瘙痒、食欲不振、呕吐腹泻、贫血及各种神经系统症状。水中含低浓度（0.1～0.2 mg/L）酚类时可使在其中生活的鱼的鱼肉有异味，高浓度（ >5 mg/L）时则造成鱼中毒死亡。含酚浓度高的废水不宜用于农田灌溉，否则，会使农作物枯死或减产。

酚类化合物污染水源，会与水中余氯作用生成令人厌恶的氯酚类物质，使自来水有特殊的臭味，其嗅觉阈值浓度为0.01 mg/L。

三、酚类环境质量标准、排放标准及监测方法

列表说明如下。

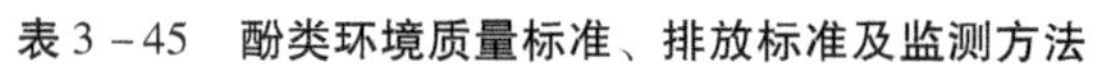

表 3-45　酚类环境质量标准、排放标准及监测方法

类别	依据标准	限　值	监测方法	备注
环境空气	《居住区大气中酚卫生标准》（GB 18067-2000）	居住区大气中酚的日平均最高容许浓度规定为 0.015 mg/m^3，一次最高容许浓度为 0.045 mg/m^3	1. 《空气和废气监测分析方法》国家环境保护总局（第四版） （1）4-氨基安替比林分光光度法（B） （2）气相色谱法（B） 2. 《环境空气酚类化合物的测定　高效液相色谱法》（HJ 638-2012）	酚类
废气污染源	《大气污染物综合排放标准》（GB 16297-1996）	（1）无组织排放周界外浓度最高点：0.08 mg/m^3 （2）排气筒高度 15 米，最高允许排放速率：二级 0.10 kg/h，三级 0.15 kg/h	固定污染源排气中酚类化合物的测定 4-氨基安替比林分光光度法（HJ/T 32-1999）	酚类
废水污染源	广东省地方标准《水污染物排放限值》（DB 44/26-2001）	一级：0.3 mg/L；二级：0.5 mg/L；三级：2.0 mg/L	（1）《水质　挥发酚的测定——4-氨基安替比林分光光度法》（HJ 503-2009） （2）《水质　挥发酚的测定　流动注射-4-氨基安替比林分光光度法》（HJ 825-2017） （2）《水质　酚类化合物的测定　气相色谱—质谱法》（HJ 744-2015）	挥发性酚、酚类
	《污水综合排放标准》（GB 8978-1996）	一级：0.5 mg/L；二级：0.5 mg/L；三级：2.0 mg/L		
地表水	《地表水环境质量标准》（GB 3838-2002）	Ⅰ类：0.002 mg/L Ⅱ类：0.002 mg/L Ⅲ类：0.005 mg/L Ⅳ类：0.01 mg/L Ⅴ类：0.1 mg/L		
固废	《危险废物鉴别标准 浸出毒性鉴别》（GB 5085.3-2007）	浸出液中危害成分浓度限值： 苯酚：3 mg/L 2，4-二氯苯酚：6 mg/L 2，4，6-三氯苯酚：6 mg/L	（1）《危险废物鉴别标准　浸出毒性鉴别》（GB 5085.3-2007） 附录 K：固体废物　非挥发性化合物的测定　高效液相色谱法/热喷雾/质谱或紫外法 （2）《固体废物　酚类化合物的测定　气相色谱法》（HJ 711-2014）	酚类
土壤	《工业企业土壤环境质量风险评价基准》（HJ/T 25-1999）	土壤基准迁移至地下水：176 mg/kg（2，6-二甲酚）	（1）气相色谱/质谱法 美国 EPA 方法　3540C-1996（前处理） 美国 EPA 方法 8270D-2007（分析） （2）《土壤和沉积物　酚类化合物的测定　气相色谱法》（HJ 703-2014）	酚类
现场应急监测方法			1. 快速检测管法； 2. 便携式气相色谱法《突发性环境污染事故应急监测与处理处置技术》	

四、酚类主要化合物

（一）苯酚（C_6H_5OH）

【特征特性】

苯酚俗名石炭酸，熔点43 ℃，沸点182 ℃，燃点79 ℃。无色结晶或结晶熔块，具有特殊气味（与浆糊的味道相似），置露空气中或日光下被氧化逐渐变成粉红色至红色，在潮湿空气中吸湿后由结晶变成液体。其酸性极弱（弱于碳酸），常温下微溶于水，当温度高于65 ℃时能跟水以任意比例互溶，冷却后恢复悬浊液状态；能溶于苯及碱性溶液，易溶于乙醇、乙醚、氯仿、甘油、丙三醇、二硫化碳、凡士林、碱金属氢氧化物水溶液等溶剂中，难溶于石油醚。

【危险特性】

苯酚对人有毒，腐蚀性极强，可经呼吸道、皮肤和消化道吸收。低浓度酚能使蛋白变性，高浓度能使蛋白沉淀，对皮肤、粘膜有强烈的腐蚀作用，也可抑制中枢神经系统或损害肝、肾功能。水溶液比纯酚更易经皮肤吸收。吸入的酚大部分滞留在肺内，停止接触很快排出体外，大部分以原形或与硫酸、葡萄糖醛酸或其他酸结合随尿排出，一部分经氧化变为邻苯二酚和对苯二酚随尿排出，使尿呈棕黑色（酚尿）。遇明火、高热或与氧化剂接触有引起燃烧爆炸的危险，燃烧（分解）产物为一氧化碳、二氧化碳。

【用途】

苯酚是重要的有机化工原料，其下游产品涉及众多领域，在工业上的用途广泛，主要用于生产或制造炸药、肥料、焦炭、照明气、灯黑、涂料、除涂剂、橡胶、石棉品、木材防腐剂、合成树脂、纺织物、药品、药物制剂、香水、酚醛塑料和其他塑料，以及聚合物的中间体；也可在石油、制革、造纸、肥皂、玩具、墨水、农药、香料、染料等行业中使用。在医药上用作消毒剂、杀虫剂、止痒剂等。在实验室中用作溶剂、试剂。

【泄漏应急处理】

隔离泄漏污染区，限制出入，切断火源；应急处理人员戴自给式呼吸器，穿防毒服。小量泄漏：用石灰、苏打灰覆盖。大量泄漏：收集回收或运至废物处理场所处置。

水体被污染的情况主要有：水体沿岸上游污染源的事故排放；陆地事故（如交通运输过程中的翻车事故）发生后经土壤流入水体，也有槽罐直接翻入路边水体的情况。可按以下方法处理：

（1）查明水体沿岸排放废水的污染源，阻止其继续向水体排污。

（2）如果是液体苯酚的槽车发生交通事故，应设法堵住裂缝，或迅速筑一道土堤拦住液流；如果是在平地，应围绕泄漏地区筑隔离堤；如果泄漏发生在斜坡上，则可沿污染物流动路线，在斜坡的下方筑拦液堤。

（3）在拦液堤或拦液坑内收集到的液体须尽快移到安全密封的容器内，操作时采取必要的安全保护措施。

（4）已进入水体中的液体或固体苯酚处理较困难，通常采用适当措施将被污染水体与其他水体隔离，如可在较小的河流上筑坝将其拦住，将被污染的水抽排到其他水体或污水处理厂。

土壤污染的主要情况有：各种高浓度废水（包括液体苯酚）直接污染土壤，固体苯酚由于事故倾洒在土壤中。可按以下方法处理：

（1）固体苯酚污染土壤的处理方法较为简单，使用简单工具将其收集至容器中，视情况决定是否要将表层土剥离作焚烧处理。

酚泄漏污染河涌应急处置状况

（2）液体苯酚污染土壤时，应迅速设法制止其流动，包括筑堤、挖坑等措施，以防止污染面扩大或进一步污染水体。

（3）使用机械清除被污染土壤并在安全区进行处置，如焚烧。

（4）如环境不允许大量挖掘和清除土壤时，可使用物理、化学和生物方法消除污染。地下水位高的地方采用注水法使水位上升，收集从地表溢出的水；让土壤保持暂时闲置或通过翻耕以促进苯酚蒸发的自然降解法等。

土壤苯酚污染治理的研究比较薄弱，尤其是对突发性事件的应急处置技术。福建浦城苯酚泄漏突发事件中曾采用的焚烧应急处置净化效率达99%以上。对于突发的可能造成地表水和地下水污染的土壤处理，可采用固定/稳定化技术，安全填埋或封存，也可采取焚烧的方法应急处置高含量苯酚的土壤，但焚烧场地应远离居民区等敏感目标并避免产生二次污染。

【防护措施】

呼吸系统防护：可能接触其粉尘时，佩戴自吸过滤式防尘口罩；紧急事态抢救或撤离时，佩戴自给式呼吸器。

眼睛防护：戴化学安全防护眼镜。

身体防护：穿透气型防毒服。

手防护：戴防化学品手套。

其他：工作现场禁止吸烟、进食和饮水；工作毕，淋浴更衣；单独存放被毒污染的衣服，洗后备用；保持良好的卫生习惯。

【急救措施】

皮肤接触：皮肤污染后立即脱去污染的衣着，用大量流动清水冲洗至少 20 分钟；面积小可先用 50% 酒精擦拭创面或用甘油、聚乙二醇或聚乙二醇和酒精混合液（7:3）抹皮肤后立即用大量流动清水冲洗，再用饱和硫酸钠溶液湿敷。

眼睛接触：用生理盐水、冷开水或清水至少冲洗 10 分钟，对症处理。

吸入：立即脱离现场至新鲜空气处，保持呼吸道顺畅，如呼吸困难，输氧；如呼吸停止，立即进行人工呼吸，就医。

食入：口服植物油 15 ～ 30 mL，催吐后微温水洗胃至呕吐物无酚气味为止，再服用硫酸钠 15 ～ 30 mg。

【灭火方法】

使用水、二氧化碳、干粉、泡沫灭火器灭火。消防人员须穿戴防毒面具和防护服。

（二）间甲酚

【特征特性】

外观为无色透明液体有特殊气味，分子量 108.13，熔点 10.9 ℃，沸点 202.8 ℃，密度 1.03（相对水）；微溶于水，可溶于乙醇、乙醚、氢氧化钠溶液。

【危害】

间甲酚对人体组织的腐蚀性很强，如不迅速完全除去，会引起灼伤。皮肤接触时可能当时没有任何感觉，但在几分钟之后会发生强烈刺痛和灼痛，继之感觉丧失，受影响的皮肤出现皱纹、变白、软化，随后可能发生坏疽。此化学品如接触眼，能引起角膜损伤，并影响视力；皮肤反复或长时间暴露于低浓度间甲酚中，能引起皮疹，并可能引起皮肤变色；如通过呼吸道吸入，经皮肤吸收或吞服，可能引起全身性中毒，在 20 ～ 30 分钟内就可能出现征候和症状，患者无力、头痛、景晕、视力减弱、耳鸣，并有呼吸加快精神错乱或神志丧失，严重时会导致死亡。低浓度间甲酚通过上述途径能引起慢性中毒，其中毒的症状和征候包括恶心、呕吐、吞咽困难、流涎、腹泻、食欲减退、头痛、昏厥、眩晕、精神紊乱以及皮疹，如肝和肾严重损害则可能引起死亡。

【危险特性】

本品可燃，高毒，具腐蚀性、强刺激性，可致人体灼伤。

【用途】

间甲酚可用作消毒剂，矿物浮集剂，有机合成、染料、塑料和抗氧剂的中间体；可用于合成树脂、炸药、防腐剂、薰蒸剂；还可用于纺织、制药、墨水制造及生产电影胶片用的重要原料。间甲酚也是高效低毒农药如速灭威等的原料，是制造香料、树脂的原料。以上生产或使用间甲酚的行业在生产和贮运过程中，在发生意外的情况下均有可能对环境造成污染，对生态和人类造成危害。

【泄漏应急处理】

迅速撤离泄漏污染区人员至安全区，并严格限制出入，切断火源。建议应急处理人

员戴自给正压式呼吸器，穿防毒服，不要直接接触泄漏物。尽可能切断泄漏源，防止进入下水道、排洪沟等限制性空间。

小量泄漏：用砂土、干燥石灰或苏打灰混合。

大量泄漏：构筑围堤或挖坑收容；用泡沫覆盖；降低蒸气灾害。用泵转移至槽车或专用收集器内，回收或运至废物处理场所处置。

【防护措施】

与苯酚相同。

【急救措施】

与苯酚相同。

【灭火方法】

与苯酚相同。

（三）五氯酚

【特征特性】

五氯酚是白色粉末或晶体，相对密度 1.978（22 ℃）；熔点 190 ℃，沸点 310 ℃（分解）。本品几乎不溶于水，溶于稀碱液、乙醇、丙酮、乙醚、苯、卡必醇、溶纤剂等，微溶于烃类。本品与氢氧化钠生成白色结晶状五氯酚钠，或薄片或结晶状，有特臭，溶于水时生成有腐蚀性的盐酸气；其工业品为灰黑色粉末或片状固体，熔点 187 ～ 189 ℃，不溶于水，溶于大多数有机溶剂，在光照下迅速分解，脱出氯化氢，颜色变深，常温下不易挥发。

【危害】

五氯酚经呼吸、皮肤接触或误食导致人员严重伤害或死亡。吸入五氯酚不论是动物或人类其共同中毒症状是支气管炎。皮肤应避免接触，接触溶解的五氯酚可能会导致严重烧伤，眼睛接触五氯酚会导致失明。

【危险特性】

五氯酚一般不会燃烧，但长时间暴露在明火下可燃烧。受高热分解产生有毒的腐蚀性气体。燃烧（分解）产物为一氧化碳、二氧化碳、氯化氢。五氯酚在通常条件下不被氧化，也难于水解，但容易光解和被生物降解。在土壤悬浮溶液中，五氯酚在 47 天内 100% 发生环的分裂，放出二氧化碳。五氯酚有蓄积作用，它在生物中富集浓度远远超过它在水中的浓度。在高有机质含量的酸性土壤或沉积物上具有很高的吸附性。五氯酚挥发性低，难以通过空气迁移。在碱性介质和高温条件下，五氯酚会生成八氯二苯并对二噁英，它对动物的毒性虽不高，但相当稳定。

【用途】

五氯酚作为一种高效、价廉的广谱杀虫剂、防腐剂、除草剂，曾长期在世界范围内使用。我国从 20 世纪 60 年代早期开始，曾在血吸虫病流行区大量使用，用于杀灭血吸虫的中间宿主钉螺。目前，五氯酚主要用作木材防腐剂。

【泄漏应急处理】

隔离泄漏污染区，周围设警告标志，建议应急处理人员戴自给式呼吸器、穿化学防护服；避免扬尘，小心扫起，置于袋中转移至安全场所。

【防护措施】

呼吸系统防护：空气中浓度超标时，佩戴防毒面具。

眼睛防护：可采用安全面罩。

防护服：穿相应的防护服。

手防护：戴防化学品手套。

其他：工作现场禁止吸烟、进食和饮水；工作后，彻底清洗；单独存放被毒物污染的衣服，洗后再用；注意个人清洁卫生。

【急救措施】

皮肤接触：立即脱去污染的衣着，用肥皂水及清水彻底冲洗皮肤、头发、指甲等，就医。

眼睛接触：立即提起眼睑，用流动清水冲洗 10 分钟或用 2% 碳酸氢钠溶液冲洗，就医。

吸入：迅速脱离现场至空气新鲜处，采取适宜的降温措施，呼吸困难时给输氧，呼吸停止时立即进行人工呼吸，就医。

食入：误服者给饮大量温水，催吐，用清水或 2% 碳酸氢钠溶液反复洗胃。就医。

【灭火方法】

可用水、砂土或泡沫灭火器进行灭火，灭火时应注意防止人体中毒。

（四）2，4－二硝基苯酚

【特征特性】

2，4－二硝基苯酚是淡黄色固体，不溶于冷水、乙醇、乙醚、丙酮、苯、氯仿。

【危害】

侵入途径：吸入、食入、经皮肤吸收。

健康危害：本品直接作用于能量代谢过程，可使细胞氧化过程增强、磷酰化过程抑制。

急性中毒：表现为皮肤潮红、口渴、大汗、烦躁不安、全身无力、胸闷、心率和呼吸加快、体温升高、抽搐、肌肉强直，以致昏迷，最后可因血压下降、肺及脑水肿而死亡。成人口服致死量约 1 g。

慢性中毒：有肝、肾损害，白内障及周围神经炎；可使皮肤黄染，引起湿疹增皮炎，偶见剥脱性皮炎。

【危险特性】

燃烧（分解）产物为一氧化碳、二氧化碳、氧化氮。本品遇火种、高温、摩擦、震动或接触碱性物质、氧化剂均易引起爆炸。本品与重金属粉末能起化学反应生成金属盐，增加敏感度；粉尘在流动和搅拌时会有静电积累。属爆炸品。

【用途（来源）】

本品用于有机合成、染料、炸药等。

【应急处置方法】

（1）泄漏应急处理：隔离泄漏污染区，限制出入，切断火源，建议应急处理人员戴防尘面具（全面罩）、穿防毒服，不要直接接触泄漏物。小量泄漏：避免扬尘，用洁净的铲子收集于干燥、洁净、有盖的容器中；也可以用大量水冲洗，洗水稀释后放入废水系统。大量泄漏：用水润湿，然后收集回收或运至废物处理场所处置。

（2）防护措施：操作时应穿紧袖工作服，长筒胶鞋，戴安全防护眼镜及橡胶手套，可能接触其粉尘时必须佩戴自吸过滤式防尘口罩。

（3）急救措施：

皮肤接触：立即脱去被污染的衣着，用大量流动清水冲洗，就医。

眼睛接触：提起眼睑，用流动清水或生理盐水冲洗，就医。

吸入：迅速脱离现场至空气新鲜处，保持呼吸道通畅。如呼吸困难，给输氧；如呼吸停止，立即进行人工呼吸，就医。

食入：饮足量温水，催吐，就医。

皮肤接触：立即脱去污染的衣着，用肥皂水和大量流动清水彻底冲洗污染的皮肤。就医。

（4）灭火方法：遇大火，消防人员须在有防护掩蔽处操作，可用雾状水、泡沫、二氧化碳灭火，禁止用砂土压盖。

（五）二硝基重氮酚（重氮二硝基苯酚）

【特征特性】

本品为黄色结晶，在阳光下颜色迅速变深，熔点158 ℃；微溶于水，溶于热乙醇和多数有机溶剂；相对密度（水=1）1.63，相对密度（空气=1）7.3。

【危害】

侵入途径：吸入、食入。

健康危害：未见毒理学资料。同时接触环三次甲基三硝基胺（黑索金）粉尘的工人，对消化系统和造血系统造成影响；皮肤接触可发生皮炎。

【危险特性】

干燥时，即使数量很少，若接触火焰、火花或受到震动、撞击、摩擦亦会引起分解爆炸。但其撞击感度和摩擦感度低于雷汞、叠氮化铅，火焰感度与雷汞相似。燃烧（分解）产物：一氧化碳、二氧化碳、氮氧化物。

【应急处理处置方法】

（1）泄漏应急处理：隔离泄漏污染区，限制出入，切断火源，建议应急处理人员戴自给式呼吸器、穿消防防护服，不要直接接触泄漏物，避免震动、撞击和摩擦。小量泄漏：使用无火花工具收入塑料桶内，运至空旷处引爆。大量泄漏：用水润湿，然后收集回收或运至废物处理场所处置。

（2）防护措施：

呼吸系统防护：可能接触其粉尘时，必须佩戴自吸过滤式防尘口罩。

眼睛防护：戴化学安全防护眼镜。

身体防护：穿紧袖工作服，长筒胶鞋。

手防护：戴橡胶手套。

其他：尽可能减少直接接触。工作毕，淋浴更衣。工作服不准带至非作业场所。保持良好的卫生习惯。

（3）急救措施：

皮肤接触：脱去被污染的衣着，用肥皂水和清水彻底冲洗皮肤。

眼睛接触：提起眼睑，用流动清水或生理盐水冲洗。

吸入：迅速脱离现场至空气新鲜处，保持呼吸道通畅，如呼吸困难，给输氧；如呼吸停止，立即进行人工呼吸，就医。

食入：误服者用水漱口，给饮牛奶或蛋清。就医。

（4）灭火方法：遇大火，消防人员须在有防护掩蔽处操作。灭火剂用水，禁止用砂土压盖。

五、酚类污染应急处置案例

（一）苯酚槽车翻车泄漏事故

【事件回顾】

2005 年 3 月 13 日上午 9 时，浙江省桐庐县境内瑶琳镇高翔空心坞自然村发生一起苯酚槽车翻车事故，车内苯酚泄漏入路旁水沟，苯酚泄漏点距桐庐县瑶琳镇高翔空心坞自然村约 100 m。现场可闻到一股强烈的酚嗅味，溪水中漂浮有大量死鱼虾。上午 9 时翻车后，车主立即关闭了槽车盖子，但仍有 500 kg 左右苯酚泄漏水沟后流入琴溪，再流入分水江、富春江。泄漏点下游沿溪 1000 m 内有 3 个自然村。高翔空心坞村和石青村的生活饮用水以山泉水为主，井水、溪水仅供日常洗刷用，两村沿溪共有 7 口水井，水源均取自琴溪；元川村部分沿江住户生活饮用水均为井水，有 20 口水井，均是一户一井，水源取自分水江。

【应急控制措施】

（1）相关人员赶赴现场，对泄漏点进行交通管制，限制人员出入。

（2）防止污染源扩散：检查槽车防止继续泄漏；在泄漏点筑土堤拦住液流，将堤内苯酚用次氯酸钙（漂白粉）氧化后，连同污泥装入塑料桶内密封，由杭州大地维康公司集中处理；对已进入水体的苯酚，在江边筑堤截留，打捞水中结晶的苯酚；将饮用水井与污染水源隔离。

（3）做好个人防护：苯酚属高毒类化学物，对皮肤、呼吸道有刺激毒性，要求应急处理人员，特别是打捞苯酚结晶人员佩带防护口罩、眼镜、衣服、手套，做好个人防护。

（4）及时宣传，消除了群众对该事件的恐慌：用农村广播、县电视台、公告、流动宣传车等形式广泛宣传，告知群众不得在溪中洗涤，不得食用捞获的死鱼，并挨家挨户通知沿途 27 户使用井水的住户立即停用井水。

（5）水质应急监测：由当地环保局监测站开展水质应急动态监测。分别在泄漏点上游100 m设立对照点，下游100 m（空心坞村）、500 m（石青村）、1000 m（元川村）、5000 m（瑶母桥）、10000 m（横村桥）、50000 m（窄溪段）设立7个监测点，事故前期每2小时采样一次，监测项目为挥发酚，及时上报监测结果。

【处理结果】

此次翻车事故造成了较大范围的水体污染，水源水最高检出挥发酚浓度为243.1 mg/L，超标48620倍，井水中最高检出挥发酚浓度11.741 mg/L，超标2348倍。由于及时采取了在泄漏点筑土堤拦液流，将污染物装入塑料桶内密封由专业回收公司集中处理、对已进入水体的苯酚在江边筑堤截留、将饮用井群与污染水源隔离等措施，有效地控制污染物继续扩散。污染事件发生后，政府部门行动迅速、积极应对，以各种形式对事件的危害和处理进行公告，特别是对饮用水的保护和及时公布水质检测结果，消除了群众对该事件的恐慌，维护了社会安定。因事件处理迅速及时，未造成人畜中毒事件发生。

（二）广东某陶瓷厂酚水泄漏事故应急处置

【事故起因】

2013年1月16日下午4时30分许，某陶瓷厂内液封罐爆裂，造成液封罐内400吨的含酚废水泄漏，流入内河涌，现场能闻到一股强烈的酚嗅味，引起河涌周边的村民恐慌。

某陶瓷厂酚水泄漏现场状况

含酚污水由酚类、氰化物、焦油、悬浮物、硫化物、氨氮等有害物质组成。其中酚类以一元酚为主，以苯酚含量最高，还有间对甲苯酚。含酚水主要来源于煤气净化过程中的间接冷却器的冷凝水和水封用水，属于一种毒性污染物。含酚废水可通过与人体皮肤、黏膜接触发生化学反应，形成不溶性蛋白质，使细胞失去活力，浓度高的酚溶液还会使蛋白质凝固，引起深部组织损伤、坏死，直至全身中毒。此外，含酚废水泄漏进入附近水体将引起严重污染，对水体、鱼类及农作物均有严重危害。

某陶瓷厂酚水泄漏污染河涌

【应急控制措施】

1. 企业自救报警

泄漏发生后，企业开展了初步的自救，在厂区内用泥土堵住含酚废水流防止其向内河涌流走，同时将情况向镇领导、区环保局报告。

2. 区环保局启动污染事故应急预案

区、镇、局及相关专家技术人员迅速到达现场，并成立以镇领导为组长的污染事故处置指挥部，根据水务部门提供的河涌网图及当前内河涌污染状况，指挥部经会商，拟采用“围、追、堵、截”的方法，迅速调配人员，在污染事故点上游 60 m、下游 50 m 及 1000 m 处用泥土（活性炭）截断河涌，成功将含酚废水控制在一定的区域内，并及时启动了区环保局污染事故应急预案。

监测人员在事故现场河涌下游采集水样

事故现场监测人员对样品进行快速分析

3. 应急监测

区环保监测部门第一时间到达现场开展水质应急动态监测。分别在泄漏点上游 60 m 设立对照点，事故点及下游 40 m、100 m、300 m、1000 m、1500 m 设立 7 个监测点，事故前期每小时监测 1 次，中后期 2 ～ 3 小时监测 1 次，恢复期 7 天监测一次。前期主要采用现场快速测定方式进行，中后期及恢复期采用实验室标准方法测定，监测主要项目为挥发酚。监测结果及时上报。

4. 截流的含酚废水处理

(1) 处理方法选择：由于事故污染的河涌范围相对比较大，且要求快速、有效地把酚水处理到无害化，最大程度降低污染的程度，因此在现场实验的基础上，采用化学氧化法处理酚废水。化学氧化法是废水中呈溶解状态的酚类物质在加温加压条件下，通过化学反应被氧化成微毒或无毒的物质，或者转化为容易与水分离的形态，从而达到去除的目的。化学氧化法脱酚，采用的氧化剂包括空气、高锰酸钾、氯、二氧化氯、

酚类事故现场处置物资——工业过氧化氢（双氧水）

次氯酸钠、臭氧和过氧化氢等。本次选用过氧化氢（双氧水）作为氧化剂，属于深度氧化技术中的芬顿（Fenton）氧化法。

芬顿（Fenton）氧化法是用芬顿试剂进行化学氧化的废水处理方法。其试剂是由 H_2O_2 和 Fe^{2+} 混合而成的一种氧化能力很强的氧化剂。其氧化机理主要是在酸性条件下（一般 pH < 3.5），利用 Fe^{2+} 作为 H_2O_2 的催化剂，生成具有很强氧化电性且反应活性很高的 -OH，羟基自由基在水溶液中与难降解有机物生成有机自由基使之结构破坏，最终氧化分解。同时 Fe^{2+} 被氧化成 Fe^{3+} 产生混凝沉淀，将大量有机物凝结而去除。

芬顿（Fenton）试剂氧化能力强，具有非常明显的特征：过氧化氢分解成羟基自由基的速度很快，氧化速率高；羟基自由基具有很高的电负性或亲电性；处理效率较高，处理过程中不引入其他杂质，不会产生二次污染；既可以单独使用，也可以与其他工艺联合使用，以降低成本，提高处理效果；对废水中干扰物质的承受能力较强、操作较容易等，是酚类事故处置中的首选试剂。

酚污染事故现场人员向河涌泼撒双氧水

（2）主要药剂：现场使用的药剂（材料）主要有含 30% 硫酸亚铁的净水剂、工业级双氧水、熟石灰粉、聚丙烯酰胺、活性碳等。

（3）处理步骤：

①投加净水剂。其作用：一是将水体的 pH 值调节至 3 ～5，保证芬顿试剂氧化酚所需要的酸性环境；二是增加污染水体中的 Fe^{2+}。用船将 30% 硫酸亚铁溶液泼撒在污染的河涌中，同时进行搅动，使其快速与污染水体混合，待反应 30 分钟后，用 pH 试纸测量 pH 值。污染水体表观颜色由褐色变微黄。

②投加双氧水。在污染水体中泼撒双氧水，并搅动，使其快速与污染水体混合。在酸性环境中，双氧水经 Fe^{2+} 的催化分解出具有很强氧化电性且反应活性很高的 -OH，羟基自由基与酚类物质生成有机自由基使之结构破坏，被氧化分解。同时 Fe^{2+} 被氧化成 Fe^{3+} 产生絮凝沉淀，将大量有机物凝结而去除。加双氧水后，水体呈现红棕色，且不断产生细小的气泡。水体呈现红棕色主要是因为在芬顿反应的过程中催化剂亚铁离子被氧化成三价铁离子，从而呈现三价铁离子的颜色，当调节水体的 pH 值达到 7 时，

酚污染事故现场人员向河涌抛撒石灰粉

它就会生成氢氧化铁红褐色沉淀，同时起到絮凝分离的作用。水体不断产生细小的气泡是因为挥发酚在芬顿试剂的作用下被分解成水和二氧化碳气体，由二氧化碳气体逸出而造成的。

③投加石灰。投加石灰是为了使酸性水体恢复中性，同时沉降水体中过多的 Fe^{3+}，从而保证水体清澈透明。

④投加聚丙烯酰胺。投加聚丙烯酰胺是为了加快水体中悬浮物（SS）的沉降速度，使细小的 SS 能更快、更好的沉降。

⑤清淤复水。为了清除沉淀于底泥的污染物，对污染河段底泥进行清淤，底泥交由有固废处理资质的固体废物处理中心处理。

酚污染事故处置后河涌水质状况

【处理效果】

此次酚水泄漏事故造成了较大范围的内河涌水质污染，事发污染河段下游 300 ～ 500 米为重污染带，挥发酚最高浓度为 204 mg/L，超标 20 – 400 倍。由于应急措施得当，处理方法及时有效，20 日下午，下游 300 米处挥发酚浓度降至 0.461 mg/L，23 日 500 米处挥发酚浓度降至 0.01 mg/L，达到《地表水环境质量标准》（GB 3838–2002）Ⅳ类水标准。

酚污染事故处置措施完成后河涌水与纯净水比对效果

第五节　挥发性氯代烃特征及应急处置

一、概述

氯代烃是指烃分子中的氢原子被氯原子取代后的化合物，是卤代烃的一种，包括氯甲烷、二氯甲烷、四氯化碳、氯乙烷、四氯乙烷、氯乙烯、三氯丙烷等。除氯甲烷、氯乙烷、氯乙烯在常温下为气态外，其他氯代烃为液体。氯代烃比水轻，具有较强的挥发性，多数具有类似醚的刺激性气味，不溶于水，易溶于石油醚、醇类等有机溶剂。

挥发性氯代烃对人体及生物体有较强的毒性，是致癌、致畸、致突变物质，经皮肤、粘膜、呼吸道、消化道等途径进入人体后，使机体受损并引起功能性障碍，多数会出现谵妄、躁动、抽搐、震颤、视力障碍、昏迷，甚至出现神经衰弱综合征、肝肾损害、皮炎、雷诺氏现象及肢端溶骨症等。重度中毒可引起肝硬化、肝坏死、肝昏迷或急性肾功能衰竭等恶性疾病。

氯代烃工业应用广，是一种重要的有机溶剂和产品中间体，在很多工业领域中广泛使用。它可用于灭火；也可用作制冷剂、有机物的氯化剂、香料的浸出剂、纤维的脱脂剂、粮食的蒸煮剂、药物的萃取剂、织物的干洗剂、金属切削中用作润滑剂；还可用作烟雾剂、局部麻醉剂、杀虫剂、乙基化剂、烯烃聚合溶剂、汽油抗震剂等，以及农药、染料、医药及其中间体的合成；等等。

大气环境中氯代烃主要来源于有机化工厂、石油化工厂、塑料等工业有机废物的燃烧。水体中氯代烃来源于石油、化工、农药、医药、有机化工等行业排放的废水；土壤中氯代烃除工业废水污染外，事故污染也是主要的来源。

由于氯代烃是工业生产中重要的原料，广泛应用于各领域，因此，近年来，因其污染引发的环境事故频发，事故主要发生在生产、储存、运输和使用过程中，常表现为泄漏、爆炸事故、人员中毒等方面。如：1998 年 8 月 5 日安徽省芜湖某化学有限公司聚氯乙烯厂因氯乙烯泄漏发生爆炸事故；2008 年 1 月 9 日京珠北高速公路南行 79 公里处一辆满载 35 吨化学品槽罐车大量泄漏三氯甲烷；2009 年 5 月 9 日江苏梅兰化工集团氯甲烷储藏罐发生泄漏并引发火灾；2011 年 7 月 25 日上海金山区横浦村中的一家化工企业的仓库发生四氯化碳泄漏；2014 年 5 月 18 日浙江省桐庐县境内 320 国道富春江镇俞赵村路段发生一起四氯乙烷运输车侧翻泄漏事故；等等。

二、几种特征污染物

（一）氯甲烷

【特征特性】

氯甲烷是无色易液化的气体，具有弱的醚味，分子量50.49，熔点 −97.7 ℃，沸点 −23.7 ℃，相对密度（水 =1）0.92，相对蒸气密度（空气 =1）1.8，闪点低于 0 ℃，自燃点 632.22 ℃，爆炸极限 8.1%～17.2%（体积比）；易溶于水，溶于醇，与氯仿、乙醚、冰醋酸混溶。高温时水解成甲醇和盐酸。

【危害】

氯甲烷对人中枢神经系统有麻醉作用，能引起肝、肾损害，严重中毒时可出现谵妄、躁动、抽搐、震颤、视力障碍、昏迷，呼气中有酮体味。职业接触限值：PC－TWA（时间加权平均容许浓度）60 mg/m^3；PC－STEL（短时间接触容许浓度）120 mg/m^3。

【危险特性】

氯甲烷极易燃，与空气混合能形成爆炸性混合物。遇热、明火、强氧化剂易燃，并生成光气。接触铝及其合金能生成自燃性的铝化合物。

【用途或污染来源】

氯甲烷是重要的甲基化剂，可用于生产甲基纤维素、甲硫醇等，也用于制取有机硅聚合物的甲基氯硅烷混合单体、四甲基铅等原料，还可用作制冷剂、溶剂等。医药上可作局部麻醉剂使用。

环境中氯甲烷的自然来源超过它的人为来源，主要来源于海洋或水生环境，这可能与藻类的生长有关；其他来源包括生物质的燃烧（森林大火）、真菌引起的木质降解，以及直接或间接的人为来源如烟草烟雾、涡轮排气、焚化工业废弃物、氯化饮用水和污水的排放等。

【急救措施】

吸入：迅速脱离现场至空气新鲜处，保持呼吸道通畅。如呼吸困难，给氧；如呼吸停止，立即进行人工呼吸，就医。

皮肤接触：如果发生冻伤，将患部浸泡在 38～42 ℃的温水中，不要涂擦，不要使用热水或辐射热；使用清洁、干燥的敷料包扎。如有不适感，就医。

【氯甲烷环境标准及监测方法】 列表说明如下。

表 3－46　氯甲烷环境标准及监测方法

类别	评价（参考）标准	标准限值	监测方法	
			实验室	现场应急
环境空气	《氯甲烷大气标准研究》 德国大气污染物排放标准 1972 年制定的 TA－Luft（空气质量控制技术规范）	采用氯甲烷环境空气质量标准时，均值 0.420 mg/m³ 质量流量为 0.1 kg/h 或更大时，其排放限值为 20 g/m³	(1)《环境空气　挥发性有机物的测定　罐采样/气相色谱—质谱法》(HJ 759-2015) (2)《工作场所空气有毒物质测定　卤代烷烃类化合物　氯甲烷、二氯甲烷和溴甲烷的直接进样—气相色谱法》(GBZ/T 160.45-2007)	1. 快速检测管法 2. 便携式气相色谱法
室内空气	《车间空间中氯甲烷卫生标准》 (GB 16192-1996) 前苏联车间空气标准	车间空气中氯甲烷最高允许浓度为 40 mg/m³ 前苏联　车间空气中有害物质的最高容许浓度：5 mg/m³		
土壤	《工业企业土壤环境质量风险评价基准》(HJ/T 25-1999)	土壤基准迁移至地下水：1170 mg/kg 土壤基准直接接触：10900 mg/kg	(1) 气相色谱法《固体废弃物试验与分析评价手册》中国环境监测总站等译 (2)《土壤和沉积物　挥发性卤代烃的测定　顶空/气相色谱—质谱法》(HJ 736-2015)	

【氯甲烷泄漏事故应急处理方法】列表说明如下。

表 3－47　氯甲烷泄漏事故应急处理方法

处理方法	常用应急材料	灭火方法	应急防护	注意事项
(1) 消除所有点火源（泄漏区附近禁止吸烟火、火花或火焰）； (2) 使用防爆的通讯工具； (3) 作业时所有设备应接地； (4) 在确保安全的情况下，采用关阀、堵漏等措施，以切断泄漏源； (5) 防止气体通过下水道、通风系统扩散或进入限制性空间； (6) 喷雾状水改变蒸气云流向； (7) 隔离泄漏区直至气体散尽	(1) 防护面具、手套等器具； (2) 干粉、二氧化碳、雾状水、泡沫； (3) 氧气筒	切断气源。若不能切断气源，则不允许熄灭泄漏处的火焰。喷水冷却容器，尽可能将容器从火场移至空旷处	(1) 佩戴正压式空气呼吸器； (2) 穿封闭式防化服； (3) 处理液化气体时，应穿防寒服	(1) 避免与氧化剂接触； (2) 事故现场禁止吸烟、进食和饮水； (3) 泄漏隔离距离至少为 100 m；如果为大量泄漏，下风向的初始疏散距离应至少为 800 m

（二）四氯化碳

【特征特性】

四氯化碳是一种常用的化学试剂，为无色液体，能溶解脂肪、油漆等多种物质，易挥发、不易燃，具微甜气味。分子量153.84，在常温常压下密度1.595 g/cm^3（20/4 ℃），沸点76.8 ℃，蒸气压15.26 kPa（25 ℃），蒸气密度5.3 g/L。四氯化碳微溶于水，能与乙醇、乙醚、氯仿及石油醚等混溶，在500 ℃以上时可以与水作用，产生有毒氯代甲酰氯（光气）和盐酸。

【危害】

高浓度的四氯化碳蒸气对人体有轻度刺激作用，对中枢神经系统有麻醉作用，对肝、肾有严重损害。

急性中毒：人体吸入较高浓度的四氯化碳蒸气，最初出现眼及上呼吸道刺激症状，随后可出现中枢神经系统抑制和胃肠道症状，较严重病例数小时或数天后出现中毒性肝肾损伤，重者甚至发生肝坏死、肝昏迷或急性肾功能衰竭。吸入极高浓度四氯化碳可迅速出现昏迷、抽搐，可因室颤和呼吸中枢麻痹而猝死。口服中毒肝肾损害明显。

慢性中毒：出现神经衰弱综合征、肝肾损害、皮炎等症状。

【四氯化碳环境质量标准、排放标准及监测方法】列表说明如下。

表3－48　四氯化碳环境质量标准、排放标准及监测方法

类别	评价（参考）标准	标准限值	监测方法	
			实验室	现场应急
环境空气	苏联CH245－71标准	居民区大气中有害物质的最大允许浓度： 最大一次：4 mg/m^3 昼夜平均：2 mg/m^3	(1)《环境空气　挥发性有机物的测定　罐采样/气相色谱—质谱法》(HJ 759-2015) (2)《工作场所空气有毒物质测定　卤代烷烃类化合物　三氯甲烷、四氯化碳、二氯乙烷、六氯乙烷和三氯丙烷的溶剂解吸—气相色谱法》(GBZ/T 160.45-2007) (3)《环境空气 挥发性卤的测定 活性炭吸附－二硫化碳/气相色谱法》(HJ 645-2013)	(1)快速检测管法 (2)便携式气相色谱法
	(2)德国大气污染物排放标准1972年制定的TA－Luft(空气质量控制技术规范)	质量流量为0.1 kg/h或更大时，其排放限值为20 g/m^3		
地表水	《地表水环境质量标准》(GB 3838-2002)	地表水源地特定项目标准限值四氯化碳0.002 mg/L	(1)《水质　挥发性有机物的测定　顶空/气相色谱—质谱法》(HJ 810-2016) (2)《水质挥发性卤代烃的测定　顶空气相色谱法》(HJ 620-2011)	
污染源废水	广东省地方标准《水污染物排放限值》(DB 44/26-2001)	四氯化碳第二时段最高允许排放浓度：一级0.03 mg/L，二级0.06 mg/L，三级0.5 mg/L		

续表 3－48

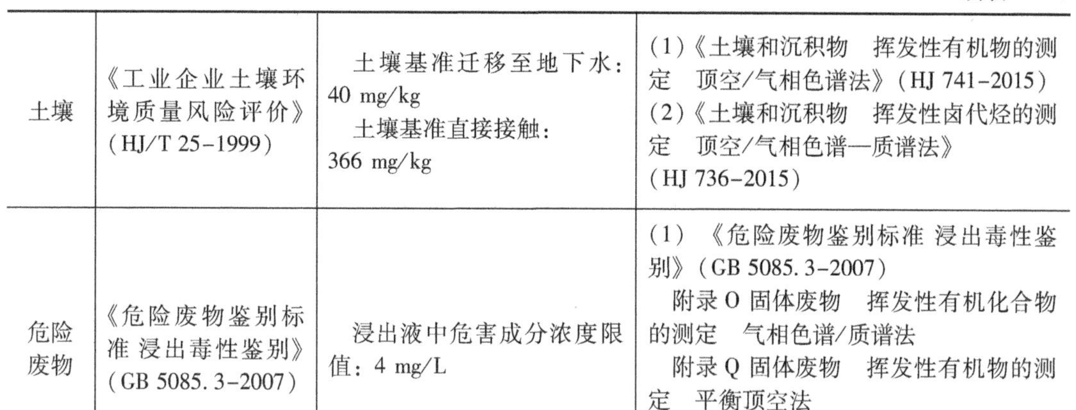

土壤	《工业企业土壤环境质量风险评价》（HJ/T 25－1999）	土壤基准迁移至地下水：40 mg/kg 土壤基准直接接触：366 mg/kg	（1）《土壤和沉积物　挥发性有机物的测定　顶空/气相色谱法》（HJ 741－2015） （2）《土壤和沉积物　挥发性卤代烃的测定　顶空/气相色谱—质谱法》（HJ 736－2015）
危险废物	《危险废物鉴别标准 浸出毒性鉴别》（GB 5085. 3－2007）	浸出液中危害成分浓度限值：4 mg/L	（1）《危险废物鉴别标准 浸出毒性鉴别》（GB 5085. 3－2007） 附录 O 固体废物　挥发性有机化合物的测定　气相色谱/质谱法 附录 Q 固体废物　挥发性有机物的测定　平衡顶空法 （2）《固体废物　挥发性有机物的测定　顶空/气相谱—质谱法》（HJ 643－2013）

【四氯化碳泄漏事故应急处理方法】列表说明如下。

表 3－49　四氯化碳泄漏事故应急处理方法

处理方法	常用应急材料（药品）	灭火方法	应急防护	注意事项
迅速撤离泄漏污染区人员至安全区，并进行隔离，严格限制出入。 小量泄漏：用活性炭或其他惰性材料吸收。 大量泄漏：构筑围堤或挖坑收容。喷雾状水冷却和稀释蒸气，保护现场人员，但不要对泄漏点直接喷水。用泵转移至槽车或专用收集器内，回收或运至废物处理场所处置	（1）防毒口罩、防火防毒服等防护器具； （2）雾状水、二氧化碳、砂土	消防人员必须佩戴过滤式防毒面具（全面罩）或隔离式呼吸器、穿全身防火防毒服，在上风向灭火。	佩戴自给正压式呼吸器，穿防毒服，戴防化学品手套。不要直接接触泄漏物。尽可能切断泄漏源。	（1）避免与氧化剂、活性金属粉末接触，远离火种、热源； （2）事故现场禁止吸烟、进食和饮水；工作毕，淋浴更衣。保持良好的卫生习惯

【危险特性】

四氯化碳不燃烧，但遇明火或高温易产生剧毒的光气和氯化氢烟雾；在潮湿的空气中逐渐分解成光气和氯化氢。

【用途或污染来源】

四氯化碳可用作溶剂、分析试剂、灭火剂、有机物的氯化剂、香料的浸出剂、纤维的脱脂剂、粮食的蒸煮剂、药物的萃取剂、织物的干洗剂，也可用来合成氟里昂、尼龙7、尼龙9的单体，还可制三氯甲烷和药物；金属切削中用作润滑剂。

环境中的四氯化碳主要来源于有机化工业、石油化工企业的排放及相关事故，也来源于实验室分析中的排放等。

（三）氯乙烷

【特征特性】

氯乙烷

氯乙烷常温下为无色气体，有醚的气味；在低温或加压下为无色、澄清、透明、易流动的液体。分子量 64.52，熔点 -140.8 ℃，沸点 12.5 ℃；相对密度（水=1）0.92，相对蒸气密度（空气=1）2.20；闪点 < -43 ℃，自燃点 510 ℃，爆炸极限 3.6%～14.8%（体积比）。氯乙烷微溶于水，可混溶于多数有机溶剂。

【危害】

氯乙烷有刺激和麻醉作用，人体吸入 2%～4% 浓度时可引起运动失调、轻度痛觉减退，并很快出现知觉消失等症状，接触高浓度氯乙烷易引起麻醉，出现中枢抑制，出现循环和呼吸抑制等症状。皮肤接触后可因局部迅速降温造成冻伤。

【危险特性】

氯乙烷极易燃，与空气混合能形成爆炸性混合物，遇热源和明火有燃烧爆炸的危险；与氧化剂接触反应猛烈。氯乙烷气体比空气重，沿地面扩散并易积存于低洼处，遇火源会着火回燃；有刺激和麻醉作用，高浓度氯乙烷损害心、肝、肾。

【用途或污染来源】

氯乙烷主要用作四乙基铅、乙基纤维素及乙基咔唑染料等的原料，也用作烟雾剂、冷冻剂、局部麻醉剂、杀虫剂、乙基化剂、烯烃聚合溶剂、汽油抗震剂等，还用作聚丙烯的催化剂，磷、硫、油脂、树脂、蜡等的溶剂，以及农药、染料、医药及其中间体的合成。环境中的氯乙烷的主要来源于有机化工厂、石油化工厂等企业的排放及相关事故造成的污染等。

【氯乙烷环境标准及监测方法】列表说明如下。

表 3-50　氯乙烷环境标准及监测方法

类别	评价（参考）标准	标准限值	实验室监测方法	现场监测方法
环境空气	德国大气污染物排放标准 1972 年制定的 TA-Luft（空气质量控制技术规范）	质量流量为 3 kg/h 或更大时，其排放限值为 0.15 g/m³	《环境空气　挥发性有机物的测定　罐采样/气相色谱—质谱法》（HJ 759-2015）	（1）快速检测管法 （2）便携式气相色谱法
土壤	《工业企业土壤环境质量风险评价基准》（HJ/T 25-1999）	土壤基准迁移至地下：117000 mg/kg 土壤基准直接接触：1000000 mg/kg	《土壤和沉积物　挥发性氯化烃的测定　顶空/气相色谱—质谱法》（HJ 726-2015）	

【氯乙烷泄漏事故应急处理方法】列表说明如下。

表 3－51 氯乙烷泄漏事故处理方法

处理方法	常用材料	灭火方法	应急防护	注意事项
迅速撤离泄漏污染区人员至上风处并进行隔离，严格限制出入，切断火源。应急处理人员戴自给正压式呼吸器，穿消防防护服。尽可能切断泄漏源，用工业覆盖层或吸附/吸收剂盖住泄漏点附近的下水道等地方，防止气体进入。喷雾状水稀释、溶解，构筑围堤或挖坑收容产生的大量废水	(1) 正压式呼吸器，防静电工作服； (2) 雾状水、泡沫、干粉、二氧化碳	切断气源，若不能切断气源则不允许熄灭泄漏处的火焰。喷水冷却容器，可能的话将容器从火场移至空旷处	呼吸系统防护：空气中浓度较高时，建议选择自吸过滤式防毒面具（半面罩）。 眼睛防护：戴化学安全防护眼镜。 身体防护：穿防静电工作服。 手防护：戴防化学品手套	(1) 避免与氧化剂、活性金属粉末接触； (2) 事故现场禁止吸烟、进食和饮水；工作毕，淋浴更衣。保持良好的卫生习惯

【急救措施】

皮肤接触：若有冻伤，就医治疗。吸入：迅速脱离现场至空气清新处，保持呼吸道通畅。如呼吸困难，给输氧；如呼吸停止，立即进行人工呼吸，就医。

（四）四氯乙烷

【特征特性】

四氯乙烷是无色液体，有氯仿的气味。分子量 167.85，熔点 －68.1 ℃，沸点 138.2 ℃，相对密度（水＝1）1.60，相对蒸气密度（空气＝1）5.79；不溶于水，溶于乙醇、乙醚等。

【危害】

毒性：属高毒类。

侵入途径：吸入、食入、经皮吸收。

健康危害：急性中毒主要为消化道和神经系统症状，表现为食欲减退、呕吐、腹痛、黄疸、肝大、腹水等症状，对心、脑、肺、肾均有损害；长期吸入，可引起乏力、头痛、失眠、便泌或腹泻。

【危险特性】

四氯乙烷遇金属钠及钾有爆炸危险，在接触固体氢氧化钾时加热能逸出易燃气体，遇水促进分解，受高热分解产生有毒的腐蚀性烟气。燃烧（分解）产物为一氧化碳、二氧化碳、氯化氢。

【用途或污染来源】

四氯乙烷可用作制造药物、虫胶、树脂、蜡和醋酸纤维等的溶剂及有机合成原料，也用作杀虫剂、除草剂、干洗剂、灭火剂等。

【**四氯乙烷环境质量标准、排放标准及监测方法**】列表说明如下。

表 3－52　四氯乙烷环境质量标准、排放标准及监测方法

类别	评价（参考）标准	标准限值	实验室监测方法	现场监测方法
室内空气	苏联　车间空气标准	车间空气中有害物质的最高容许浓度：5 mg/m^3	《环境空气　挥发性卤代烃的测定 活性炭吸附—二硫化碳解吸/气相色谱法》（HJ 645-2013）	（1）快速检测管法 （2）便携式气相色谱法
环境空气	德国大气污染物排放标准 1972 年制定的 TA－Luft（空气质量控制技术规范）	质量流量为 0.1 kg/h 或更大时，其排放限值为 20 g/m^3		
地表水	苏联（1978）生活饮用水和娱乐用水标准	生活饮用水和娱乐用水水体中有害物质的最大允许浓度：0.2 mg/L	《水质　挥发性有机物的测定　吹扫捕术/气相色谱—质谱法》（HJ 639-2012）	
污染源废水	苏联（1975）污水排放标准	5 mg/L		

【**四氯乙烷泄漏事故应急处理方法**】列表说明如下。

表 3－53　四氯乙烷泄漏事故应急处理方法

处理方法	常用应急材料	灭火方法	应急防护	注意事项
疏散泄漏污染区人员至安全区，禁止无关人员进入污染区，应急处理人员戴正压自给式呼吸器，穿厂商特别推荐的化学防护服（完全隔离）。不要直接接触泄漏物，在确保安全情况下堵漏。喷雾状水，减少蒸发。用砂土或其他不燃性吸附剂混合吸收，然后收集于密闭容器中作好标记，等待处理。如大量泄漏，利用围堤收容，然后收集、转移、回收或无害处理后废弃。 废弃物处置方法：用焚烧法。废料同其他燃料混合后焚烧，燃烧要充分，防止生成光气。焚烧炉排气中的卤化氢通过酸洗涤器除去	（1）防毒面具、呼吸器、眼罩防护服等； （2）雾状水、泡沫、二氧化碳、砂土	消防人员须佩戴防毒面具、穿全身消防服，在上风向灭火。喷水保持火场容器冷却，直至灭火结束	呼吸系统防护：空气中浓度较高时，佩带防毒面具。紧急事态抢救或撤离时，佩带自给式呼吸器。 眼睛防护：戴化学安全防护眼镜。 防护服：穿聚乙烯薄膜防毒服。 手防护：戴橡皮胶手套	（1）避免活性金属粉末接触； （2）事故现场禁止吸烟、进食和饮水，工作毕，淋浴更衣。保持良好的卫生习惯

（五）氯乙烯

【特征特性】

氯乙烯为无色、有醚样气味的气体，难溶于水，溶于乙醇、乙醚、丙酮和二氯乙烷等有机溶济。分子量62.50，熔点－153.7 ℃，沸点－13.3 ℃；气体密度2.15g/L，相对密度（水＝1）0.91，相对蒸气密度（空气＝1）2.2；临界压力5.57 MPa，临界温度151.5 ℃，饱和蒸气压346.53 kPa（25 ℃），闪点－78 ℃，爆炸极限3.6%～31.0%（体积比），自燃温度472 ℃，最大爆炸压力0.666 MPa。

【危害】

经呼吸道进入体内，也可经皮肤吸收进入人体。

急性中毒：主要表现为麻醉症状，严重者可发生昏迷、抽搐、呼吸循环衰竭，甚至死亡。液体可致皮肤冻伤。

慢性影响：表现为神经衰弱综合征、肝损害、雷诺氏现象及肢端溶骨症，重度中毒可引起肝硬化症状。

职业接触限值：PC－TWA（时间加权平均容许浓度）10 mg/m^3。

【危险特性】

氯乙烯极易燃，与空气混合能形成爆炸性混合物，遇热源和明火有燃烧爆炸的危险。比空气重，能在较低处扩散到相当远的地方，遇火源会着火回燃，燃烧或无抑制时可发生剧烈聚合。

【用途或污染来源】

用作塑料原料及用于有机合成，主要用于生产聚氯乙烯树脂。与醋酸乙烯、偏氯乙烯、丁二烯、丙烯腈、丙烯酸酯等共聚生成共聚物，可用作冷冻剂等。生产氯乙烯的有机化工厂、石油化工厂等企业以及塑料燃烧都可能产生氯乙烯污染。

【氯乙烯环境质量标准、排放标准及监测方法】 列表说明如下。

表3－54　氯乙烯环境质量标准、排放标准及监测方法

<table>
<tr><th rowspan="2">类别</th><th rowspan="2">评价（参考）标准</th><th rowspan="2">标准限值</th><th colspan="2">监测方法</th></tr>
<tr><th>实验室</th><th>现场应急</th></tr>
<tr><td rowspan="2">环境空气</td><td>《工业企业设计卫生标准》（TJ36－79）</td><td>车间空气中有害物质的最高容许浓度:30 mg/m^3</td><td rowspan="3">（1）《环境空气　挥发性有机物的测定　罐采样/气相色谱—质谱法》（HJ 759-2015）
（2）《固定污染源废气　挥发性有机物的采样　气袋法》（HJ 732-2014）
（3）《固定污染源排气中氯乙烯的测定　气相色谱法》（HJ/T 34-99）
（4）《工作场所空气有毒物质测定　卤代不饱和烃类化合物　氯乙烯、氯丙烯、氯丁二烯和四氟乙烯的直接进样—气相色谱法》（GBZ/T 160.46-2007）</td><td rowspan="6">（1）快速检测管法
（2）便携式气相色谱法</td></tr>
<tr><td>德国大气污染物排放标准1972年制定的TA－Luft（空气质量控制技术规范）</td><td>质量流量为25 kg/h或更大时，其排放限值为5 g/m^3</td></tr>
<tr><td>污染源废气</td><td>《大气污染物综合排放标准》（GB 16297-96）</td><td>（1）大气污染物无组织排放周界外浓度最高点：0.60 mg/m^3
（2）大气污染物排放限值排气筒高度15米，最高允许排放速率：二级0.77 kg/h，三级1.2 kg/h；最高允许排放浓度36 mg/m^3</td></tr>
<tr><td>地表水</td><td>《地表水环境质量标准》（GB 3838-2002）</td><td>地表水源地特定项目标准限值氯乙烯：0.005 mg/L</td><td rowspan="2">（1）《水质　挥发性卤代烃的测定　顶空气相色谱法》（HJ 620-2011）
（2）《水质　挥发性有机物的测定　顶空/气相色谱—质谱法》（HJ 810-2016）
（3）《水质　挥发性有机物的测定　吹扫捕集/气相色谱—质谱法》（HJ 639-2012）</td></tr>
<tr><td>污染源废水</td><td>广东省地方标准《水污染物排放限值》（DB 44/26-2001）</td><td>氯乙烯最高允许排放浓度：2 mg/L</td></tr>
<tr><td>土壤</td><td>《工业企业土壤环境质量风险评价基准》（HJ/T 25-99）</td><td>土壤基准迁移至地下水：2.7 mg/kg
土壤基准直接接触：25 mg/kg</td><td>《土壤和沉积物　挥发性有机物的测定　顶空/气相色谱法》（HJ 741-2015）</td></tr>
</table>

【氯乙烯泄漏事故应急处理方法】列表说明如下。

表 3-55 氯乙烯泄漏事故应急处理方法

处理方法	常用应急材料	灭火方法	应急防护	注意事项
消除所有点火源。根据气体的影响区域划定警戒区，无关人员从侧风、上风向撤离至安全区。建议应急处理人员戴正压自给式空气呼吸器，穿防静电服。液化气体泄漏时穿防静电、防寒服。作业时使用的所有设备应接地。禁止接触或跨越泄漏物。尽可能切断泄漏源。若可能，翻转容器，使之逸出气体而非液体。喷雾状水抑制蒸气或改变蒸气云流向，避免水流接触泄漏物。禁止用水直接冲击泄漏物或泄漏源。防止气体通过下水道、通风系统和密闭性空间扩散。隔离泄漏区直至气体散尽	(1) 正压式空气呼吸器，穿封闭式防化服；(2) 雾状水、泡沫、二氧化碳	切断气源。若不能切断气源，则不允许熄灭泄漏处的火焰。喷水冷却容器，尽可能将容器从火场移至空旷处	戴化学安全防护眼镜，穿防静电工作服，戴防化学品手套，工作场所浓度超标的操作人员应该佩戴过滤式防毒面具	(1) 避免与氧化剂接触，远离火种、热源；(2) 事故现场禁止吸烟、进食和饮水，工作毕，淋浴更衣。保持良好的卫生习惯

（六）三氯丙烷

【特征特性】

三氯丙烷是一种常用的化学试剂，为无色有强刺激性液体，微溶于水，可溶解油、脂、蜡、氯化橡胶和多数树脂。分子量 147.44，熔点 -14.77 ℃，沸点 156.2 ℃；相对密度（水 =1）1.39，相对蒸气密度（空气 =1）5.0；饱和蒸气压 1.33 kPa（46 ℃），闪点 82 ℃，爆炸极限 3.2%～12.6%（体积比），自燃温度 303 ℃。

【危害】

侵入途径：吸入、食入、经皮肤吸收。

健康危害：三氯丙烷具有麻醉作用，能侵害心、肝、肾等内脏。空气中最高容许浓度为 150 mg/m^3。

急性接触时，对人体呼吸道的刺激作用大。三氯丙烷经皮吸收亦可引起中毒。

【危险特性】

三氯丙烷与强氧化剂接触可发生化学反应，受热易分解，燃烧时产生有毒的氯化物气体。遇潮湿空气能水解生成微量的氯化氢，光照亦能促进其水解而对金属的腐蚀性增强。易燃，燃烧（分解）产物为一氧化碳、二氧化碳、氯化氢。

【用途或污染来源】

三氯丙烷主要用于生产二氯丙烯、三氯丙烯等，是一种较好的溶剂，可代替二甲苯、丁醇等，可作植物生长调节剂矮壮素的原料，亦可用于生产农药和有机合成物等。

【三氯丙烷泄漏事故应急处理方法】 列表说明如下。

表3－56　三氯丙烷泄漏事故应急处理方法

处理方法	应急材料	灭火方法	应急防护	注意事项
人员迅速撤离泄漏污染区，并进行隔离，严格限制出入。切断火源。建议应急处理人员戴自给正压式呼吸器，穿防毒服。尽可能切断泄漏源，防止进入下水道、排洪沟等限制性空间。小量泄漏：用砂土、蛭石或其他惰性材料吸收。大量泄漏：构筑围堤或挖坑收容；用泡沫覆盖，降低蒸气灾害。用防爆泵转移至槽车或专用收集器内，回收或运至废物处理场所处置。 废弃物处置方法：采用焚烧法处置。废料同其他燃料混合后焚烧。燃烧要充分，防止生成光气。焚烧炉排气中的卤化氢通过酸洗涤器除去	（1）防毒面具、氧气呼吸器、防护眼镜、穿透气型防服； （2）雾状水、泡沫、二氧化碳、砂土	消防人员须佩戴防毒面具，穿全身消防服。喷水保持火场容器冷却，直至灭火结束	呼吸系统防护：空气中浓度超标时，应选择佩带自吸过滤式防毒面具（半面罩）；紧急事态抢救或撤离时，佩戴氧气呼吸器。 眼睛防护：戴安全防护眼镜。 身体防护：穿透气型防服。 手防护：戴防化学品手套	（1）工作现场禁止吸烟、进食和饮水； （2）事故现场禁止吸烟、进食和饮水；工作毕，淋浴更衣，单独存放被毒物污染的衣服

【三氯丙烷环境标准及监测方法】 列表说明如下。

表 3－57　三氯丙烷环境标准及监测方法

类别	评价（参考）标准	标准限值	监测方法	
			实验室	现场应急
环境空气	前苏联　车间空气排放标准	车间空气中有害物质的最高容许浓度：2 mg/m^3	(1) 气相色谱法《空气和废气监测分析方法》（第四版）国家环保总局（2003 年） (2)《工作场所空气有毒物质测定卤代烷烃类化合物　三氯甲烷、四氯化碳、二氯乙烷、六氯乙烷和三氯丙烷的溶剂解吸—气相色谱法》 (GBZ/T 160.45-2007)	(1) 快速检测管法 (2) 便携式气相色谱法
地表水	前苏联（1978）生活饮用水和娱乐用水标准	生活饮用水和娱乐用水水体中有害物质的最大允许浓度：0.07 mg/L	(1)《吹脱捕集/气相色谱—质谱法》（GB/T 5750.8-2006） (2)《水质　挥发性有机物的测定　吹脱捕集/气相色谱—质谱法》（HJ 639-2012）	
危险废物	《危险废物鉴别标准 浸出毒性鉴别》（GB 5085.3-2007）	浸出液中危害成分浓度限值：3 mg/L	(1)《危险废物鉴别标准 浸出毒性鉴别》(GB 5085.3-2007) 附录 Q　固体废物　挥发性有机物的测定 平衡顶空法 (2)《固体废物　挥发性有机物的测定　顶空/气相色谱—质谱法》（HJ 643-2013）	

【急救措施】

皮肤接触：脱去污染的衣着，用肥皂水和清水彻底冲洗皮肤，就医。

眼睛接触：提起眼睑，用流动清水或生理盐水冲洗，就医。

吸入：迅速脱离现场至空气新鲜处，保持呼吸道通畅，如呼吸困难，给输氧；如呼吸停止，立即进行人工呼吸，就医。食入：饮足量温水，催吐，就医。

三、挥发性氯代烃污染事故应急处置实例

（一）三氯丙烷泄漏事故

【事件回顾】

2008 年 1 月 9 日 8 时许，一辆满载 35 吨化学品三氯丙烷废料车辆在京珠北高速公路南行 79 公里处发生三车相撞的交通事故，罐体尾部卸料管口发生破裂，大量的液态三氯丙烷泄漏。三氯丙烷属有毒性可燃化学品，具有挥发性。事故中泄漏的三氯丙烷造成当地水体污染。

【应急处理方案】

1 月 9 日 8 时 18 分，乳源县消防大队接报立即出动一辆抢险救援车和一辆消防水罐车赶往现场。消防官兵兵分两路，一组人员着防化服佩戴空气呼吸器对危险品运输车实施堵漏，另一组对追尾货车内被困人员进行救援。9 时 50 分，化学危险品车堵漏成功。与此同时，交警在京珠高速公路南行梅花出口和北行乳源出口实施车辆分流，并在南行云岩坡顶实施临时禁行交通管制。

三氯丙烷泄漏事故现场处置

事故中共泄漏了 30 吨左右的三氯丙烷废料，其中大部分污染了高速公路路面，有一小部分通过高速公路排水口流向河沟，而下游即是广东省乳源县城供水的取水点。在未知污染程度的情况下，乳源县立即启动应急预案。

【处置效果】

由于处置及时，未发生人员伤亡、未对水源造成实质性影响。

（二）四氯乙烷泄漏

【事件回顾】

2014 年 5 月 18 日凌晨 3 点，一辆装载有四氯乙烷的槽罐车行至浙江 320 国道桐庐富春江镇俞赵村建德方向路段时，发生侧翻泄漏，造成约 8 吨四氯乙烷流入距离富春江 2 公里的溪沟，富春江部分水体受到污染。经核实，泄漏的四氯乙烷约 25. 8 吨，经应急处置被拦截吸附 17. 8 吨。

【应急处理方案】

事故发生后，当地相关部门立即启动突发环境事件应急预案，环保、林水、消防等相关部门第一时间赶赴现场进行处置，及时吊装侧翻槽罐车并运送至安全区域，阻止装载物泄漏；立即对发生四氯乙烷泄漏沟渠两端及下游水沟设置 8 道围坝，堵截收集地面泄

漏物，防止污染进一步扩散，凌晨4点左右设置完成。

同时，对下游水沟采用多道活性炭进行拦截吸附处理，对泄漏液进行回收并送至暂存场所。

截至当日上午11点，发生交通事故的现场已清理完毕，泄漏的槽罐车已被拖离现场，残留在现场的部分四氯乙烷也得到清除。

四氯乙烷泄漏泄漏处置现场

随后，位于事故路段下游的富阳市政府立即启动突发环境事件应急预案，成立“5·18”事件应急处置指挥部，由相关领导为指挥，下设应急处置组、水质监测组、舆情发布组、市场监管组、应急物资保障组，并确保市民饮用水源的供应和安全。

杭州市环境监测站及时制定全流域整体监测方案，在沿线各水厂取水口上下游布点、取样、监测。环保部门按照预案要求对水体水质情况进行密集动态监测分析，并及时上报水质变化情况。相关部门及时通报事故处置信息，保障市民的知情权。

【处置效果】

数据表明，富春江桐庐至富阳窄溪大桥断面、富春江大桥断面、事发地水沟入富春江出口处均未检出该物质。这次化学品泄漏事故的处置在可控范围之内，不会对杭州市的饮用水造成影响。

第六节　硝基苯类化合物特征及应急处置

一、概述

硝基苯类化合物是指苯或其同系物（如甲苯、二甲苯、酚）的环上氢原子被硝基（$-NO_2$）取代而生成的化合物，硝基苯为该类有机物的主要代表。该类化合物均难溶于水，易溶于乙醇、乙醚及其他有机溶剂。环境中的硝基苯污染主要是由人类生产活动过程中排放所致。目前，我国颁布的大气污染物综合排放标准、污水综合排放标准中，所规定的硝基苯排放标准，并非指单一化合物，而是一类化合物的总计。

硝基苯类化合物广泛用于医药、农药、炸药、染料、造纸、纺织等领域，是一类重要的苯类化合物，其结构稳定，种类多且繁杂，难以降解。硝基苯类化合物是高毒性的物质，通过呼吸道及皮肤侵入人体后，可引起抽搐、嘴唇和指甲发蓝，或皮肤发蓝、腹痛、腹泻、头痛、轻度头昏、气促及肢体发冷、神经系统症状，以及贫血和肝肠疾患，严重时会对人产生致突变或致癌。

硝基苯为芳烃类化合物，是合成苯胺的重要原料，此外，硝基苯还被用于制造炸药、燃料、杀虫剂以及药物等产品原料，硝基苯也可作为溶液用于涂料、制鞋、地板材料等生产活动。由于硝基苯结构稳定，较难降解，特别是进入水体后会以黄绿色油状物沉入水底，并随地下水渗入土壤，长时间保持稳定，因此，对水体和土壤污染持续时间长，并对水生态系统和土壤—陆地生态系统产生一系列的生态影响和环境效应。硝基苯类引发的环境污染事件主要发生在工业生产、储存、运输和使用过程中，常表现为泄漏、火灾、爆炸等方面。如2005年11月13日，中国石油天然气股份有限公司吉林石化分公司双苯厂硝基苯精馏塔发生爆炸，造成8人死亡，60人受伤，直接经济损失6908万元，并引发松花江水污染事件，事故产生的主要污染物为苯、苯胺和硝基苯等有机物，超标的污染物主要是硝基苯和苯。国务院事故及事件调查组经过深入调查、取证和分析，认定中石油吉林石化分公司双苯厂“11·13”爆炸事故和松花江水污染事件，是一起特大安全生产责任事故和特别重大水污染责任事件。

二、硝基苯污染特性

【特征特性】

硝基苯是苯分子中一个氢原子被硝基取代而生成的化合物，无色或淡黄色（含二氧化氮杂质）的油状液体，有杏仁油的特殊气味。其相对密度1.205（15/4 ℃），熔点5.7 ℃，沸点210.9 ℃，闪点87.78 ℃，自燃点482.22 ℃，蒸气相对密度4.25，蒸气压0.13 kPa（44.4 ℃）；难溶于水，密度比水大，易溶于乙醇、乙醚、苯和油。

【危害】

硝基苯毒性较强，健康危害主要引起高铁血红蛋白血症，可引起溶血及肝损害。吸入、摄入或皮肤吸收均可引起人员中毒，中毒的典型症状是气短、眩晕、恶心、昏厥、神志不清、皮肤发蓝。吸入大量蒸气或皮肤大量沾染可引起急性中毒，使血红蛋白氧化或络合，血液变成深棕褐色，并引起头痛、恶心、呕吐等，有时中毒后出现溶血性贫血、黄疸、中毒性肝炎。慢性中毒有神经衰弱综合征，慢性溶血时，可出现贫血、黄疸，引起中毒性肝炎。

【危险特性】

遇明火、高热或与氧化剂接触，有引起燃烧爆炸的危险；与硝酸反应强烈；沸点较高，自然条件下的蒸发速度较慢，与强氧化剂反应生成对机械震动很敏感的化合物，能与空气形成爆炸性混合物，倾翻在环境中的硝基苯会散发出刺鼻的苦杏仁味，80 ℃以上其蒸气与空气的混合物具爆炸性。

【用途或污染来源】

硝基苯工业用途广泛，是重要的有机中间体。硝基苯用氯磺酸磺化得间硝基苯磺酰氯，用作染料、医药等中间体；硝基苯经氯化得间硝基氯苯，广泛用于染料、农药的生产；硝基苯再硝化可得间二硝基苯，经还原可得间苯二胺，用作染料中间体、环氧树脂固化剂、石油添加剂、水泥促凝剂；间二硝基苯如用硫化钠进行部分还原则得间硝基苯胺，为染料橙色基R，是偶氮染料和有机颜料等的中间体。

环境中的硝基苯主要来自化工厂、染料厂排放的废水废气，如苯胺染料厂排出的污水中含有大量硝基苯。贮运过程中的意外事故也会造成硝基苯的严重污染。硝基苯进入水体后，具有极高的稳定性。由于其密度大于水，进入水体的硝基苯会沉入水底，长时间保持不变，造成水体持续污染。

【急救措施】

皮肤接触：立即脱去被污染的衣着，用肥皂水和清水彻底冲洗皮肤，就医。

眼睛接触：提起眼睑，用流动清水或生理盐水冲洗，就医。

吸入：迅速脱离现场至空气新鲜处。保持呼吸道通畅。如呼吸困难，给输氧；如呼吸停止，立即进行人工呼吸，就医。

食入：饮足量温水，催吐，就医。

【硝基苯环境质量标准、排放标准及监测方法】列表说明如下。

表 3－58　硝基苯环境质量标准、排放标准及监测方法

<table>
<tr><th colspan="2" rowspan="2">类别</th><th rowspan="2">评价（参考）标准</th><th rowspan="2">标准限值</th><th colspan="2">监测方法</th></tr>
<tr><th>实验室</th><th>现场应急</th></tr>
<tr><td rowspan="2">气</td><td>环境空气</td><td>《工业企业设计卫生标准》（TJ 36－79）</td><td>居住区大气中硝基苯的一次最高容许浓度为 0.01 mg/m^3</td><td>（1）工作场所空气中芳香族硝基化合物的测定方法（GBZ/T160.74-2004）
（2）《环境空气 硝基苯类化合物的测定 气相色谱—质谱法》（HJ 739-2015）</td><td rowspan="2">便携式气相色谱法《突发性环境污染事故应急监测与处理处置技术》万本太主编</td></tr>
<tr><td>污染源废气</td><td>《大气污染物综合排放标准》（GB 16297-96）</td><td>1. 表1（1997 年 1 月 1 日前设立的污染源）
（1）无组织排放监控浓度限值：
0.050 mg/m^3
（2）有组织排放源：
<table>
<tr><td rowspan="2">最高允许排放浓度（mg/m^3）</td><td colspan="4">最高允许排放速率（kg/h）</td></tr>
<tr><td>排气筒高度（m）</td><td>一级</td><td>二级</td><td>三级</td></tr>
<tr><td rowspan="6">20</td><td>15</td><td rowspan="6">禁排</td><td>0.060</td><td>0.090</td></tr>
<tr><td>20</td><td>0.10</td><td>0.15</td></tr>
<tr><td>30</td><td>0.34</td><td>0.52</td></tr>
<tr><td>40</td><td>0.59</td><td>0.90</td></tr>
<tr><td>50</td><td>0.91</td><td>1.4</td></tr>
<tr><td>60</td><td>1.3</td><td>2.0</td></tr>
</table>
2. 表2（1997 年 1 月 1 日起设立的污染源）
（1）无组织排放监控浓度限值：
0.040 mg/m^3
（2）有组织排放源：
<table>
<tr><td rowspan="2">最高允许排放浓度（mg/m^3）</td><td colspan="4">最高允许排放速率（kg/h）</td></tr>
<tr><td>排气筒高度（m）</td><td>一级</td><td>二级</td><td>三级</td></tr>
<tr><td rowspan="6">16</td><td>15</td><td rowspan="6">禁排</td><td>0.050</td><td>0.080</td></tr>
<tr><td>20</td><td>0.090</td><td>0.13</td></tr>
<tr><td>30</td><td>0.29</td><td>0.44</td></tr>
<tr><td>40</td><td>0.50</td><td>0.77</td></tr>
<tr><td>50</td><td>0.77</td><td>1.2</td></tr>
<tr><td>60</td><td>1.1</td><td>1.7</td></tr>
</table>
</td><td>（1）《空气质量 硝基苯类（一硝基和二硝基化合物）锌还原－盐酸萘乙二胺分光光度法》（GB/T 15501-1995）
（2）《环境空气 硝基苯类化合物的测定 气相色谱法》（HJ 738-2015）</td></tr>
</table>

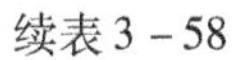

续表 3-58

类别		评价（参考）标准	标准限值	监测方法	
				实验室	现场应急
水	地表水	《地表水环境质量标准》（GB 3838-2002）	水地表水源地特定项目标准限值：硝基苯 0.017 mg/L	（1）《水质　硝基苯类化合物的测定 气相色谱法》（HJ 592-2010） （2）《水质　硝基苯类化合物的测定　液液萃取—固相萃取—气相色谱法》（HJ 648-2012） （3）《水质　硝基苯类化合物的测定　气相色谱—质谱法》（HJ 716-2014）	便携式气相色谱法《突发性环境污染事故应急监测与处理处置技术》万本太主编
水	污染源废水	《污水综合排放标准》（GB 8978-1996）	（1）表 2（1997 年 12 月 31 日之前建设的单位）硝基苯类最高允许排放浓度： 一级 2.0 mg/L 二级 3.0 mg/L 三级 5.0 mg/L （2）表 4（1998 年 1 月 1 日后建设的单位）硝基苯类最高允许排放浓度： 一级 2.0 mg/L 二级 3.0 mg/L 三级 5.0 mg/L		
水	污染源废水	广东省地方标准《水污染物排放限值》（DB 44/26-2001）	（1）表 2（第一时段）硝基苯类最高允许排放浓度： 一级 2.0 mg/L 二级 2.5 mg/L 三级 5.0 mg/L （2）表 4（第二时段）硝基苯类最高允许排放浓度： 一级 2.0 mg/L 二级 2.5 mg/L 三级 5.0 mg/L		
土壤		《展览会用地土壤环境质量评价标准（暂行）》（HJ350-2007）	土壤环境质量评价标准限值： A 级 3.9 mg/kg B 级 100 mg/kg	《气相色谱—质谱分析法（GC/MS）测定半挥发性有机污染物》（EPA 8270D-2007）	
危险废物		《危险废物鉴别标准　浸出毒性鉴别》（GB 5085.3-2007）	浸出液中危害成分浓度限值： 硝基苯：20 mg/L 二硝基苯：20 mg/L	《危险废物鉴别标准　浸出毒性鉴别》（GB 5085.3-2007） 附录 10：固体废物　硝基芳烃和硝基胺的测定　高效液相色谱法 附录 K：固体废物　半挥发性有机化合物的测定　气相色谱/质谱法	

【硝基苯事故应急处理方法】 列表说明如下。

表 3-59　硝基苯事故应急处理方法

处理方法	常用应急材料	灭火方法	应急防护	注意事项
(1) 迅速撤离泄漏污染区人员至安全区，并进行隔离，严格限制出入。切断火源。尽可能切断泄漏源。防止进入下水道、排洪沟等限制性空间；(2) 当硝基苯洒在地面时，立即用沙土、泥块阻断漏液的蔓延，配戴好面具、手套，将漏液或漏物收集在适当的容器内封存，用沙土或其他惰性材料吸收残液，转移到安全地带；(3) 当硝基苯倾倒在水面时，应迅速切断被污染水体的流动，以免污染扩散	(1) 砂土；(2) 活性炭或其他惰性材料（如惰性海绵等）；(3) 泡沫或干粉灭火器；(4) 防爆泵；(5) 槽车	(1) 灭火方法：消防人员须佩戴防毒面具、穿全身消防服。喷水冷却容器，可能的话将容器从火场移至空旷处；(2) 灭火剂：雾状水、抗溶性泡沫、二氧化碳、砂土	呼吸系统防护：可能接触其蒸气时，佩戴过滤式防毒面具（半面罩），紧急事态抢救或撤离时，建议佩戴自给式呼吸器。眼睛防护：戴安全防护眼镜。身体防护：穿透气型防毒服。手防护：戴防苯耐油手套。建议应急处理人员戴自给正压式呼吸器，穿防毒服；不要直接接触泄漏物；接触硝基苯的人员严禁饮酒，以免加重加速毒性作用；作业时使用的所有设备应接地	(1) 避免明火，避免与强氧化剂接触；(2) 工作现场禁止吸烟、进食和饮水。

三、硝基苯污染事故应急处置实例

（一）中石油吉化双苯厂爆炸污染事件

【事件回顾】

2005 年 11 月 13 日，中石油吉化双苯厂爆炸导致松花江发生重大环境污染事件，形成的硝基苯污染带流经吉林、黑龙江两省，在我国境内历时 42 天，12 月 25 日进入俄罗斯境内。国务院对爆炸事故引起的松花江污染事件极为重视。时任总理温家宝同志指示环保等部门和地方政府采取有效措施保障饮用水安全，加强监测，提供准确信息。国务院其他负责人也批示要求环保部门加强水质监测，确保用水单位、居民用水安全。

俄罗斯对松花江水污染对中俄界河黑龙江（俄方称阿穆尔河）造成的影响表示关注。11 月 26 日，时任外交部长李肇星约见俄罗斯驻华大使拉佐夫，奉命向俄方通报中国吉林市吉化公司双苯厂发生爆炸事故造成松花江水质污染的有关情况和中国政府采取的措施。

12 月 4 日，时任国务院总理温家宝就松花江水污染事致信俄罗斯总理弗拉德科夫。他在信中强调，中俄两国人民同饮一江水，保护跨界水资源对两国人民的健康和安全至关重要，他介绍了中方已经并正在采取的措施，表示中方对此次污染持负责任的态度，重申愿与俄方进一步加强合作，消除灾害后果。

【应急控制措施】

1. 在爆炸事故发生后，国家环境保护总局立即启动应急预案，迅速实施应急指挥与协调，协助吉林、黑龙江两省政府落实应急措施，派专家赶赴黑龙江现场协助地方政府开展污染防控工作，会同当地水利、化工等专家迅速对环境污染影响范围及程度进行评估，为当地政府防控决策提出建议。

2. 水利部高度重视，要求有关地区水利部门紧急行动起来，采取各项应对措施，竭尽全力降低松花江水体污染对沿江城乡供水的影响。水利部出台的紧急措施有四项：一是加大上游水库下泄流量，加快污染水团下行速度，稀释受污染水体；二是加强对松花江水体的实时动态监测，应急加密监测断面和测次，及时跟踪水体污染及行进情况；三是派出工作组赶赴黑龙江省，协助地方做好有关工作；四是向俄罗斯通报松花江水体污染事件。

3. 吉林省政府立即召开紧急会议，启动应急预案，部署防控工作，并于11月18日向黑龙江省进行了通报。有关部门及时封堵了事故污染物排放口。加大丰满水电站下泻流量，加快污染稀释速度。通知直接从松花江取水的企事业单位和居民停止生活取水，并对工业用水采取预防措施。环保部门通过增加监测点位和监测频率，加强了对松花江水质的监测。

4. 黑龙江省政府接到吉林省的通报后，立即启动了应急预案，成立了以省长为组长的应急处置领导小组，对松花江沿岸市县特别是哈尔滨市的应急工作进行统一部署。地方环保部门增加了松花江水质的监测点位和监测频次，黑龙江省还从省长基金中拨出1000万元专款用于事故应急。

【处理效果】

根据国家环保总局通报，2005年11月22日18时，吉林省境内松花江第二干流所有断面苯和硝基苯已全部达到国家地表水环境质量标准。11月22日23时，肇源断面硝基苯浓度已大大降低，超标0.42倍。11月23日始，该断面未检出苯超标。23日零时硝基苯浓度为0.021 mg/L，超标0.24倍；23日1时浓度为0.0154 mg/L，达标。根据水流速度，预计11月23日晚到达哈尔滨市四方台取水口，11月25日下午流过哈尔滨市江段。松花江哈尔滨以下段将汇入呼兰河、汤望河、牡丹江等较大支流，由于流量增大，物理、化学作用增强，污染物污染程度会不断减轻。黑龙江抚远断面中方一侧硝基苯浓度，12月25日12时为0.0106 mg/L，到12月25日2时，境内设置的所有监测断面硝基苯和苯浓度均低于国家标准。

（二）徐州市槽罐车侧翻泄露事故

【事件回顾】

2006年4月4日，一辆运载化学危险品槽罐车途经江苏省徐州市西三环路故黄河桥北侧20米处，因发生交通事故导致侧翻，槽罐内装有约25吨液体硝基苯有数吨泄漏，现场周围能闻到明显刺鼻苦杏仁气味。

【应急控制措施】

徐州消防支队接到报警到达现场后，在南北500米、东西100米处设立警戒标志，与交警部门协同做好车辆和人员的分流工作；对泄漏到路面的硝基苯采取围堵控制，防止液体流进下水道造成环境污染，消防队员用沙土在路面四周围坎，阻断漏液蔓延。

4月5日0时33分，消防官兵对泄漏处进行成功封堵，泄漏受到控制；5时30分，在做好安全防范措施的基础上，将发生事故的槽车通过转输泵把硝基苯输进另一车辆搬离现场。随后，用细沙对事故现场进行了覆盖，用塑料桶收集、密封，运到有资质的单位进行处理，彻底消除险情。

【处理效果】

未造成人员伤亡及水体污染。

第七节　苯胺类化合物特征及应急处置

一、概述

苯胺类化合物是指苯或其同系物（如甲苯、二甲苯、酚）的环上氢原子被氨基（NH_2）取代后形成的化合物，苯胺是该类有机物的主要代表。目前，我国已颁布的大气污染物综合排放标准、污水综合排放标准中，所规定的苯胺类排放标准，并非指单一化合物，而是一类化合物的总计。

苯胺类化合物，是一种具有芳香气味的无色油状液体，广泛应用于国防、印染、塑料、油漆、农药和医药工业等，同时也是严重污染环境和危害人体健康的有害物质，是一种“致癌、致畸、致突变”的“三致”物质。由于该类化合物具有长期残留性、生物蓄积性、致癌性等特点，被美国EPA列为优先控制的129种污染物，也被列入“中国环境优先污染物黑名单”中，在工业排水中要求严格控制。

苯胺类化合物是染料工业中最重要的中间体之一，是生产农药的重要原料，主要用于制造染料、药物、树脂，还可以用作橡胶硫化促进剂等。

苯胺类化合物在有机合成和化工产品领域用途十分广泛。其引发的环境污染事件主要发生在工业生产、储存、运输和使用过程中，常表现为泄漏、火灾、中毒等方面，如2012年12月31日山西省长治市潞城市境内的山西天脊煤化工集团股份有限公司发生一起因输送软管破裂导致的苯胺泄漏事故，泄漏苯胺随河水流出省外，引起河北省邯郸市大面积停水，是一起由企业安全生产责任事故引发的重大环境污染事件。

二、苯胺污染特性

【特性】

苯胺又称阿尼林油、胺基苯，分子式C_6H_7N，是最简单的一级芳香胺。苯胺为无色或微黄色油状液体，有强烈气味。其熔点－6.2 ℃，沸点184.4 ℃，相对密度（水＝1）1.02，相对蒸气密度（空气＝1）3.22，粘度3.71（25 ℃），饱和蒸气压2.00 kPa（77 ℃），燃烧热3389.8 kJ/mol，临界温度425.6 ℃，临界压力5.30 MPa，辛醇/水分配系数的对数值0.94，折光率1.5863，闪点70 ℃，爆炸上限11.0%，爆炸下限1.3%；微溶于水，溶于乙醇、乙醚、苯等，暴露于空气中或日光下变为棕色；有碱性，能与盐酸化合生成盐酸盐，与硫酸化合成硫酸盐，能起卤化、乙酰化、重氮化等作用。遇明火、高热可燃，燃烧的火焰会产生烟；与酸类、卤素、醇类、胺类发生强烈反应，会引起燃烧。

储存注意事项：储存于阴凉、通风的库房，远离火种、热源，库温不超过 30 ℃，相对湿度不超过 80%，避光保存；包装要求密封，不可与空气接触；应与氧化剂、酸类、食用化学品分开存放，切忌混储。

【危害】

苯胺具有长期残留性、生物蓄积性等特点。健康危害主要是引起高铁血红蛋白血症和肝、肾及皮肤损害，短期内皮肤吸收或吸入大量苯胺者先出现高铁血红蛋白血症，表现为紫绀，舌、唇、指（趾）甲、面颊、耳廓呈蓝褐色，严重时皮肤、黏膜呈铅灰色，并有头晕、头痛、乏力、胸闷、心悸、气急、食欲不振、恶心、呕吐，甚至意识障碍；高铁血红蛋白 10% 以上，红细胞中出现赫恩兹小体，可在中毒 4 天左右发生溶血性贫血，中毒后 2 ～7 天内发生毒性肝病。口服中毒除出现上述症状外，胃肠道刺激症状较明显，眼睛接触可出现结膜和角膜炎，皮肤接触可引起皮炎。长期低浓度接触可引起中毒性肝病。

【危险特性】

对环境有危害，对水体可造成污染，可燃，有毒。苯胺泄漏造成水质恶化，容易挥发到空气中形成蒸气。苯胺在常温条件下是油状液体，土壤对其有良好的吸收作用，混入土壤中的苯胺在短时间内很难分解，半衰期在 350 天左右。苯胺在氧含量充足的水体中可降解，半衰期为 5 ～25 天，进入水体的苯胺由于分子结构非常稳定，可使水体和底泥的物理、化学性质和生物种群发生变化，造成水质恶化，破坏生态环境，导致持久的环境污染。

【用途（来源）】

苯胺在有机合成和化工产品领域用途十分广泛。

苯胺是染料工业中最重要的中间体之一，在染料工业中可用于制造酸性墨水蓝 G、酸性媒介 BS、酸性嫩黄、直接橙 S、直接桃红、靛蓝、分散黄棕、阳离子桃红 FG 和活性艳红 X－SB 等；在有机颜料方面可用于制造金光红、金光红 G、大红粉、酚菁红、油溶黑等。在印染工业中用于染料苯胺黑；在农药工业中用于生产许多杀虫剂、杀菌剂，如 DDV、除草醚、毒草胺等。苯胺是橡胶助剂的重要原料，用于制造防老剂甲、丁、RD、4010，促进剂 M、808、D、CA 等；也可作为医药磺胺药的原料，同时也是生产香料、塑料、清漆、胶片等的中间体；可作为炸药中的稳定剂、汽油中的防爆剂以及用作溶剂；还可以用作制造对苯二酚、2－苯基吲哚等。

【苯胺类泄漏事故应急处理方法】 列表说明如下。

表 3－60　苯胺类泄漏事故应急处理方法

处理方法	常用应急材料	灭火方法	应急防护	注意事项
(1) 迅速撤离泄漏污染区人员至安全区，并进行隔离，严格限制出入。切断火源； (2) 尽可能切断泄漏源。防止进入下水道、排洪沟等限制性空间； (3) 小量泄漏：用砂土或其他不燃材料吸附或吸收； (4) 大量泄漏：构筑围堤或挖坑收容。喷雾状水或泡沫冷却和稀释蒸气、保护现场人员。用泵转移至槽车或专用收集器内，回收或运至废物处理场所处置	(1) 砂土； (2) 活性炭或其他惰性材料(如惰性海绵等)； (3) 泡沫灭火器； (4) 防爆泵； (5) 槽车	(1) 灭火方法：消防人员须戴好防毒面具，在安全距离以外，在上风向灭火； (2) 灭火剂：水、泡沫、二氧化碳、砂土	(1) 呼吸系统防护：可能接触其蒸气时，佩戴过滤式防毒面具(半面罩)。紧急事态抢救或撤离时，建议佩戴自给式呼吸器； (2) 眼睛防护：戴安全防护眼镜； (3) 身体防护：穿防毒物渗透工作服； (4) 手防护：戴橡胶耐油手套； (5) 不要直接接触泄漏物	(1) 远离火种、热源，工作场所严禁吸烟； (2) 操作尽可能机械化、自动化； (3) 使用防爆型的通风系统和设备。防止蒸气泄漏到工作场所空气中； (4) 避免与氧化剂、酸类接触。搬运时要轻装轻卸，防止包装及容器损坏； (5) 工作现场禁止吸烟、进食和饮水

【苯胺类环境质量标准、排放标准及监测方法】列表说明如下。

表 3－61　苯胺类环境质量标准、排放标准及监测方法

<table>
<tr><th rowspan="2">类别</th><th rowspan="2">评价（参考）标准</th><th rowspan="2">标准限值</th><th colspan="2">监测方法</th></tr>
<tr><th>实验室</th><th>现场应急</th></tr>
<tr><td>环境空气</td><td>《工业企业设计卫生标准》（TJ 36－79）</td><td>居住区大气中苯胺的最高容许浓度：
一次 0.10 mg/m³
日平均 0.03 mg/m³</td><td rowspan="2">(1)《工作场所空气中芳香族胺类化合物的测定方法》(GBZ/T 160.72-2004)
(2)《空气质量　苯胺类的测定　盐酸萘乙二胺分光光度法》(GB/T 15502-1995)
(3)《大气固定污染源苯胺类的测定　气相色谱法》(HJ/T 68-2001)</td><td rowspan="2">快速检测管法
便携式气相色谱法</td></tr>
<tr><td>污染源废气</td><td>《大气污染物综合排放标准》（GB 16297-1996）</td><td>1. 表 1（1997 年 1 月 1 日前设立的污染源）
（1）无组织排放监控浓度限值：0.50 mg/m³
（2）有组织排放源：
<table>
<tr><th rowspan="2">最高允许排放浓度（mg/m³）</th><th colspan="4">最高允许排放速率（kg/h）</th></tr>
<tr><th>排气筒高度（m）</th><th>一级</th><th>二级</th><th>三级</th></tr>
<tr><td rowspan="6">25</td><td>15</td><td rowspan="6">禁排</td><td>0.61</td><td>0.92</td></tr>
<tr><td>20</td><td>1.0</td><td>1.5</td></tr>
<tr><td>30</td><td>3.4</td><td>5.2</td></tr>
<tr><td>40</td><td>5.9</td><td>9.0</td></tr>
<tr><td>50</td><td>9.1</td><td>14</td></tr>
<tr><td>60</td><td>13</td><td>20</td></tr>
</table>
2. 表 2（1997 年 1 月 1 日起设立的污染源）
（1）无组织排放监控浓度限值：0.40 mg/m³
（2）有组织排放源：
<table>
<tr><th rowspan="2">最高允许排放浓度（mg/m³）</th><th colspan="4">最高允许排放速率（kg/h）</th></tr>
<tr><th>排气筒高度（m）</th><th>一级</th><th>二级</th><th>三级</th></tr>
<tr><td rowspan="6">20</td><td>15</td><td rowspan="6">禁排</td><td>0.52</td><td>0.78</td></tr>
<tr><td>20</td><td>0.87</td><td>1.3</td></tr>
<tr><td>30</td><td>2.9</td><td>4.4</td></tr>
<tr><td>40</td><td>5.0</td><td>7.6</td></tr>
<tr><td>50</td><td>7.7</td><td>12</td></tr>
<tr><td>60</td><td>11</td><td>17</td></tr>
</table></td></tr>
</table>

续表 3-61

<table>
<tr><td>地表水</td><td>《地表水环境质量标准》
（GB 3838-2002）</td><td>集中式生活饮用水地表水源地特定项目标准限值：苯胺 0.1 mg/L</td><td rowspan="3">（1）《水质　苯胺类化合物的测定 N-（1-萘基）乙二胺偶氮分光光度法》
（GB/T 11889-1989）
（2）《水质　苯胺类化合物的测定 气相色谱—质谱法》（HJ 822-2017）</td><td rowspan="3">快速检测管法
便携式气相色谱法</td></tr>
<tr><td rowspan="2">污染源废水</td><td>《污水综合排放标准》
（GB 8978-1996）</td><td>（1）表 2（1997 年 12 月 31 日之前建设的单位）苯胺类最高允许排放浓度：一级 1.0 mg/L，二级 2.0 mg/L，三级 5.0 mg/L
（2）表 4（1998 年 1 月 1 日后建设的单位）苯胺类最高允许排放浓度：一级 1.0 mg/L，二级 2.0 mg/L，三级 5.0 mg/L</td></tr>
<tr><td>广东省地方标准《水污染物排放限值》
（DB 44/26-2001）</td><td>（1）表 2（第一时段）苯胺类最高允许排放浓度：一级 1.0 mg/L，二级 1.5 mg/L，三级 5.0 mg/L
（2）表 4（第二时段）苯胺类最高允许排放浓度：一级 1.0 mg/L，二级 1.5 mg/L，三级 5.0 mg/L</td></tr>
<tr><td>土壤</td><td>《展览会用地土壤环境质量评价标准（暂行）》
（HJ 350-2007）</td><td>土壤环境质量评价标准限值：
A 级 5.8 mg/kg
B 级 56 mg/kg</td><td>《气相色谱—质谱分析法（GC/MS）测定半挥发性有机污染物》
（EPA 8270D-2007）</td><td></td></tr>
</table>

三、苯胺类化合物污染应急处置实例

（一）潞安天脊煤化工厂苯胺泄漏事故

【事件回顾】

2012 年 12 月 31 日，位于山西省长治市境内的潞安天脊煤化工厂发生苯胺泄漏入河事件。长治市通报称，泄漏在山西境内辐射流域约 80 公里，波及约 2 万人。泄漏事件导致河北省邯郸市停止从岳城水库供水，改为地下水源地供水，2013 年 1 月 5 日下午发生大面积停水，1 月 6 日 85% 以上主城区恢复供水；河南省安阳市 1 月 6 日下午切断岳城水库供水，启动地下水源地供水。苯胺泄漏从 2012 年 12 月 30 日 13 时 45 分开始至 31 日 8 时 15 分停止，总泄漏时间为 18.5 小时，受污染河流为浊漳河，经调查测算，流入浊漳河 8.76 吨。浊漳河下游是山西、河北、河南三省的交界处，浊漳河与清漳河汇入漳河，流入岳城水库和东武仕水库，岳城水库是邯郸市和安阳市的饮用水源地，东武仕水库是邯郸市的备用水源地。同时，部分受污染的浊漳河河水通过红旗渠流入河南省内。

【应急控制措施】

泄漏发生后，长治市政府和天脊煤化工集团迅速启动应急预案，在浊漳河河道中筑了三个焦炭坝，对污染物用活性炭吸附清理，设置了5个监测点，每两小时上报一次监测数据，同时沿着河流深入河北境内80公里进行水质监测。2013年1月5日下午山西省政府接到此次泄漏报告，报告称泄漏苯胺可能随河水流入省内。山西省委、省政府高度重视，立即启动应急预案，成立了省级应急处置小组，开展了事故调查处置工作，要求长治市和有关部门尽快采取有效措施，封堵源头，清理污染物，加强对污染物的全面检测，防止有新的污染物向下游扩散，积极做好与兄弟省市的沟通、协助、预警工作，共同处理好这起泄漏事故。

2013年1月6日，接到事故通知后，中国环境科学研究院与环保部应急中心、科技司迅速与水污染控制技术研究中心及城市水环境科技创新基地等相关环境部门组成应急工作技术组赶赴事故应急现场，第一时间向地方环保局了解事故原因、事件处置情况、现场水质监测等。1月7日，环保部专家组研讨，形成了“漳河流域突发环境事件应急处置技术方案”。该技术方案针对饮用水源地安全保障，提出了污染物监测、饮用水取水条件、供水保障措施方案，并针对受污染河水处置提出防止污染扩大、河道截流与治理方案，同时对后续工作的开展提出了建议。

1月8日，环保部应急技术专家组继续深入开展漳河上游污染源排查，专家们兵分两路，一组前往漳河下游小跃峰渠分流处南神岗和香水河踏勘受污染河水截留与下泄情况，另一组成员前往漳河上游跃峰渠首、岳城水库上游海乐山水电站考察。调查得知，未受污染的清漳河在与浊漳河汇合前经大跃峰渠引至东武仕水库，污染的浊漳河水在海乐山水电站处引入小跃峰渠，绕过岳城水库，经香水河引入漳河下游进行处置，在水跃峰渠入口修筑一道活性炭坝，吸附降低苯酚、苯胺浓度；备用水源地东武仕水库只接收未受污染的清漳河河水，可稀释此前的部分污染物。1月8日，环保部科技司编制了《漳河流域突发性环境事件应急处置工程方案》。

技术专家组针对漳河流域河北省段上、中、下游残存及后续下泄污染水团情况，提出通过构筑活性炭坝等工程措施，充分利用低温条件将污染水团就近冰冻固化，将其封堵、滞流在流域非水源地区域。在活性炭吸附削减的基础上，利用跌水曝气、微生物及光降解等自然降解作用，实现苯胺和苯酚的高效降解，消除污染物进入饮用水源的风险。技术专家组具体编制了入库河道截污、人工导流储存、后续污染水团强化净化方案，基于最新监测数据，详细测算了下泄受污染河水总量、河道污染物总量、污染物活性炭吸附及自然降解量，从而保障基本消除对下游造成污染。专家组还提出了工程保障措施以及开展饮用水源地及水质安全应急风险评估等后续工作。

【处理结果】

2013年2月20日山西省公布的“12·31”苯胺泄漏事故处理结果环境监测数据显示，浊漳河王家庄断面（出省断面）、红旗渠源头苯胺浓度连续稳定达到了集中式生活饮

用水地表水源地特定项目标准限值，挥发酚浓度连续稳定达到了地表水环境质量标准的Ⅲ类标准限值。

（二）车载苯胺泄漏事故

【事件回顾】

2003 年 12 月 30 日一辆装载 7. 28 t 苯胺的槽车从宁波开往温州的路上在甬台温高速公路温岭市境内翻车，造成 5. 3 吨苯胺泄漏在高速公路旁的环境中，除少量的液体被清除外，绝大部分渗入地下，造成了水井污染。

【应急控制措施】

（1）本次苯胺事故发生后，当地政府立即组织对周边的水井进行了查封和监测，在事故地点 1. 5 公里范围内，对离事故点最近的 8 口水井，及根据水源流向在不同的距离选择有代表性的水井 7 口，设为监测点开展监测，其中离事故点最近的水井为 15 米，最远的 150 米左右，监测频次为事故发生后的前 7 天每天 1 次，2 个月内每周 1 次，以后每月 1 次，共监测 6 个月。

（2）当地政府及时通报信息，避免群众恐慌，将残留物用车运到有资质单位处置。

（3）采取了收集原液及污染严重的水土表层填埋的措施。

（4）事故发生后政府采取了临时送水措施和长期的自来水接入，对受污染的横后、屿孙两个村的水井实行永久停用。

【处理效果】

经过半年监测，结果表明：（1）此次事故造成污染环境将持久；（2）由于处置措施及时，没有发生周围人群的中毒事件。

第八节　多环芳烃特征及应急处置

一、概述

多环芳烃（简称 PAHs），是指两个或两个以上苯环以线状、角状或簇状排列的稠环化合物，是有机物不完全燃烧或高温裂解的副产物。PAHs 广泛存在于石油、煤炭中，具有潜在的致畸性、致癌性和基因毒性，且其毒性随着 PAHs 苯环的增加而增加，如苯并芘是已知的具有极强致癌性的有机化合物。由于这类化合物具有极低的水溶性，在环境中很难消除，因此 PAHs 被美国环保局和欧共体同时确定为必须首先控制的污染物，并把其中的 16 种化合物作为环境污染的监测参数。

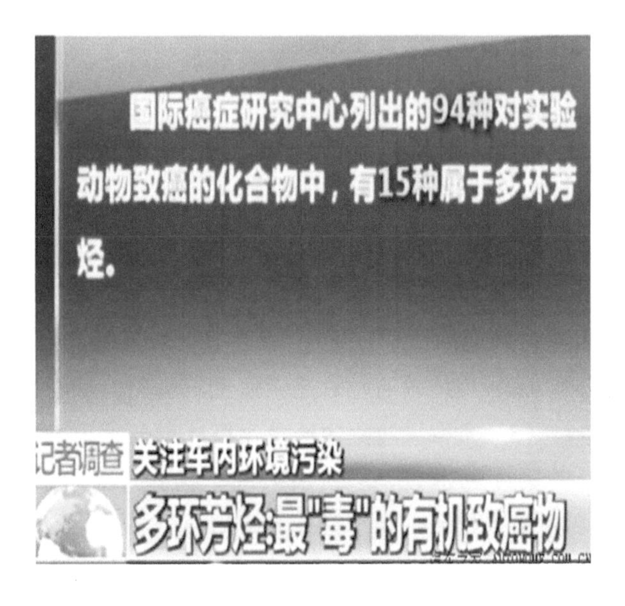

PAHs 主要来源包括自然源和人为源，自然源包括燃烧（森林大火和火山喷发）和生物合成（沉积物成岩过程、生物转化过程和焦油矿坑内气体）；人为源来自于工业工艺过程、缺氧燃烧、垃圾焚烧和填埋、食品制作，以及直接的交通排放和同时伴随的轮胎磨损、路面磨损产生的沥青颗粒以及道路扬尘中。这些人为源是多环芳烃的主要来源，占环境中多环芳烃总量的 50% 以上，另外溢油事件也成为 PAHs 人为源的一部分。

二、特征污染物特征

（一）苯并 α 芘

【特征特性】

苯并 α 芘（Benzoapyrene）化学式为 C_20H_{12}，是一种五环多环芳香烃类，结晶为针状无色至淡黄色固体。分子量 252. 32，熔点 179 ℃，沸点 475 ℃。不溶于水，微溶于乙醇、甲醇，溶于苯、甲苯、二甲苯、氯仿、乙醚、丙酮等。相对密度（水 =1）1. 35。

【危害】

侵入途径：吸入、食入、经皮肤吸收。健康危害：对眼睛、皮肤有刺激作用。苯并 α 芘是致癌物、致畸源及诱变剂，是多环芳烃中毒性最大的一种强烈致癌物。

急性毒性：LD_{50}500 mg/kg（小鼠腹腔），50 mg/kg（大鼠皮下）。

慢性毒性：长期生活在含苯并α芘的空气环境中，会造成慢性中毒，空气中的苯并α芘是导致肺癌的最重要的因素之一。

水生生物毒性：5 μg/L，12 天，微生物，阻碍作用；5 mg/L，13 小时，软体动物卵，阻碍作用，结构变化。

致癌：苯并α芘被认为是高活性致癌剂，但并非直接致癌物，必须经细胞微粒体中的混合功能氧化酶激活才具有致癌性。在多环芳烃中，苯并α芘污染最广、致癌性最强。苯并α芘不仅在环境中广泛存在，较稳定，且与其他多环芳烃的含量有一定的相关性，所以，一般都把苯并α芘作为大气致癌物的代表。

致畸：1000 mg/kg，妊娠大鼠胎儿致畸。

致突变：40 mg/kg，1 次，田鼠经腹膜，染色体试验多种变化。小鼠，遗传表型试验多种变化。昆虫，遗传表型试验多种变化。微生物，遗传表型试验多种变化。人体细胞培养 DNA 多种变化。

【危险特性】

遇明火、高热可燃，受高热分解出有毒的气体。

【用途（来源）】

环境中苯并α芘主要来源于煤焦油、各类炭黑和煤、石油等燃烧产生的烟气、香烟烟雾、汽车尾气中，以及焦化、炼油、沥青、塑料等工业污水中。地面水中的苯并α芘除了工业排污外，主要来自大气的降水。

【泄漏应急处理】

隔离泄漏污染区，周围设警告标志，应急处理人员戴自给式呼吸器，穿化学防护服。不要直接接触泄漏物，避免扬尘，小心扫起，用水泥、沥青或适当的热塑性材料固化处理再废弃。如大量泄漏，收集回收或无害化处理后废弃。

【防护措施】

呼吸系统防护：一般不需特殊防护，但建议特殊情况下，佩带自给式呼吸器。

眼睛防护：戴安全防护眼镜。

防护服：穿聚乙烯薄膜防毒服。

手防护：必要时戴防化学品手套。

其他：工作后，淋浴更衣；避免长期反复接触，谨防其致癌性。

【急救措施】

皮肤接触：脱去污染的衣着，用肥皂水及清水彻底冲洗。

眼睛接触：立即翻开上下眼睑，用流动清水冲洗 15 分钟，就医。

吸入：脱离污染环境，用水漱洗鼻咽部的粉尘，就医。

食入：误服者充分漱口、饮水，催吐，就医。

【灭火方法】

二氧化碳、干粉、1211 灭火剂、砂土。用水可引起沸溅。

【**苯并α芘环境质量标准、排放标准及监测方法**】列表说明如下。

表3-62　苯并α芘环境质量标准、排放标准及监测方法

类　别	标准依据	限　值	监测方法
环境空气	环境空气质量标准 （GB 3095-2012）	年平均： 一级 0.001 $\mu g/m^3$ 二级 0.001 $\mu g/m^3$ 24 小时： 一级 0.0025 $\mu g/m^3$ 二级 0.0025 $\mu g/m^3$	（1）《空气质量　飘尘中苯并α芘的测定　乙酰化滤纸层析荧光分光光度法》 （GB 8971-2012） （2）《环境空气　苯并α芘的测定　高效液相色谱法》 （GB/T 15439-2012）
废气污染源	《大气污染物综合排放标准》 （GB 16297-1996）	表1： （1）无组织排放周界外浓度最高点：0.01 $\mu g/m^3$ （2）排气筒高度 15 米，最高允许排放速率： 二级 0.06×10^{-3} kg/h 三级 0.09×10^{-3} kg/h （3）最高允许排放浓度： 0.50×10^{-3} mg/m^3	（1）《环境空气和废气　气相和颗粒物中多环芳烃的测定　气相色谱—质谱法》 （HJ 646-2013） （2）《环境空气和废气　气相和颗粒物中多环芳烃的测定　高效液相色谱法》 （HJ 647-2013）
		表2： （1）无组织排放周界外浓度最高点：0.008 $\mu g/m^3$ （2）排气筒高度 15 米，最高允许排放速率： 二级 0.050×10^{-3} kg/h 三级 0.080×10^{-3} kg/h （3）最高允许排放浓度 0.30×10^{-3} mg/m^3	
	《广东省地方标准　大气污染物排放限值》 （DB 44/26-2001）	表1： （1）无组织排放周界外浓度最高点：0.010 $\mu g/m^3$ （2）排气筒高度 15 米，最高允许排放速率： 二级 0.050×10^{-3} kg/h 三级 0.080×10^{-3} kg/h （3）最高允许排放浓度： 0.30×10^{-3} mg/m^3	
		表2： （1）无组织排放周界外浓度最高点：0.008 $\mu g/m^3$ （2）排气筒高度 15 米，最高允许排放速率： 二级 0.04×10^{-3} kg/h 三级 0.06×10^{-3} kg/h （3）最高允许排放浓度： 0.30×10^{-3} mg/m^3	

续表 3-62

废水污染源	《污水综合排放标准》（GB 8978-96）	第一类污染物氯苯最高允许排放浓度：0.0003 mg/L	（1）《水质　乙酰化滤纸层析荧光分光光度法》（GB 11895-89） （2）《水质　六种特定多环芳烃的测定　高效液相色谱法》（GB 13198-1991） （3）《水质　多环芳烃的测定　液液萃取和固相萃取高效液相色谱法》（HJ 478-2009）
	广东省地方标准《水污染物排放限值》（DB 44/26-2001）	第一类污染物氯苯最高允许排放浓度：0.0003 mg/L	
地表水	《地表水环境质量标准》（GB 3838-2002）	集中式生活饮用水地表水源地特定项目标准限值：2.8×10^{-6}mg/L	《水质　乙酰化滤纸层析荧光分光光度法》（GB 11895-89）
土壤	《展览会用地土壤环境质量评价标准（暂行）》（HJ 350-2007）	A 级（未受污染）：0.3 mg/kg B 级（需要修复）：0.66 mg/kg	（1）《土壤和沉积物　多环芳烃的测定　气相色谱—质谱法》（HJ 805-2016） （2）《土壤和沉积物　多环芳烃的测定　高效液相色谱法》（HJ 784-2016）
应急监测方法	HPLC-RF（荧光）法快速测定水中苯并 α 芘，吴润琴等，《环境监测管理与技术》，2000 年 4 期		

第九节　氯代苯类化合物特征及应急处置

一、概述

氯代苯是指苯分子中一个或几个氢原子被氯原子取代后的有机烃类化合物，广泛分布于空气、土壤、地下水、地表水以及海洋中。氯代苯及其衍生物是化工、医药、制革、电子等行业广泛应用的化工原料、有机合成中间体和有机溶剂。

氯代苯类化合物的物理化学性质稳定，不易分解；在水中溶解度小，易溶于有机溶剂中。氯代苯类化合物具有强烈气味，对人体的皮肤、结膜和呼吸器官产生刺激，进入人体内有蓄积作用，抑制神经中枢，严重中毒时会损害肝脏和肾脏。

氯代苯类化合物主要包括氯苯、1,4－二氯苯、1,3－二氯苯、1,2－二氯苯、1,3,5－三氯苯、1,2,4－三氯苯、1,2,3－三氯苯、1,2,4,5－四氯苯、1,2,3,5－四氯苯、1,2,3,4－四氯苯、五氯苯和六氯苯等12种。

二、几种氯代苯化合物特征

（一）氯苯

【特征特性】

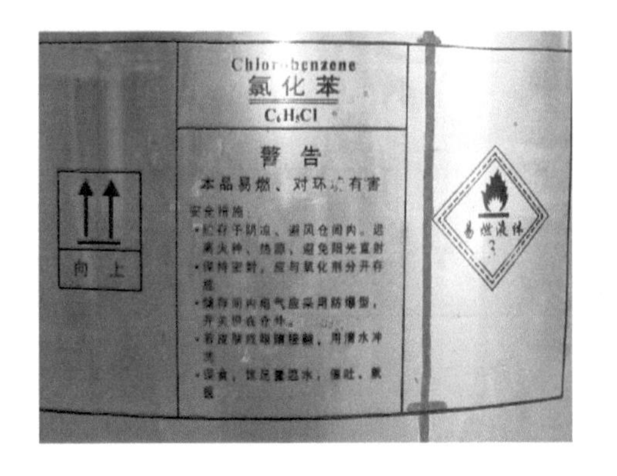

氯苯在常温下为无色透明液体，具有苦杏仁味；不溶于水，溶于乙醇、乙醚、氯仿、二硫化碳、苯等多数有机溶剂。氯苯的化学分子式为 C_6H_5Cl，分子量112.56。氯苯比水密度高，为1.11 g/cm^3，熔点－45 ℃，沸点131 ℃。易燃，具有刺激性。

【危害】

氯苯是有毒，易燃液体。

侵入途径：吸入、食入、经皮肤吸收。

健康危害：对中枢神经系统有抑制和麻醉作用；对皮肤和粘膜有刺激性。

急性中毒：接触高浓度可引起麻醉症状，甚至昏迷；脱离现场，积极救治后，可较快恢复，但数日内仍有头痛、头晕、无力、食欲减退等症状。液体对皮肤有轻度刺激性，但反复接触，则起红斑或有轻度表浅性坏死。

慢性中毒：常有眼痛、流泪、结膜充血；早期有头痛、失眠、记忆力减退等神经衰弱症状；重者引起中毒性肝炎，个别可发生肾脏损害。

【危险特性】

氯苯易燃，遇明火、高热或与氧化剂接触，有引起燃烧爆炸的危险；与过氯酸银、二甲亚砜反应剧烈。燃烧（分解）产物为一氧化碳、二氧化碳、氯化物。

【用途（来源）】

氯苯工业用途广泛，染料、医药工业中用于制造苯酚、硝基氯苯、苯胺、硝基酚等有机中间体；橡胶工业用于制造橡胶助剂；农药工业用于制造 DDT；涂料工业用于制造油漆；轻工业用于制造干洗剂和快干油墨；化工生产中用作溶剂和传热介质；分析化学中用作化学试剂。

【氯苯环境质量标准、排放标准及监测方法】 列表说明如下。

表 3－63　氯苯环境质量标准、排放标准及监测方法

类　别	标准依据	限　值	监测方法
废气污染源	《大气污染物综合排放标准》(GB 16297-1996)	表 1： (1) 无组织排放周界外浓度最高点：0.50 mg/m^3 (2) 排气筒高度 15 米，最高允许排放速率：二级 0.67 kg/h　三级 0.92 kg/h (3) 最高允许排放浓度：85 mg/m^3	(1)《固定污染源废气　挥发性有机物的采样　气袋法》(HJ 732-2014) (2)《大气固定污染源　氯苯类化合物的测定　气相色谱法》(HJ/T 66-2001) (3)《用采样罐采样　气相色谱—质谱法》《空气和废气监测分析方法》(第四版)
		表 2： (1) 无组织排放周界外浓度最高点：0.40 mg/m^3 (2) 排气筒高度 15 米，最高允许排放速率：二级 0.52 kg/h　三级 0.78 kg/h (3) 最高允许排放浓度：60 mg/m^3	
	广东省地方标准《大气污染物排放限值》(DB 44/26-2001)	表 1： (1) 无组织排放周界外浓度最高点：0.50 mg/m^3 (2) 排气筒高度 15 米，最高允许排放速率：二级 0.52 kg/h　三级 0.78 kg/h (3) 最高允许排放浓度 60 mg/m^3	
		表 2： (1) 无组织排放周界外浓度最高点：0.4 0 mg/m^3 (2) 排气筒高度 15 米，最高允许排放速率：二级 0.47 kg/h　三级 0.64 kg/h (3) 最高允许排放浓度：60 mg/m^3	
地表水	《地表水环境质量标准》(GB 3838-2002)	地表水源地特定项目标准限值：氯苯 0.3 mg/L	(1)《水质　挥发性有机物的测定　顶空/气相色谱—质谱法》(HJ 810-2016) (2)《水质　氯苯的测定　气相色谱法》(HJ/T 74-2001)

续表 3 - 63

废水污染源	《污水综合排放标准》(GB 8978-1996)	第二类污染物氯苯最高允许排放浓度：一级 0.2 mg/L　二级 0.4 mg/L　三级 1.0 mg/L	(1)《水质　挥发性有机物的测定　顶空/气相色谱—质谱法》(HJ 810-2016) (2)《水质　氯苯的测定　气相色谱法》(HJ/T 74-2001)
	广东省地方标准《水污染物排放限值》(DB 44/26-2001)	氯苯排放浓度（2002 年 1 月 1 日后建设单位）：一级 0.2 mg/L　二级 0.4 mg/L　三级 1.0 mg/L	
土　壤	《展览会用地土壤环境质量评价标准（暂行）》(HJ 350-2007)	A 级（未受污染）：6 mg/kg B 级（需要修复）：680 mg/kg	(1)《土壤和沉积物　挥发性有机物的测定　顶空/气相色谱法》(HJ 741-2015) (2)《土壤和沉积物　挥发性有机物的测定　顶空/气相色谱—质谱法》(HJ 642-2013)
应急监测方法	1. 气体检测管法；直接进水样气相色谱法。 2. 快速检测管法；便携式气相色谱法。 3. 气体速测管（北京劳保所产品、德国德尔格公司产品）		

【防护措施】

氯苯生产和使用过程中注意以下事项：操作人员佩戴自吸过滤式防毒面具（半面罩），戴化学安全防护眼镜，穿防毒物渗透工作服，戴橡胶耐油手套；远离火种、热源，工作场所严禁吸烟，使用防爆型的通风系统和设备，防止蒸气泄漏到工作场所空气中，避免与氧化剂接触。灌装时应控制流速，且有接地装置，防止静电积聚；搬运时要轻装轻卸，防止包装及容器损坏；配备相应品种和数量的消防器材及泄漏应急处理设备；倒空的容器可能残留有害物。

【急救措施】

皮肤接触者，脱去污染的衣着，用肥皂水和清水彻底冲洗皮肤。眼睛接触者，提起眼睑，用流动清水或生理盐水冲洗，就医。吸入者，迅速脱离现场至空气新鲜处。保持呼吸道通畅，如呼吸困难，给输氧；如呼吸停止，立即进行人工呼吸，就医。食入者，饮足量温水，催吐，就医。

【灭火方法】

喷水冷却容器，尽可能将容器从火场移至空旷处。灭火剂：雾状水、泡沫、干粉、二氧化碳、砂土。

（二）1,4 - 二氯苯

【特征特性】

1,4 - 二氯苯别名对二氯苯，分子式 $C_6H_4Cl_2$，为白色结晶，有樟脑气味，分子量

147.00；蒸气压1.33 kPa/（54.8 ℃）闪点65 ℃，熔点53.1 ℃，沸点173.4 ℃；不溶于水，溶于乙醇、乙醚、苯；相对密度（水=1）1.46，相对密度（空气=1）5.08。

【危害】

侵入途径：吸入、食入。对眼和上呼吸道有刺激性，对中枢神经有抑制作用，致肝、肾损害。人在接触高浓度时，可表现虚弱、眩晕、呕吐，严重时损害肝脏，出现黄疸，肝损害可发展为肝坏死或肝硬化。长时间接触本品对皮肤有轻微刺激，引起烧灼感。

【用途（来源）】

1,4-二氯苯污染物来源于生产抗蛀剂、空气脱臭剂、染料、药剂、土壤消毒剂、酚、氯代硝基苯等工厂排放。由于1,4-二氯苯具有升华作用，在水和土壤中的会较快挥发到空气中，因此，受1,4-二氯苯污染的水和土壤能较快地得到恢复。

【危险特性】

1,4-二氯苯可燃，遇明火能燃烧，受高热分解产生有毒的腐蚀性烟气，与强氧化剂接触可发生化学反应，与活性金属粉末（如镁、铝等）能发生反应引起分解。燃烧（分解）产物：一氧化碳、二氧化碳、氯化氢。

【泄漏应急处理】

隔离泄漏污染区，限制出入，切断火源。建议应急处理人员戴自给正压式呼吸器，穿防毒服，不要直接接触泄漏物。1,4-二氯苯为固体，易升华，如洒落在土壤或地面上，可直接收入密封的金属容器或低袋中，或倒到空旷地方掩埋，或作为废弃物进行焚烧；如洒落在水中，可筑防护堤。

某化工厂氯代苯类化合物泄漏引发事故

【防护措施】

呼吸系统防护：可能接触其毒物时，必须佩戴自吸过滤式防毒面具（半面罩）。紧急事态抢救或撤离时，佩戴自给式呼吸器。

眼睛防护：戴安全防护眼镜。

身体防护：穿防毒物渗透工作服。

手防护：戴橡胶手套。

其他：工作现场禁止吸烟、进食和饮水；工作毕，沐浴更衣，单独存放被毒物污染的衣服，洗后备用；注意个人清洁卫生。

【急救措施】

皮肤接触者，脱去被污染的衣着，用肥皂水和清水彻底冲洗皮肤，就医。眼睛接触者，提起眼睑，用流动清水或生理盐水冲洗，就医。

吸入者，迅速脱离现场至空气新鲜处，保持呼吸道通畅，如呼吸困难，给输氧；如呼吸停止，立即进行人工呼吸，就医。食入者，饮足量温水，催吐，就医。

【灭火方法】

喷水冷却容器，尽可能将容器从火场移至空旷处。灭火剂有雾状水、泡沫、干粉、二氧化碳、砂土。

【1,4－二氯苯环境质量标准、排放标准及监测方法】列表说明如下。

表3－64　1,4－二氯苯环境质量标准、排放标准及监测方法

<table>
<tr><th>类　别</th><th>标准依据</th><th>限　值</th><th>监测方法</th></tr>
<tr><td rowspan="4">废气污染源</td><td rowspan="2">《大气污染物综合排放标准》（GB 16297-1996）</td><td>表1：
（1）无组织排放周界外浓度最高点：0.50 mg/m³
（2）排气筒高度15米，最高允许排放速率：
二级0.67 kg/h
三级0.92 kg/h
（3）最高允许排放浓度85 mg/m³</td><td rowspan="4">（1）《大气固定污染源　氯苯类化合物的测定　气相色谱法》（HJ/T 66-2001）
（2）《固定污染源废气　挥发性有机物的采样　气袋法》（HJ 732-2014）</td></tr>
<tr><td>表2：
（1）无组织排放周界外浓度最高点：0.40 mg/m³
（2）排气筒高度15米，最高允许排放速率：二级0.52 kg/h　三级0.78 kg/h
（3）最高允许排放浓度：60 mg/m³</td></tr>
<tr><td rowspan="2">广东省地方标准《大气污染物排放限值》（DB 44/26-2001）</td><td>表1：
（1）无组织排放周界外浓度最高点：0.50 mg/m³
（2）排气筒高度15米，最高允许排放速率：二级0.52 kg/h　三级0.78 kg/h
（3）最高允许排放浓度：60 mg/m³</td></tr>
<tr><td>表2：
（1）无组织排放周界外浓度最高点：0.40 mg/m³
（2）排气筒高度15米，最高允许排放速率：二级0.47 kg/h　三级0.64 kg/h
（3）最高允许排放浓度：60 mg/m³</td></tr>
</table>

续表 3－64

废水污染源	《污水综合排放标准》（GB 8978-1996）	第二类污染物氯苯最高允许排放浓度（1998 年 1 月 1 日后建设单位）：一级 0.4 mg/L　二级 0.6 mg/L　三级 1.0 mg/L	(1)《水质　挥发性有机物的测定　顶空/气相色谱—质谱法》（HJ 810-2016） (2) 水质　氯苯类化合物的测定　气相色谱法（HJ 621-2011）
	广东省地方标准《水污染物排放限值》（DB 44/26-2001）	对二氯苯排放浓度（2002 年 1 月 1 日后建设单位）：一级 0.4 mg/L　二级 0.6 mg/L　三级：1.0 mg/L	
地表水	《地表水环境质量标准》（GB 3838-2002）	表 3　集中式生活饮用水地表水源地特定项目标准限值 1,4－二氯苯：0.3 mg/L	
土　壤	《展览会用地土壤环境质量评价标准（暂行）》（HJ 350-2007）	A 级（未受污染）27 mg/kg B 级（需要修复）240 mg/kg	(1)《土壤和沉积物　挥发性有机化合物（VOC）的测定　吹扫捕集—气相色谱—质谱法》（HJ 605-2011） (2)《土壤和沉积物　挥发性有机物的测定　顶空/气相色谱—质谱法》（HJ 642-2013） (3)《土壤和沉积物　挥发性有机物的测定　顶空/气相色谱法》（HJ 741-2015）
应急监测方法	便携式气相色谱—光离子检测器法		

（三）1,3－二氯苯

【特征特性】

1,3－二氯苯别名间二氯苯，分子式 $C_6H_4C_{12}$，是无色液体，有刺激性气味。分子量 147.00，蒸汽压 0.13 kPa/（12.1 ℃），熔点－24.8 ℃，沸点 173 ℃，相对密度（水＝1）1.29，相对密度（空气＝1）5.08。1,3－二氯苯不溶于水，溶于醇、醚。

【危害】

1,3－二氯苯有毒，易燃。

侵入途径：吸入、食入、经皮肤吸收。

健康危害：吸入后引起头痛、倦睡、不安和呼吸道粘膜刺激，对眼和皮肤有强烈刺激性。口服出现胃粘膜刺激、恶心、呕吐、腹泻、腹绞痛和紫绀。

慢性影响：可引起肝肾损害。该物质对水体和大气可造成污染，在对人类重要食物链中特别是在水生生物中可发生生物蓄积。

【危险特性】

1,3－二氯苯遇明火、高热可燃，与强氧化剂可发生反应。受高热分解产生有毒的腐蚀性烟气，与活性金属粉末（如镁、铝等）发生反应引起分解。

【用途（来源）】

1,3－二氯苯是染料、医药、农药等行业常用中间体。

环境中1,3－二氯苯来源于染料制造、有机合成及生产溶剂、熏蒸剂和杀虫剂等工厂或车间的排放。

【1,3－二氯苯环境质量标准、排放标准及监测方法】列表说明如下。

表3－65　1,3－二氯苯环境质量标准、排放标准及监测方法

<table>
<tr><th>类　别</th><th>标准依据</th><th>限　值</th><th>监测方法</th></tr>
<tr><td rowspan="4">废气污染源</td><td rowspan="2">《大气污染物综合排放标准》
（GB 16297-1996）</td><td>表1：
（1）无组织排放周界外浓度最高点：0.50 mg/m^3
（2）排气筒高度15米，最高允许排放速率：二级0.67 kg/h，三级0.92 kg/h
（3）最高允许排放浓度：85 mg/m^3</td><td rowspan="4">（1）《大气固定污染源　氯苯类化合物的测定　气相色谱法》（HJ/T 66-2001）
（2）《固定污染源废气　挥发性有机物的采样　气袋法》（HJ 732-2014）</td></tr>
<tr><td>表2：
（1）无组织排放周界外浓度最高点：0.40 mg/m^3
（2）排气筒高度15米，最高允许排放速率：二级0.52 kg/h，三级0.78 kg/h
（3）最高允许排放浓度：60 mg/m^3</td></tr>
<tr><td rowspan="2">广东省地方标准《大气污染物排放限值》
（DB 44/26-2001）</td><td>表1：
（1）无组织排放周界外浓度最高点：0.50 mg/m^3
（2）排气筒高度15米，最高允许排放速率：二级0.52 kg/h，三级0.78 kg/h
（3）最高允许排放浓度：60 mg/m^3</td></tr>
<tr><td>表2：
（1）无组织排放周界外浓度最高点：0.40 mg/m^3
（2）排气筒高度15米，最高允许排放速率：二级0.47 kg/h，三级0.64 kg/h
（3）最高允许排放浓度：60 mg/m^3</td></tr>
</table>

续表 3-65

土　壤	《展览会用地土壤环境质量评价标准（暂行）》（HJ 350-2007）	A 级（未受污染）：68 mg/kg B 级（需要修复）：240 mg/kg	(1)《土壤和沉积物　挥发性有机化合物（VOC）的测定　吹扫捕集—气相色谱—质谱法》（HJ 605-2011） (2)《土壤和沉积物　挥发性有机物的测定　顶空/气相色谱—质谱法》（HJ 642-2013） (3)《土壤和沉积物　挥发性有机物的测定　顶空/气相色谱法》（HJ 741-2015）
应急监测方法	便携式气相色谱—光离子检测器法，《突发性环境污染事故应急监测与处理处置技术》，万本太主编。		

【泄漏应急处理】

人员迅速撤离泄漏污染区至安全区，并进行隔离，严格限制出入。切断火源。建议应急处理人员戴自给正压式呼吸器，穿一般作业工作服。尽可能切断泄漏源，防止进入下水道、排洪沟等限制性空间。泄漏的 1,3-二氯苯可用玻璃品或镀锌金属桶盛装，或筑防护堤。泄漏在水中的 1,3-二氯苯，将沉于水底，并聚积在水底低洼处，可用泵抽出，放入玻璃品或金属桶内；泄漏在土壤或地面上的 1,3-二氯苯可用干 砂土混合，将污染的土壤全部装入可密封的袋中后，或倒到空旷地方掩埋，或作为废弃物进行焚烧。

【防护措施】

呼吸系统防护：可能接触其毒物时，必须佩戴自吸过滤式防毒面具（半面罩）。

眼睛防护：戴化学安全防护眼镜。

身体防护：穿防毒物渗透工作服。

手防护：戴橡胶手套。

其他：工作现场禁止吸烟、进食和饮水。工作毕，沐浴更衣，单独存放被毒物污染的衣服，洗后备用；保持良好的卫生习惯。

某工厂氯苯泄漏处置

【急救措施】

皮肤接触者，脱去污染的衣着，用肥皂水和清水彻底冲洗皮肤。

眼睛接触者，提起眼睑，用流动清水或生理盐水冲洗，就医。吸入者，迅速脱离现场至空气新鲜处，保持呼吸道通畅，如呼吸困难，给输氧；如呼吸停止，立即进行人工呼吸，就医。

食入者，饮足量温水，催吐，就医。

【灭火方法】

喷水冷却容器，尽可能将容器从火场移至空旷处。灭火剂有雾状水、泡沫、干粉、二氧化碳、砂土。

（四）1,2－二氯苯

【特征特性】

1,2－二氯苯别名邻二氯苯，分子式 $C_6H_4C_{12}$，是无色易挥发的重质液体，有芳香气味。分子量 147.00。蒸汽压 2.40 kPa（86 ℃），熔点 －17.5 ℃，沸点 180.4 ℃，相对密度（水＝1）1.30，相对气体密度（空气＝1）5.05。1,2－二氯苯不溶于水，溶于醇、醚等多数有机溶剂。

【危害】

1,2－二氯苯是有毒、易燃液体。

侵入途径：吸入食入、经皮吸收。

健康危害：吸入 1,2－二氯苯后，出现呼吸道刺激、头痛、头晕、焦虑、麻醉作用，以致意识不清；液体及高浓度蒸气对眼有刺激性；可经皮肤吸收引起中毒，表现类似吸入；口服引起胃肠道反应。

慢性影响：长期吸入引起肝肾损害；皮肤长期反复接触，可致皮肤损害。

【危险特性】

1,2－二氯苯遇明火、高热可燃，与强氧化剂可发生反应；受高热分解产生有毒的腐蚀性烟气；与活性金属粉末（如镁、铝等）能发生反应，引起分解。

【用途（来源）】

1,2－二氯苯可用作硝基喷漆、清漆的添加剂及蜡和焦油的溶剂。还用作金属、皮革、汽车、飞机工业的脱脂剂；与少量高级醇的混合物作防锈剂；可用于制造冷冻剂、杀虫剂、熏蒸剂、防腐剂、染料、医药等的中间体和有机载热体。

与上述产品有关的企业，均有可能排放 1,2－二氯苯，引发污染事故。

【泄漏应急处置】

人员迅速撤离泄漏污染区至安全区，并进行隔离，严格限制出入，切断火源。建议应急处置人员戴自给正压式呼吸器，穿防毒服，从上风处进入现场，尽可能切断泄漏源；防止进入下水道、排洪沟等限制性空间。泄漏的 1,2－二氯苯可用玻璃品或镀锌金属桶盛装，或筑防护堤；泄漏在水中的 1,2－二氯苯，将沉于水底，并聚积在水底低洼处，可用泵抽出，放入玻璃品或金属桶内。泄漏在土壤或地面上的 1,2－二氯苯可用干砂土混合，将污染的土壤全部装入可密封的袋中后，或倒到空旷地方掩埋，或作为废弃物进行焚烧。

【防护措施】

呼吸系统防护：可能接触其毒物时，必须佩戴自吸过滤式防毒面具（半面罩）。

眼睛防护：戴化学安全防护眼镜。

身体防护：穿防毒物渗透工作服。

手防护：戴橡胶手套。

其他：工作现场禁止吸烟、进食和饮水；工作毕，沐浴更衣，单独存放被毒物污染的衣服。

【急救措施】

皮肤接触者，脱去污染的衣着，用肥皂水和清水彻底冲洗皮肤。眼睛接触者，提起眼睑，用流动清水或生理盐水冲洗，就医。吸入者，迅速脱离现场至空气新鲜处，保持呼吸道通畅，如呼吸困难，给输氧；如呼吸停止，立即进行人工呼吸，就医。

食入者，饮足量温水，催吐，就医。

【灭火方法】

喷水冷却容器，尽可能将容器从火场移至空旷处。灭火剂有雾状水、泡沫、干粉、二氧化碳、砂土。

【1,2 - 二氯苯环境质量标准、排放标准及监测方法】列表说明如下。

表 3 - 66　1,2 - 二氯苯环境质量标准、排放标准及监测方法

类　别	标准依据	限　值	监测方法
废气污染源	《大气污染物综合排放标准》（GB 16297-1996）	表 1： （1）无组织排放周界外浓度最高点：0.50 mg/m^3 （2）排气筒高度 15 米，最高允许排放速率：二级 0.67 kg/h，三级 0.92 kg/h （3）最高允许排放浓度：85 mg/m^3	（1）《大气固定污染源　氯苯类化合物的测定　气相色谱法》（HJ/T 66-2001） （2）《固定污染源废气　挥发性有机物的采样　气袋法》（HJ 732-2014）
		表 2： （1）无组织排放周界外浓度最高点：0.40 mg/m^3 （2）排气筒高度 15 米，最高允许排放速率：二级 0.52 kg/h，三级 0.78 kg/h （3）最高允许排放浓度 60 mg/m^3	
	广东省地方标准大气污染物排放限值（DB 44/26-2001）	表 1： （1）无组织排放周界外浓度最高点：0.50 mg/m^3 （2）排气筒高度 15 米，最高允许排放速率：二级 0.52 kg/h，三级 0.78 kg/h （3）最高允许排放浓度：60 mg/m^3	
		表 2： （1）无组织排放周界外浓度最高点：0.40 mg/m^3 （2）排气筒高度 15 米，最高允许排放速率：二级 0.47 kg/h，三级 0.64 kg/h （3）最高允许排放浓度：60 mg/m^3	

续表 3-66

废水污染源	《污水综合排放标准》（GB 8978-1996）	第二类污染物氯苯最高允许排放浓度（1998 年 1 月 1 日后建设单位）：一级 0.2 mg/L，二级 0.4 mg/L，三级 1.0 mg/L	(1)《水质　挥发性有机物的测定　顶空/气相色谱—质谱法》（HJ 810-2016） (2)《水质　氯苯类化合物的测定　气相色谱法》（HJ 621-2011）
	广东省地方标准《水污染物排放限值》（DB 44/26-2001）	氯苯排放浓度（2002 年 1 月 1 日后建设单位）：一级 0.4 mg/L，二级 0.6 mg/L，三级 1.0 mg/L	
地表水	《地表水环境质量标准》（GB 3838-2002）	表 3 集中式生活饮用水地表水源地特定项目标准限值氯苯：0.3 mg/L	
土　壤	《展览会用地土壤环境质量评价标准（暂行）》（HJ 350-2007）	A 级 150 mg/kg B 级 370 mg/kg	(1)《土壤和沉积物　挥发性有机化合物（VOC）的测定　吹扫捕集—气相色谱—质谱法》（HJ 605-2011） (2)《土壤和沉积物　挥发性有机物的测定　顶空/气相色谱—质谱法》（HJ 642-2013） (3)《土壤和沉积物　挥发性有机物的测定　顶空/气相色谱法》（HJ 741-2015）
应急监测方法	便携式气相色谱—光离子检测器法		

（五）1,2,4-三氯苯

【特征特性】

1,2,4-三氯苯为液体，不溶于水，微溶于乙醇，溶于乙醚。分子量 181.45，蒸汽压 0.13 kPa（40.0 ℃），熔点 17.2 ℃，沸点 221 ℃，相对密度（水 =1）1.45，相对密度（空气 =1）6.26。

【危害】

1,2,4-三氯苯为有毒、易燃液体。侵入途径：吸入、食入、经皮吸收。

【危险特性】

1,2,4-三氯苯遇明火、高热可燃，与强氧化剂可发生反应，受高热分解产生有毒的腐蚀性气体。

【用途（来源）】

1,2,4－三氯苯用作高熔点物质重结晶用溶剂、电器设备冷却剂、润滑油添加剂、脱脂剂、油溶性染料溶剂、白蚁驱除剂等，也用作制造2,5－二氯苯酚的原料。工业品为各种异构体（1,2,3－三氯苯，1,2,4－三氯苯，1,2,5－三氯苯）的混合物。

环境中1,2,4－三氯苯主要来源于上述生产和使用1,2,4－三氯苯的单位和部门排放。

【泄漏应急处理】

隔离泄漏污染区，周围设警告标志，切断火源。建议应急处理人员戴好防毒面具。穿化学防护服，不要直接接触泄漏物。正在泄漏的1,2,4－三氯苯可用玻璃品或镀锌金属桶盛装，或筑防护堤。泄漏在水中的1,2,4－三氯苯，将沉于水底，并聚积在水底低洼处，可用泵抽出，放入玻璃品或金属桶内；泄漏在土壤或地面上的1,2,4－三氯苯可用干砂土混合，将污染的土壤全部装入可密封的袋中后，或倒到空旷地方掩埋，或作为废弃物进行焚烧。

氯苯化合物泄漏事故人员撤离现场

【防护措施】

呼吸系统防护：空气中浓度超标时，应该佩带防毒面具，紧急事态抢救或逃生时佩带自给式呼吸器。

眼睛防护：戴安全防护眼镜。

防护服：穿相应的防护服。

手防护：必要时戴防化学品手套。

其他：工作现场禁止吸烟、进食和饮水，工作后彻底清洗，单独存放被毒物污染的衣服，洗后再用；注意个人清洁卫生。

【急救措施】

皮肤接触：脱去污染的衣着，用肥皂水及清水彻底冲洗。

眼睛接触：立即提起眼睑，用大量流动清水或生理盐水冲洗。

吸入：迅速脱离现场至空气新鲜处，必要时进行人工呼吸，就医。

食入：误服者给充分漱口、饮水，尽快洗胃，就医。

【灭火方法】

喷水冷却容器，尽可能将容器从火场移至空旷处。灭火剂有雾状水、泡沫、干粉、二氧化碳、砂土。

【1,2,4－三氯苯环境质量标准、排放标准及监测方法】列表说明如下。

表 3-67　1,2,4-三氯苯环境质量标准、排放标准及监测方法

类别	标准依据	限　值	监测方法
废气污染源	《大气污染物综合排放标准》（GB 16297-1996）	表 1： (1) 无组织排放周界外浓度最高点：0.50 mg/m³ (2) 排气筒高度 15 米，最高允许排放速率：二级 0.67 kg/h，三级 0.92 kg/h (3) 最高允许排放浓度：85 mg/m³	(1)《大气固定污染源　氯苯类化合物的测定　气相色谱法》（HJ/T 66-2001） (2)《固定污染源废气　挥发性有机物的采样　气袋法》（HJ 732-2014）
		表 2： (1) 无组织排放周界外浓度最高点：0.40 mg/m³ (2) 排气筒高度 15 米，最高允许排放速率：二级 0.52 kg/h，三级 0.78 kg/h (2) 最高允许排放浓度：60 mg/m³ (1) 无组织排放周界外浓度最高点：0.50 mg/m³ (2) 排气筒高度 15 米，最高允许排放速率：二级 0.52 kg/h，三级 0.78 kg/h (3) 最高允许排放浓度：60 mg/m³	
	广东省地方标准《大气污染物排放限值》（DB 44/26-2001）	表 2： (1) 无组织排放周界外浓度最高点：0.40 mg/m³ (2) 排气筒高度 15 米，最高允许排放速率：二级 0.47 kg/h，三级 0.64 kg/h (3) 最高允许排放浓度：60 mg/m³	
废水污染源	《污水综合排放标准》（GB 8978-1996）	第二类污染物氯苯最高允许排放浓度（1998 年 1 月 1 日后建设单位）：一级 0.2 mg/L，二级 0.4 mg/L，三级 1.0 mg/L	(1)《水质　挥发性有机物的测定　顶空/气相色谱—质谱法》（HJ 810-2016） (2)《水质　氯苯类化合物的测定　气相色谱法》（HJ 621-2011）
地表水	《地表水环境质量标准》（GB 3838-2002）	地表水源地特定项目标准限值：三氯苯 0.02 mg/L	
土壤	《展览会用地土壤环境质量评价标准（暂行）》（HJ 350-2007）	A 级（未受污染）：68 mg/kg B 级（需要修复）：1200 mg/kg	(1)《土壤和沉积物　挥发性有机化合物（VOC）的测定　吹扫捕集—气相色谱—质谱法》（HJ 605-2011） (2)《土壤和沉积物　挥发性有机物的测定　顶空/气相色谱—质谱法》（HJ 642-2013） (3)《土壤和沉积物　挥发性有机物的测定　顶空/气相色谱法》（HJ 741-2015）
应急监测方法	便携式气相色谱—光离子检测器法		

（六）六氯苯

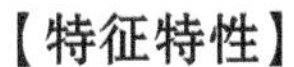

【特征特性】

六氯苯别名灭黑穗药，分子式 C_6Cl_6，分子量 284.78。六氯苯在常温下为无色的晶状固体，熔点 230 ℃，20 ℃的蒸汽压 1.45×10^{-3} Pa，辛醇－水分配系数的对数 5.2。六氯苯难溶于水，在水中的溶解度 5 μg/L，微溶于乙醇，溶于热的苯、氯仿、乙醚；是一种选择性的有机氯抗真菌剂。

【危害】

健康危害：接触后引起眼刺激、烧灼感、口鼻发干、疲乏、头痛、恶心等。中毒时可影响肝脏、中枢神经系统和心血管系统，可致皮肤溃疡。

环境危害：对环境有严重危害，对水体可造成污染。

【危险特性】

六氯苯可燃，为可疑致癌物，具刺激性。

【用途（来源）】

六氯苯生产中用途广，用作拌种杀菌剂，可防治小麦腥黑穗病和杆黑穗病；用于生产花炮，作焰火色剂；用作五氯酚及五氯酚钠的原料；用作有机元素微量分析时氯的标准，也用于有机合成；还用于防治麦类黑穗病，种子和土壤消毒。

【泄漏应急处理】

应急处理：隔离泄漏污染区，限制出入，切断火源。建议应急处理人员戴防尘面具，穿防毒服。

小量泄漏：用洁净的铲子收集于干燥、洁净、有盖的容器中。

大量泄漏：收集回收或运至废物处理场所处置。

【防护措施】

呼吸系统防护：空气中浓度超标时，应该佩带防毒面具；紧急事态抢救或逃生时，佩带自给式呼吸器。

眼睛防护：戴安全防护眼镜。

防护服：穿相应的防护服。

手防护：必要时戴防化学品手套。其他：工作现场禁止吸烟、进食和饮水，工作后彻底清洗，单独存放被毒物污染的衣服，洗后再用；注意个人清洁卫生。

【急救措施】

皮肤接触：脱去污染的衣着，用肥皂水及清水彻底冲洗。

眼睛接触：立即提起眼睑，用大量流动清水或生理盐水冲洗。

吸入：迅速脱离现场至空气新鲜处，必要时进行人工呼吸，就医。

食入：误服者给充分漱口、饮水，尽快洗胃，就医。

【灭火方法】

喷水冷却容器，尽可能将容器从火场移至空旷处。灭火剂有雾状水、泡沫、干粉、二氧化碳、砂土。

【六氯苯环境质量标准、排放标准及监测方法】列表说明如下。

表 3-68　六氯苯环境质量标准、排放标准及监测方法

<table>
<tr><th>类别</th><th>标准依据</th><th>限　值</th><th>监测方法</th></tr>
<tr><td rowspan="4">废气污染源</td><td rowspan="2">《大气污染物综合排放标准》（GB 16297-96）</td><td>表 1：
（1）无组织排放周界外浓度最高点：0. 50 mg/m^3
（2）排气筒高度 15 米，最高允许排放速率：二级 0. 67 kg/h，三级 0. 92 kg/h
（3）最高允许排放浓度：85 mg/m^3</td><td rowspan="4">（1）《大气固定污染源　氯苯类化合物的测定　气相色谱法》（HJ/T 66-2001）
（2）《固定污染源废气　挥发性有机物的采样　气袋法》（HJ 732-2014）</td></tr>
<tr><td>表 2：
（1）无组织排放周界外浓度最高点：0. 40 mg/m^3
（2）排气筒高度 15 米，最高允许排放速率：二级 0. 52 kg/h，三级 0. 78 kg/h
（3）最高允许排放浓度：60 mg/m^3</td></tr>
<tr><td rowspan="2">广东省地方标准《大气污染物排放限值》（DB 44/26-2001）</td><td>表 1：
（1）无组织排放周界外浓度最高点：0. 50 mg/m^3
（2）排气筒高度 15 米，最高允许排放速率：二级 0. 52 kg/h，三级 0. 78 kg/h
（3）最高允许排放浓度：60 mg/m^3</td></tr>
<tr><td>表 2：
（1）无组织排放周界外浓度最高点：0. 40 mg/m^3
（2）排气筒高度 15 米，最高允许排放速率：二级 0. 47 kg/h，三级 0. 64 kg/h
（3）最高允许排放浓度：60 mg/m^3</td></tr>
<tr><td>地表水</td><td>《地表水环境质量标准》（GB 3838-2002）</td><td>表 3　集中式生活饮用水地表水源地特定项目标准限值：六氯苯 0. 05 mg/L</td><td>（1）《水质　氯苯类化合物的测定　气相色谱法》（HJ 621-2011）
（2）《水质　有机氯农药和氯苯类化合物的测定　气相色谱—质谱法》（HJ 699-2014）</td></tr>
<tr><td>土壤</td><td>《展览会用地土壤环境质量评价标准（暂行）》（HJ 350-2007）</td><td>A 级（未受污染）：0. 66 mg/kg
B 级（需要修复）：2 mg/kg</td><td>（1）《土壤和沉积物　挥发性有机化合物（VOC）的测定　吹扫捕集—气相色谱—质谱法》（HJ 605-2011）
（2）《土壤和沉积物　挥发性有机物的测定　顶空/气相色谱—质谱法》（HJ 642-2013）
（3）《土壤和沉积物　挥发性有机物的测定　顶空/气相色谱法》（HJ 741-2015）</td></tr>
<tr><td>应急监测方法</td><td colspan="3">便携式气相色谱—光离子检测器</td></tr>
</table>

第十节　现场恢复和善后处置

一、现场恢复和善后处置概述

突发环境事件应急处置工作结束后，进入现场恢复和善后处置阶段，着手考虑采取何种修复措施，让生态环境尽可能恢复到环境事件以前水平，组织受影响地区尽快恢复生产、生活、工作和社会秩序；应急监测队伍继续监测事件现场和评价环境污染状况，直至基本恢复，必要时对人群和动植物的长期影响作跟踪监测；对受灾情况组织有关专家进行科学评估，提出补偿和对遭受污染的生态环境进行恢复的建议，制定环境恢复计划。目前，突发环境事件的善后处置、环境修复是难点，恢复环境生态的方式、方法和技术尚在摸索前进和积累经验，能力建设和资金投入也有待加强。

二、现场恢复和善后处置阶段的启动

突发环境事件应急响应符合下列条件之一的，终止应急行动：

（1）事件现场得到控制，事件条件已经消除；

（2）污染源的泄漏或释放已降至规定限值以内；

（3）事件所造成的危害已被彻底消除，无续发可能；

（4）事件现场的各种专业应急处置行动已无继续的必要；

（5）采取了必要的防护措施已能保证公众免受再次危害，并使事件可能引起的中长期影响趋于合理且尽量低的水平。

突发环境事件应急处置工作结束后，进入现场恢复和善后处置阶段。

三、突发环境事件生态环境影响评估与修复

突发环境事件生态环境影响评估与修复主要包括以下几方面：水体、土壤、环境空气质量监测评价，必要时对污染物的迁移转化、吸附、滞留及其环境影响、地下水、水体沉积物、水生生物、动植物等进行全面评价；污染事件对饮用水源、农业用水及渔业养殖安全性评估；污染事件对农产品（含水产品）质量的影响评估、食用安全性影响评估；主要污染河段底质生态环境修复；事故污染物的生态效应评估等。

下面以2005年11月13日中国石油吉林石化公司双苯厂爆炸事故引起的松花江水污染事件为例，对突发环境事件现场恢复和善后处置阶段的工作进行具体说明。

2005年11月13日松花江水污染事件发生以后，国家环保总局会同国家有关部门、科研机构、地方政府等，迅速启动了“松花江重大水污染事件生态环境影响评估与对策技术方案”研究，提出了松花江水污染事件生态环境影响的初步研究意见，进一步明确

了当前必须解决的主要问题和完成时限。

一是积极开展松花江生态环境影响评估与对策措施研究。在前期研究的基础上，将会同有关部门、地方政府组成协调组，组织有关科研单位对松花江水污染事件生态环境影响进行深入细致的研究。研究共分松花江特征污染物存在形态、分布与环境特征分析，污染对松花江水产品食用安全及农副产品质量的影响评估，城市安全供水应急净化技术方案研究，特征污染物的人体健康风险评估，松花江吉林段污染底质修复技术方案研究等15个专项。项目进度安排分为应急和中期两部分，应急部分计划在2006年3月底前完成，中期计划在2006年10月底前完成。

某事故污染场地生态修复后效果

二是认真做好2007年春天江面解冻时的水质监测工作，确保饮用水安全。在地表水环境监测方面，每周对沿江的集中式引用水源地水质进行监测分析；在化冰期，每日在各例行监测断面采集地表水和集中式引用水源地水样，分析苯和硝基苯含量；2006年4月和8月，对松花江沉积物样和水生生物样进行全面分析。在地下水环境监测方面，对事故发生点下游沿江各地地下水水质实行周报制度。在土壤、农产品及空气质量监测方面，分别于春耕前第一次农灌后和第一次农业收获之后采集典型用地土壤进行全面分析，并及时向社会发布有关监测信息。

2005年11月29日国家环保总局邀请15位院士及知名专家召开专家评审会，讨论通过了“松花江重大水污染事件生态环境影响评估与修复技术方案”，该技术方案重点包括以下五个方面内容：松花江重大水污染事件特征污染物的总量削减和控制应急工程措施；主要控制断面特征污染物通量和出境通量预测；污染事件对松花江经济鱼类食用安全性影响评估；沿江两岸农村饮用水及渔业养殖安全性评估；污染事件对农产品（含水产品）质量的影响评估；主要污染河段底质生态环境修复技术；事故污染物的生态效应评估等。

2005年12月13日国家环保总局会同水利、农业、建设、科技、中科院等有关部门和吉林、黑龙江两省启动了“松花江水污染事件生态环境影响评估与对策”项目。连续监测结果表明，松花江水污染特别是硝基苯浓度已经大幅度下降，这标志着松花江防控工作进入了一个新阶段，按照国务院领导关于“要切实做好松花江水污染善后工作、对污水流过的地方要进行环境质量评估”的指示精神，把工作重点转移到水质监测、环境评估上来，转移到对松花江流域中长期治理和恢复正常的生产生活秩序上来。

2006年1月24日，国务院新闻办公室召开新闻发布会，国家环保总局局长周生贤在会上通报了松花江水污染防治最新进展情况。

一是关于冻入冰中和沉入底泥的硝基苯是否造成二次污染问题。就目前取得的研究成果来看，冻入冰中的硝基苯较少。另外，由于松花江底泥以沙质为主，沉入底泥的硝基苯有限，加上春天开江时水量较大，因此今年春天冰体融化和底泥释放不会导致松花江水质超标。个别滞水区和缓冲区的底泥可能造成局部水域硝基苯浓度升高，环保部门将密切关注，加强对重点江段的监测。

二是关于水产品食用安全性问题。评估项目组在松花江采集了数百尾鱼类样品，检测分析了不同江段、不同习性、不同种类的鱼类样品，以及松花江沿岸2公里以内养鱼池塘的鱼类硝基苯残留量，进行了鱼类硝基苯富集和释放实验。研究表明，在污染带通过25～30天后，松花江鱼类中硝基苯含量很快降至食用安全含量下。目前，松花江中的鱼和沿岸鱼塘养殖的鱼硝基苯含量符合安全含量指标，可以食用。

三是关于沿江两岸地下水饮用安全性问题。评估项目组对松花江沿江两岸饮用水水源和分散式饮用水水源地进行了调查和评估，对地下水进行了严密监测。结果表明，沿江两岸48眼监测井中，除了个别地区监测井检出低于我国饮用水水源地标准的微量硝基苯之外，其他均未检出。因此，地下水饮用安全是有保障的。

四是关于沿江两岸农畜产品食用安全性问题。评估项目组对松花江沿岸10公里范围内可能受影响的农灌区及畜产品养殖基地进行了调查，检测分析了数百份乳、蛋、肉样品的硝基苯残留量，开展了含硝基苯废水对典型农产品影响的模拟试验。研究结果表明，松花江沿岸乳、蛋、肉样品中均未检出硝基苯，沿江两岸的农畜产品可放心食用。对大豆、玉米、水稻、小麦和蔬菜等五种作物的模拟试验结果表明：当江水符合国家地表水标准时，未发现对试验作物种子发芽和幼苗生长产生不利影响。因此，春季使用松花江水进行灌溉不会对农作物生长产生影响。

五是关于城市安全供水问题。评估项目组进行了多种试验，结果表明粉末活性炭对水中硝基苯的去除效果很好，并获得较多技术依据。此项技术成果，可用于今后一旦发生水源地硝基苯等污染物少量超标时的城市安全供水。

通过实施加强环境监测防控，确保沿江人民饮水安全、及时开展松花江水污染生态环境影响评估、全面启动松花江水污染防治中长期规划的“三步走”战略部署，有效应对了此次松花江水污染。松花江水污染治理工作将从五大方面全面推进。

第一，继续加强环境监测，确保沿江人民饮用水安全：一是继续加强松花江、黑龙江水环境监测工作，在松花江干流事故发生点下游至黑龙江抚远段共设16个监测断面监测地表水；二是加强沿江城镇集中式饮用水源和地下水饮用水源水质监测；三是继续开展松花江底泥、冰及水生生物监测工作；四是继续开展中俄界河联合监测。

第二，深入开展松花江水污染生态环境影响评估研究：继续开展污染事故对生态环境影响的科学研究，对科学指导今春化冰期及以后的污染防治工作。进行更加深入细致的研究，按期在3月份提交下一阶段研究报告。

第三，组织实施松花江水污染防治中长期规划：目前，松花江流域水污染防治“十一五”规划的编制工作基本完成，要以促进松花江流域社会经济与生态环境协调发展为出发点，优先保护大中城市集中式生活饮用水水源地，重点改善流域内对生产生活及生态环境影响大的水域水质，通过进行产业结构调整、开展清洁生产、实施污染物总量控制等减少污染物的产生和排放，进一步改善松花江水环境质量。

第四，继续做好流域污染防治工作：组织吉林和黑龙江两省环保部门严密监控沿江污染源情况，做好入春前沿江巡查防控工作；加强城市供水安全管理，特别是保证沿江取水口取水安全；密切关注水质对鱼类的影响，加强水产品安全监测工作；做好爆炸现场残余物的处置工作，防止新的环境污染。

第五，建立健全环境应急长效机制：加大投入，切实加强环境应急工作，用 2～3 年时间基本建成环境安全应急防控体系，从组织机构、应急专业队伍建设、装备配置、法制建设、技术标准、科技进步、应急信息平台和应急综合指挥协调系统等各方面入手，充分发挥各职能部门在环保方面的主要作用，全面加强应急能力建设；构建国家、省、市和县四级环境预警监控网络、环境监测网络和环境监察执法网络，提高环境应急工作预警预测、监测、处置、后期评估和修复等方面能力与水平。

“十一五”期间，内蒙古、吉林、黑龙江三省（自治区区）党委和政府认真贯彻落实中央关于松花江流域水污染防治工作的各项部署，国务院各有关部门协力推进，不断加大工作力度，治污工作取得了积极进展，《松花江流域水污染防治“十一五”规划》全面完成，松花江流域水生态系统正在逐步恢复。

2013 年中国环境监测总站组织黑龙江、吉林和内蒙古三省（自治区）的 13 个监测站继续在松花江流域开展水生生物试点监测工作，分析研究发现松花江流域水生态环境保持稳定恢复的态势。

第四章

突发环境事件应急监测技术

第一节　环境应急监测概况

环境污染事故应急监测是突发性环境污染事故处置处理过程中的首要环节，是指在发生突发性环境污染事故的情况下，环境监测人员在最短的时间内，为查明环境污染的范围、程度和种类等而采取的一种环境监测手段和判断过程，是为环境污染事故得到及时处理、降低事故危害并制定处理方案的根本依据。环境应急监测对于防范突发性环境污染事故，在事前预防、事中监测到事后恢复的各个过程中均起着重要的作用。环境应急监测包括以下步骤：

交通事故引发化学品燃烧事故

1. 启动应急预案，成立应急监测工作机构。

2. 制定应急监测方案等，开展应急监测。

3. 编写应急监测报告，按相关程序及时上报。

应急监测贯穿突发性污染事故监测的始发期、扩散期和生态恢复期三个过程：

突发环境事件——监测人员在现场对大气污染物进行监测

（1）始发期。快速定性和定量（或半定量）突发性污染事故的污染物种类和浓度，迅速提供污染物的理化性质和污染范围，快速提出适当的应急处置措施，或能为决策者及有关方面提供充分的信息，以确保对事故做出迅速有效的应急反应，将事故的有害影响降至最低。

（2）扩散期：连续、实时监测突发性污染事故的发展趋势、污染物浓度变化和范围变化，一方面进一步了解污染物对环境和人体健康的危害，另一方面不断修正事故处置措施，确保环境安全。

（3）生态恢复期：跟踪监测突发性污染事故的范围内的污染物浓度，为污染事故后的环境、生态恢复不断提供充分监测数据。

一、应急监测程序

为了能快速掌握并了解突发性环境污染事故污染物的类别、浓度分布和发展态势，及时有效地控制污染范围，缩短污染的持续时间，需要建立一个完整的应急监测体系。目前，国内可借鉴的应急监测流程如下图所示。

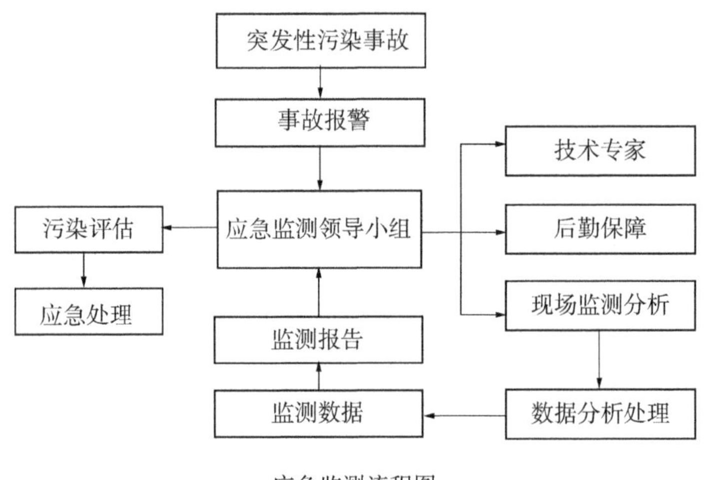

应急监测流程图

二、环境应急监测的分类

环境应急监测可分为两大类，即突发环境事件应急监测和非常态环境应急监测。突发环境事件应急监测按应急对象分为环境污染事故应急监测和自然灾害环境应急监测，如松花江重大水污染事件应急监测和四川汶川特大地震环境应急监测；非常态环境应急监测分为潜在环境风险应急监测和重大社会活动环境应急监测，如太湖水华污染应急监测和北京奥运会环境质量应急监测。

环境污染事故应急监测按具体情况分为四种：

（1）已知污染源及污染物。调查污染范围及程度。可用标准的方法直接测定该污染源污染物排放的浓度、排放量及附近环境中污染物的浓度，工作较为简单。

（2）已知污染源，未知污染物。调查污染物种类、污染范围及程度。从污染源入手，根据污染源的特性、所用原料、生产的产品及中间产物，列出可能产生的污染物，进行监测分析。

突发环境事故中现场对污染物进行快速分析

（3）已知污染物，未知污染源。调查污染物的来源、污染范围及程度。在污染现场测定污染物的浓度及影响范围，再通过周围污染源的调查，以此推测可能的污染源。

（4）未知污染源和污染物。调查污染物的来源、种类、污染范围及程度。

三、突发环境事件应急监测的特点

突发环境事件应急监测的启动条件，一般是污染事故或者自然灾害造成环境质量明显异常或形成较大的环境风险。其特点是有比较完整的监测预案，但需按现场情况及时调整监测方案。从报告内容上看，突发环境事件应急监测须做到三个方面：

（1）明确危害。指对环境质量要素的影响程度。

（2）关注变化。污染随时间的变化情况。

（3）结论明确。要对监测结果有比较明确的结论。

突发水污染环境事故监测人员用便携式仪器进行快速监测

环境污染事件应急监测报告内容重点针对事故污染物，自然灾害环境应急监测一般进行多要素环境质量监测以全面评价环境质量。

某污染事故中监测人员用便携式仪器对周边大气污染物进行监测

第二节　突发环境事件应急监测技术

2010年，环保部发布《突发环境事件应急监测技术规范》（HJ 589-2010），该规范规定了突发环境事件应急监测的布点和采样、监测项目与相应的现场监测和实验室监测方法、数据的处理与上报和监测的质量保证等技术要求。现根据编者的应急经验并参阅相关记录文献，编注以下应急监测技术，供参考。

一、事故应急监测的基本原则

（1）现场应急监测与实验室分析相结合。

（2）应急监测技术的先进性和现实可行性相结合。

（3）定性与定量相结合。

（4）环境要素的优先顺序：空气、地表水、地下水、土壤。

（5）应急监测安全的可保障原则。

（6）应急监测结果电子快速报送与纸质报送相结合。

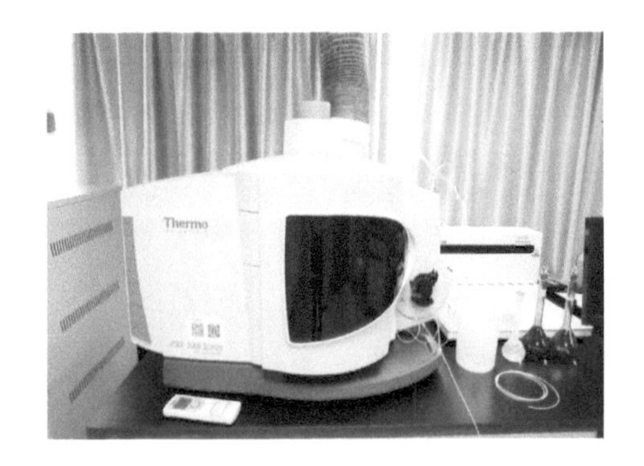

电感耦合等离子体发射光谱仪

二、应急监测布点

1．布点应考虑的因素

由于污染事故发生时污染物的分布极不均匀，时空变化大，对各环境要素的污染程度不相同，因此采样点位的选择对于准确判断污染物的浓度分布、污染范围及程度等极为重要。因此，监测点位确定应考虑以下因素：

（1）事故的类型（泄漏、爆炸、火灾等）、严重程度与影响范围。

（2）事故发生的地点（如是否为饮用水源地、水产养殖区等敏感水域）与人口分布情况（是否在市区等）。

（3）事故发生时的天气情况，尤其是风向、风速及其变化情况。

2．布点的基本原则

采样面（点）的设置，应以能准确反映污染发生地点状况、事故发生区域环境的污染程度和污染范围为目的。一般以事故发生地点及其附近

监测人员对某污染事故进行快速检测

范围为主，同时必须注重人群和生活环境，考虑对饮用水源地、居民住宅区空气、农田土壤等区域的影响，合理设置参照点。对被事故所污染的地表水、地下水、大气和土壤均应设置对照断面（点）、控制断面（点），尽可能以最少的断面（点）获取足够的有代表性所需信息，同时需考虑采样的可行性。

三、布点采样方法

1. 环境空气污染事故

在事故发生地就近采样。采样时应注意以下几点：

（1）以事故地点为中心，根据事故发生地的地理特点、风向及其他自然条件，在事故发生地下风向（污染物漂移云团经过的路径）影响区域、掩体或低洼地等位置，按一定间隔的圆形布点采样。

（2）根据污染物的特性在不同高度采样，同时在事故点的上风向适当位置布设对照点。

（3）在距事故发生地最近的居民住宅区或其他敏感区域应布点采样。

（4）采样过程中应注意风向的变化，及时调整采样点位置，应同时记录气温、气压、风向和风速等。

（5）利用检气管快速监测污染物的种类和浓度范围，现场确定采样流量和采样时间。

（6）对于应急监测用采样器，应经常予以校正（流量计、温度计、气压表），以免情况紧急时没有时间进行校正。

2. 地表水污染事故

（1）监测点位以事故发生地为主，根据水流方向、扩散速度（或流速）和现场具体情况（如地形地貌等）进行布点采样，同时应测定流量。采样器具应洁净并应避免交叉污染。可采集平行双样，一份供现场快速测定，另一份加入保护剂尽快送至实验室分析。若需要，可同时采集事故地的沉积物样品（密封入广口瓶中）。

（2）对江河的监测应在事故发生地的下游布设若干点位，同时在上游一定距离布设对照断面（点）。如江河水流的流速很小或基本静止，可根据污染物的特性在不同水层采样；在事故影响区域内饮用水和农灌区取水口必须设置采样断面（点）。根据污染物的特性，必要时对水体应同时布设沉积物采样断面（点）。当采样断面水宽小于10 m时，在主流中心采样；当断面水宽大于10 m时，在左、中、右三点采样后混合。

监测人员对污染河涌进行采样监测

（3）对湖（库）的监测应在事故发生地为中心的水流方向的出水口处，按一定间隔的扇形或圆形布点，并根据污染物的特性在不同水层采样，多点样品可混合成一个样品；同时在其上游适当距离布设对照断面（点）；必要时在湖（库）出水口和饮用水取水口处设置采样断面（点）。

某污染事故中监测人员对周边河涌进行采样

(4) 在沿海和海上布设监测点位时，应考虑海域位置的特点、地形、水文条件和风向及其他自然条件。多点采样后可混合成一个样品。

3. 地下水污染事故

(1) 应以事故发生地为中心，根据本地区地下水流向采用网格法或辐射法在周围一定范围内布设监测井采样，同时根据地下水主要补给来源，在垂直于地下水流的上方向，设置对照监测井采样；在以地下水为饮用水源的取水处必须设置采样点。

(2) 采样应避开井壁，采样瓶以均匀的速度沉入水中，使整个垂直断面的各层水样分别进入采样瓶。

(3) 若用泵或直接从取水管采集水样时，应先排尽管内的积水后采集水样；同时要在事故发生地的上游采集一个对照样品。

4. 土壤污染事故

(1) 应以事故地点为中心，在事故发生地及其周围一定距离内的区域按一定间隔圆形布点采样，并根据污染物的特性在不同深度采样，同时采集未受污染区域的样品作为对照样品。必要时，还应采集在事故地附近的作物样品。

(2) 在相对开阔的污染区域采取垂直深 10 cm 的表层土。一般在 10 m × 10 m 范围内，采用梅花形布点方法或根据地形采用蛇形布点方法（采样点不少于 5 个）。

(3) 将多点采集的土壤样品除去石块、草根等杂物，现场混合后取 1 ～2 kg 样品装在塑料袋内密封。

5. 固定污染源和流动污染源

对于固定污染源和流动污染源的监测布点，应根据现场的具体情况，在产生污染物的不同工况（部位）下或不同容器内分别布设采样点。

6. 化学品仓库火灾、爆炸

对于化学品仓库火灾、爆炸以及有害废物非法丢弃等造成的环境化学污染事故，由于样品基体往往极其复杂，需要采取合适的样品预处理方法。

运载化学品车辆燃烧引发的环境事故

四、监测频次

污染物进入周围环境后，随着稀释、扩散、降解和沉降等自然作用以及应急处理处置后，其浓度会逐渐降低。为了掌握事故发生后的污染程度、范围及变化趋势，常需要实时进行连续的跟踪监测，这对于确认事故影响结束并宣布应急响应行动终止具有重要意义。因此，应急监测全过程应在事发、事中和事后等不同阶段予以体现，但各阶段的监测频次不尽相同，主要根据现场污染状况确定，事故刚发生时可适当加密采样频次，摸清污染物变化规律后可减少采样频次。

五、应急监测项目选择

突发性污染事故由于其发生的突然性、形式的多样性、成分的复杂性，决定了应急监测项目往往一时难以确定。实际上，除非对污染事故的起因和污染成分有初步了解，否则要尽快确定应监测的污染物。对于已知污染物的突发性环境化学污染事故，可根据已知污染物来确定主要监测项目，同时应考虑该污染物在环境中可能产生的反应及其衍生成其他有毒有害物质的可能性。对于未知污染物的突发性环境化学污染事故，通过污染事故现场的一些特征（如气味、挥发性，中毒反应的特殊症状）和监测来确定污染物。具体有以下几种污染物鉴别方法：

某化工厂泄漏引发环境事故

1. 感观识别法

对于未知污染物的突发性环境化学污染事故，通过污染事故现场的一些特征，如气味、挥发性、遇水的反应性、颜色及对周围环境、作物的影响等进行初步定性，判断污染物的种类。从颜色识别污染物质，如黄色的污染物可能是氯、硝基化合物；红色的污染物可能是某些偶氮化合物（也有黄色或紫色等）；棕色的污染物可能是某些偶氮化合物。从气味识别污染物质，如苦杏仁香可能是硝基苯、苯甲醛；柠檬香典型的有乙酸沉香酯；蒜臭典型的化合物有二硫醚；烟粪臭典型的化合物有粪臭素，吲哚。

2. 仪器识别法

通过现场采样，包括采集有代表性的污染源样品，利用试纸、快速检测管和便携式监测仪器等现场快速分析手段，来确定主要污染物和监测项目。

3. 现场调查法

固定源：对固定源引发的污染事故，通过对引发事故单位的有关人员（如管理、技术人员和使用人员等）的调查询问，以及对事故的位置、所用设备、原辅材料、生产的产品等的调查，确定和确认主要污染物和监测项目。

流动源：对流动源引发的突发性污染事故，通过对有关人员（如货主、驾驶员、押运员等）的询问以及运送危险化学品或危险废物的外包装、准运证、押运证、上岗证、驾驶证、车号或船号等信息，调查运输危险化学品的名称、数量、来源、生产或使用单位，同时采集有代表性的污染源样品，鉴定和确认主要污染物和监测项目。

六、应急监测方法选择

1. 基本原则

便携式土壤重金属分析仪

现场应急监测不同于实验室常规分析，必须能够快速判断污染物种类浓度和污染范围，及时为突发环境事件的应急处置及善后处理等提供快速有效的技术保障，因此，现场应急监测仪器选择的基本原则：

(1) 操作简易。分析方法的操作步骤要简便，具有易实施性和可操作性，无需特殊的专门知识，一般人不经训练或稍经训练就能掌握（在任何时间、任何地点、任何人均能使用）。

(2) 快速。分析方法要快速，分析结果直观、易判断。

(3) 轻便。检测器材要轻便，易于携带，采样与分析方法均应满足现场监测要求，体积小、重量轻，如泵吸式传感器，具有反应快，可实时监测的特点。

(4) 准确。分析方法的灵敏度、准确度和再现性要好，检测范围宽，尽量结合现状与水平，力求做到应用的普适性，分析仪具有数据采集、存储和传输等功能。

(5) 干扰少。有害物质和杂质对分析方法的干扰要小，如果是基体复杂，环境复杂，干扰太多，测量不准确。

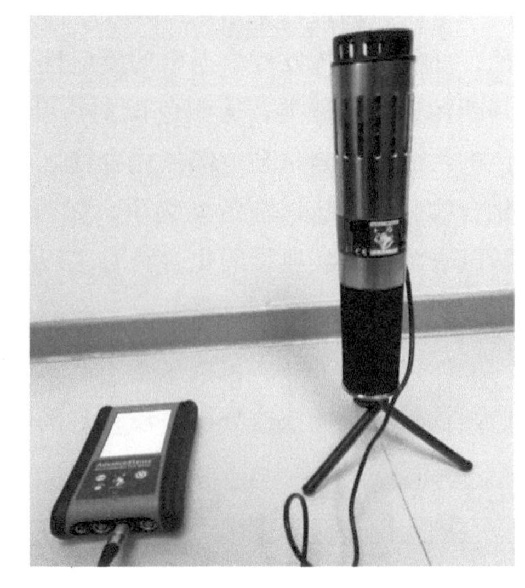

便携式多气体分析仪

(6) 试剂用量少。试剂用量要少（因为是在现场，试剂消耗量大可能会有一些具体困难），稳定性好。

(7) 方法简单。采样的方法要简便，采样器具要简单。

(8) 实用。不采用特殊的取样和分析测量仪器，最好不使用电源。

(9) 易处理。检测器具最好是一次性使用，避免用后进行洗刷、晾干、收存等处理工作。

(10) 投入少。投入要最小化，方法具有较高的性能价格比，简易检测器材的价格要便宜，易于推广。

(11) 实际可行。对于不得不采用实验室方法分析的项目，应选择现有最简单快速的分析方法。

2. 常见污染物现场应急分析方法

(1) 氯气——检测试纸法、气体检测管法、便携式电化学传感器法、便携式分光光度法。

(2) CO——检测试纸法、气体检测管法、便携式电化学传感器法、便携光学式（非分散红外吸收）检测器法。

(3) H_2S——检测试纸法、气体检测管法、便携式电化学传感器法、便携式分光光度法、便携式离子色谱法。

(4) SO_2——检测试纸法、气体检测管法、便携式电化学传感器法。

(5) O_3——气体检测管法、便携式电化学传感器法、便携光学式检测器法。

(6) AsH_3——检测试纸法（氯化汞指示剂）、气体检测管法、便携式电化学传感器法。

(7) 苯系物（芳香烃类）（环境空气、水、土壤）——气体检测管法、现场吹脱捕集－检测管法、便携式 VOC 检测仪法、便携式气相色谱法、便携式气－质联用法、实验室快速气相和红外分光光度法。

(8) 硝基苯类（环境空气、水、土壤）——气体检测管法、便携式气相色谱法、便携式气－质联用法、实验室快速气相、红外分光光度法。

七、质量保证与控制（QA/QC）

应急监测质量保证与控制（QA/QC）措施是数据准确可靠的基础。应急监测中的质量保证与控制（QA/QC）可分为备战状态 QA/QC 技术及实战状态 QA/QC 技术两环节。

1. 备战状态 QA/QC 技术

包括建立应急监测工作手册和应急监测数据库及应急监测地理信息系统等；组织应急监测人员培训及演练、应急监测方法和监测仪器设备的筛选、仪器设备的校准维护保养、应急监测仪器设备的计量检定及车辆等后勤保障和试剂、应急监测预案编写和质量监督等环节。备战状态 QA/QC 技术要求主要有：

(1) 应急仪器设备。主要从仪器设备的规范操作、定期校准、日常维护和保养等环节进行 QA/QC。

应急仪器操作指导书编写。主要明确仪器设备操作规程的编写目的、适用范围、人员职责、操作程序、操作步骤、评价指标、期间核查等相关要素，在污染事故现场，人员可按规程操作仪器，做到忙中不乱。

仪器设备校准。由于环境应急仪器设备大多为便携式仪器，使用的方法多为非标准方法，一般以自校为主。校准方法主要包括仪器的一般性检查（外观、电路、气路）、检出限、标准曲线校准、准确度和精密度检查、零点漂移、量程漂移和响应时间检查等。

仪器设备维护保养。便携式应急仪器容易受环境条件（温度、湿度、气压）和使用强度的影响，要保证仪器设备时刻处于良好的待命状态，适时有效地进行维护保养至关重要。主要是对仪器设备进行快速自校，以及适时处理和更换一些试剂、易耗品。定期用标准样品进行期间核查，检查其精密度、准确度是否符合方法规定要求。

（2）检测方法的确认。环境应急快速监测方法多为非标准方法，如试纸、检测管法、便携式分光光度计法、便携式气相色谱法、便携式 GC－MS 法、傅立叶红外法、水质综合毒性法等，在使用前需进行方法确认。确认主要采用标准物质进行核对；与实验室标准方法同步比对测试；实验室间比对等方法。

（3）应急监测人员培训及演练。组建应急监测队伍，参加应急监测的人员要持证上岗。开展对应急监测人员岗位技能培训和考核机制，提升应急监测人员理论实践水平，制定监测人员技能培训考核实施办法。使人员熟悉采样方法、仪器设备操作规程、安全防护、应急监测工作程序。加强环境应急监测演练，编制污染应急监测的典型演习方案，通过模拟不同类型污染场景、污染因子、污染范围、污染程度，定期开展应急监测实战演练。

（4）应急监测预案的编写。应急监测质量保证应作为制定应急监测预案的一项重要内容，预案中与质量保证相关的组织机构、人员培训与演练、检测方法、仪器设备、量值溯源、现场采样及分析、数据处理及结果报告等内容应给予明确规定。

2. 实战状态 QA/QC 技术

（1）应急监测方案编制。应急监测方案是整个应急监测工作的前提，是保障监测工作快速、准确、顺利开展的关键。方案应包括应急人员分工、监测点位布设、分析项目、监测频次以及需要采取的现场质控措施等。

（2）现场样品采集的质控技术。依据不同类型的污染事故，建立一套优先控制污染物水质应急采样工具、采样体积、样品保存、运输和交接的方法规范，确保样品管理处于受控状态。此外，提高平行样的采集率，保证采样质量。

（3）现场快速检测的质控技术。定性分析用于确定造成污染事故的主要污染物的种类，适用于突发环境事件监测的开始阶段，定量分析能够了解流域污染带污染物的浓度分布情况，确定不同污染程度的区域边界。当污染事故发生源单一，污染物明确时，在现场可直接进行定量检测。定量分析对关键测点应该适当增加室内平行、加插质控样，保证这些重要点位数据的准度和精度。

（4）应急监测数据的处理和结果报告。数据处理分析和结果报告是监测的最后一步，也是质量控制的最后一关。一是严格执行数据的三级审核，确认无误后方可正式报告结果；二是重视数据的合理性分析，由于污染物在水体中受到稀释、降解、转化等作用，其浓度随时间、空间分布存在一定的变化规律，因此各测点的数据具有一定的相互关系；三是规范结果报告的内容和形式，结果报告应涵盖污染事故类型、发生事件时间和地点、污染源信息、污染事故原因、污染物扩散规律分析以及敏感点污染状况等。

八、应急监测报告

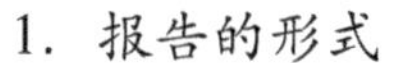
1. 报告的形式

报告分初报、续报、终报几种形式（事故刚发生的时候可采用简报、快报，数据不多和信息不全的情况下，还可通过续报等多种形式来报告）。

2. 报告的手段

报告可采用电话、传真、电子邮件、微信、监测快报、简报、应急监测报告等方式进行。

3. 报告对象

现场监测报告应迅速上报同级环境保护主管部门和现场应急指挥中心。重大和特大突发性环境化学污染事故除报当地环境保护行政主管部门及上一级环境监测站外，还应直报中国环境监测总站。

4. 应急监测报告的内容

（1）时间：时间一定要报告准确，主要包括事故发生的时间，接到通知的时间，到达现场监测时间。

（2）地点：事故发生的具体地点及周边的自然环境（现场示意图及录像或照片）。

（3）原因：事故发生的性质与类型（现场收集到的证据、当事人的陈述、勘察记录等）。

（4）监测情况：采样点位、监测频次、监测方法。

（5）事故概况：污染事故的性质，主要污染物的种类、排放量、浓度及影响范围。

（6）事故危害：简单描述污染事故的危害与损失，包括人员伤亡、事故原因等。

（7）处置方法：简要说明污染物的危险特性及处理处置建议（在发生污染事故后，污染物的处置往往由环保部门负责）。

（8）监测责任人确认：应急监测现场负责人签字。

5. 应急监测报告实例——松花江重大水污染事件环境监测快报

松花江重大水污染事件是中国突发环境事件的典型案例，按照明确危害、关注变化、结论规范 3 个原则，其监测报告主要内容包括污染带前锋位置、污染团所在位置及峰值、污染带尾部情况。

（1）污染带前锋表述结果：据最新监测结果，污染带前锋已到达桦川断面（佳木斯下游 41.2 km，距同江 202.8 km）；该断面 12 月 9 日 22:00 硝基苯浓度为 × × mg/L，低于中国和俄罗斯国家标准；苯未检出。

（2）污染团所在位置及峰值表述结果：佳木斯断面（距同江 244 km）硝基苯浓度仍持续上升，高浓度污染团正在通过该断面；12 月 10 日 4:00 硝基苯浓度为 × × mg/L，超中国国家标准 × × 倍，低于俄罗斯国家标准；苯浓度一直低于中国和俄罗斯国家标准。

（3）污染带尾部情况表述结果：佳木斯上游断面（大来镇，距佳木斯 54 km，距同江

298 km）浓度持续下降；12 月 10 日 0:00 浓度为××mg/L，超中国国家标准××倍，低于俄罗斯国家标准；苯浓度为××mg/L，持续低于中国和俄罗斯国家标准。依兰县达连河断面（距同江 388 km）自 12 月 9 日 2:00 起持续达标。

针对此次污染事件的特殊情况，对监测报告的术语做了约定，并固定了评价结果的表述方法。污染带前锋：当硝基苯浓度开始大于检出限（0.001 mg/L）时，认为污染带前锋到达。污染带：指硝基苯浓度超标带，即硝基苯浓度超出中国地表水水环境标准（0.017 mg/L）部分。硝基苯浓度上升表述为“逐步上升”或者“波动上升”，浓度下降表述为“持续下降”或者“波动下降”。

硝基苯浓度上升过程中，苯未检出时表述为“苯一直未检出”，硝基苯浓度开始下降后，苯未检出时表述为“苯持续未检出”。

另外，在报告编制过程中，还根据江水流速、已通过断面的污染物变化情况，分析污染团的变化和污染物的扩散情况，对下游情况作出预测。

九、应急监测中应注意的问题

1. 现场的原始记录

（1）绘制事故现场的位置示意图，标出采样点位（如有必要，对采样点及周围情况进行现场录像和拍照）；记录发生时间，事故发生现场性状描述及事故原因，事故持续时间，采样时间，必要的水文、气象参数（如水温、水流流向、流速、气温、气压、风向、风速等）。

（2）记录中应标明事故单位名称、联系方法、可能存在的污染物种类、流失量及影响范围（程度）。若可能，简要说明污染物的有害特性等信息，还应尽可能收集与突发性环境化学污染事故相关的其他信息，如盛放有毒有害污染物的容器、标签等信息，尤其是外文标签等信息，以便核对。应在记录中按规定格式进行详细填写，监测任务完成后归档保存。

（3）原始记录上数据有误需要改正时，应在错误的数据上划出横线，如改正的数据成片，可将其画框线并添加“作废”两字，再在错误数据的上方写上正确的数据，并在右下方盖章或签字。不准在原始记录上涂改或撕页。原始记录应有统一编号，个人不准擅自销毁。

（4）参加应急监测人员必须具有严肃认真的工作态度，对现场原始记录负责，做到及时记录信息，不应以回忆的方式填写。

（5）每次报出数据前，原始记录必须有测试人的签名。

（6）为适应应急监测快速报告的需要，可采用边采样、边分析、边汇总、边报告的方式进行。

（7）保证信息的完整性，主要包括环境条件、分析项目、分析方法、分析日期、样品类型、仪器名称、仪器型号、仪器编号、测定结果、分析人员、校核人员、审核人员签名等。

2. 安全防护

(1) 进入突发性环境化学污染事故现场的应急监测人员，必须注意自身的安全防护，对事故现场不熟悉、不能确认现场安全或不按规定配备必需的防护设备（如防护服、防毒呼吸器等）时，未经现场指挥、警戒人员许可，不得进入事故现场进行采样监测。

(2) 应急监测时，至少应有2人同行。进入事故现场进行采样监测，应经现场指挥、警戒人员的许可，在确认安全的情况下，按规定配备必需的防护设备（如防护服、防毒呼吸器等）。

(3) 进入易燃、易爆事故现场的应急监测车辆应有防火、防爆安全装置，应使用防爆的现场应急监测仪器设备（包括附件，如电源等）进行现场监测，或在确认安全的情况下使用现场应急监测仪器设备进行现场监测。

(4) 进入水体或登高采样，应穿戴救生衣或佩带防护安全带（绳），以防安全事故。

(5) 对需送实验室进行分析的有毒有害、易燃易爆或性状不明样品，特别是污染源样品应用特别的标识图案、文字加以注明，以便送样、接样和分析人员采取合适的处置对策，确保他们自身的安全。

(6) 对含有剧毒或大量有毒有害化合物的样品，特别是污染源样品，不得随意处置，应做无害化处理或送至有资质的处理单位进行无害化处理。

3. 应急监测防护服分类

(1) 一般工作服：可防止普通化学品、粉尘等污染皮肤，常用防水布、帆布或涂层织物制成。

(2) 耐酸碱工作服：可防止强酸、强碱腐蚀皮肤，通常用耐腐蚀织物制成。

(3) 隔绝式防护服：可防各类有毒有害物质，多用橡胶布制成，军品主要是用优质的丁基橡胶制成。

(4) 透气式防化服：具有良好的防毒性能和生理舒适性，并有较好的阻燃性能。

(5) 防火防化服：主要是在执行伴有火灾的化学事故监测任务时使用，这类防化服是在服装表层上均匀喷涂有耐火材料或镀上铝保护层，能在短时间内抵御高温对人体的袭击。

4. 选择防护器材的建议

选择防护器材一般应考虑的因素：

(1) 在事故中泄漏有毒化学品的性质和数量，尤其要注意其毒性、腐蚀性、挥发性等。

(2) 可使用的化学防护材料，具备防毒、防腐蚀、防火性能等。

(3) 防化服的防毒种类和有效防护时间。

(4) 防化服是否可以重复使用。

(5) 应用的呼吸器种类，有过滤式或隔绝式两类。

(6) 全套防护器材的质量和大小等。

（7）隔绝式防化服在使用中是否需冷却降温等。

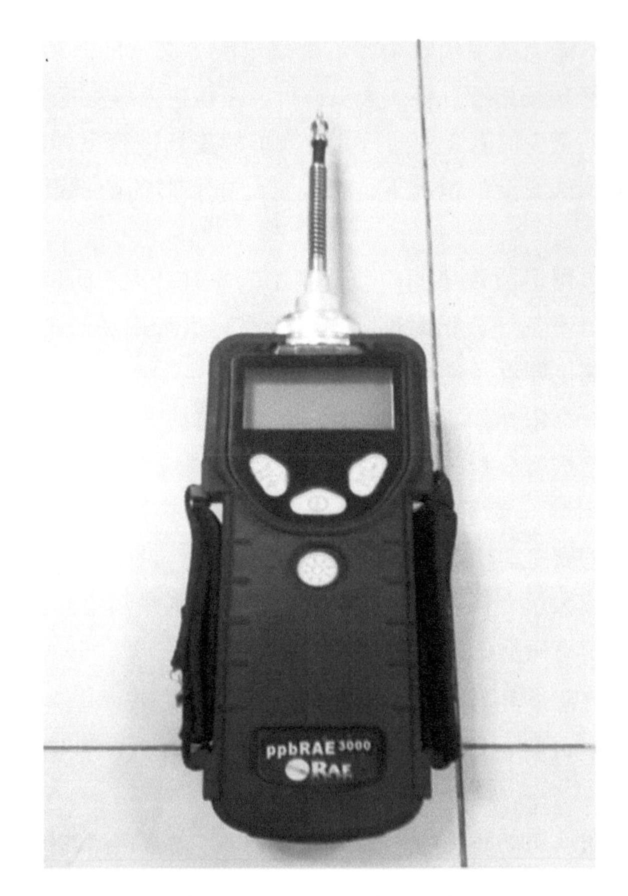

便携式挥发性有机化合物气体分析仪

第三节 现场应急监测方法

一、感官检测法

感官检测法是根据各污染物具有不同的气味、颜色存在状态等物理化学特性，通过用口、眼、鼻、皮肤等感知被检物质存在的检测方法。这些都是被动地依靠人体自身的生物传感器来检测，有一定的危险性。

（1）黄色的污染物可能是硝基化合物、亚硝基化合物、偶氮类化合物（也有红色或紫色的）、氧化偶氨化合物（也有橙黄色的）。

（2）红色的污染物可能是某些偶氮化合物（也有黄色或紫色等）、在空气中放置较久的苯酚。

（3）棕色的污染物可能是某些偶氮化合物（多为黄色，也有红色或紫色的）、苯胺（新蒸馏出来的为淡黄色）。

（4）芳香（苦杏仁香），典型的有硝基苯、苯甲醛。

（5）芳香（柠檬香），典型的有乙酸沉香酯。

（6）蒜臭，典型的化合物有二硫醚。

（7）焦臭，典型的化合物有异丁醇、苯胺、甲酚。

（8）腐臭，典型的化合物有甲基庚基甲酮。

（9）烟粪臭，典型的化合物有粪臭素、吲哚。

（10）F_2：淡黄色气体，有刺激性气味。

（11）HF：具有特殊刺激臭味。

（12）Br_2：棕红色发烟液体，具有独特窒息感的臭味；溴在水中呈黄（橙）色，在有机溶剂中呈橙（红）色。

（13）Cl_2：黄绿色，具有异臭的强烈刺激性气体。

（14）PCl_3：无色液体，具有刺激性，在潮湿空气中可产生盐酸雾。

（15）$POCl_3$：无色发烟液体。其蒸气属刺激性气体，在空气中被水蒸气分解成磷酸和氯化氢，呈烟雾状。

（16）NH_3：一种无色有强烈臭味的刺激性气体，燃烧时火焰带绿色。

（17）甲醇：无色、易燃、极易挥发性液体，纯品略有酒精气味。

（18）NO_2：在低温下为淡黄色，室温下为棕红色，体积浓度达 0.12 μL/L 时，人会感到有臭味。

（19）SO_2：无色，具有强烈辛辣、特殊臭味气体。

（20）H_2S：无色，具有臭鸡蛋的臭味，有刺激性。浓度达 1.5 mg/m^3 时就可以用嗅觉辨出，但当浓度达到3000 mg/m^3 时，由于嗅觉神经麻痹，反而嗅不出来。（如重庆开县发生的 H_2S 污染事故，由于当时浓度比较高，导致很多人当时没有闻到气味而中毒）

（21）HCN：无色气体或液体，具有苦杏仁气味。

（22）二硫化碳：无色，具有烂白菜味。

（23）丙烯腈：无色或淡黄色易燃液体，其蒸气具有苦杏仁或桃仁气味。

（24）丙炔腈：无色、挥发性液体，蒸气具有强烈的催泪性。

（25）苯：是一种具有特殊芳香气味的无色、易挥发和易燃的油状液体。

（26）甲苯、二甲苯：无色透明液体，有强烈芳香气味。

（27）磷化氢（PH_3）：无色有类似大蒜气味的气体，剧毒。

（28）苯乙烯：无色液体，塑胶味。

（29）丙醛：刺激性臭味。

（30）正丁醛：窒息性气味。

（31）正戊醛、异戊醛：油脂味。

（32）乙酸：醋酸味。

（33）乙酸乙酯：水果香味（凤梨味）。

（34）臭氧：有刺激性腥臭气味，浓度高时与氯气气味相像；液态臭氧深蓝色，固态紫黑色。

（35）溶液中的有色离子：铜离子（蓝色），亚铁离子（浅绿色），铁离子（黄色），高锰酸根离子（紫红色）。

（36）碘：在水中呈黄（褐）色，在有机溶剂中呈紫（红）色。

（37）黑（紫）色固体：二氧化锰，碳，氧化铜，氧化亚铁，四氧化三铁（黑色、有磁性），高锰酸钾，碘。

（38）（紫）红色固体：铜，氧化铁（红棕色），氧化亚铜（砖红色或红色）。

二、生物检测法

这种方法是利用植物表皮的损伤或利用动物的嗅觉和敏感性来检测有毒有害化学物质。对大气污染环境而言，其生物监测所涉及到的指示植物主要有：

受二氧化氮危害的烟草叶片症状

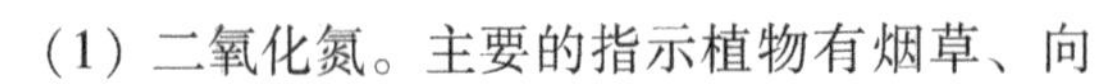

（1）二氧化氮。主要的指示植物有烟草、向日葵、柑橘、番茄、秋海棠、悬铃木等。受害后作物的症状表现为：叶脉间存在着不规则性伤斑，呈现黄褐色、白色或棕色，有时出现全叶点状的伤斑。

（2）二氧化硫。主要的指示植物有万寿菊、天竺葵、美人蕉、地衣、荞麦、芝麻、水杉、石思仙、一品红、白玉兰、大红花、落叶松以及苔藓等。受害后作物的症状表现为：叶脉间都存在着块状的伤斑，部分植物的伤斑在叶缘位置，与正常组织界限分明，

受二氧化硫危害的马铃薯叶片症状

并以土黄色或红棕色呈现出来。

（3）氟化物。主要的指示植物有梅、十三太保、杏、金线莲、葡萄苔藓、郁金香以及大蒜等。受害后作物的症状表现为：叶尖都存在伤斑，仅有少部分植物的伤斑在叶脉间，且伤斑多以红褐色或者是浅褐色等颜色呈现出来，同时植物的健康部分和坏死部分之间具有条理分明的界线。

（4）臭氧。主要的指示植物有烟草、矮天牛、牵牛花、马唐、洋葱、萝卜、马铃薯、光叶榉、丁香、葡萄等。受害后作物的症状表现为：大部分为叶面细密点状斑，呈棕色或黄褐色，少数为脉间斑。

（5）氯及氯化物。主要的指示植物有萝卜、芝麻、荞麦、向日葵、桃树、大白菜等。受害后作物的症状表现为：大多脉间点块状伤斑，与正常组织界限模糊，或有过渡地带严重时全叶失绿漂白甚至脱落。

三、试纸法

试纸法主要是根据某些化学物质对试纸的特殊反应来检测该物质的存在，并判断该化合物是否超过某一浓度值。试纸检测具有操作简单、实时快速、反应灵敏、价格低、容易保存等特点。目前，市场上有较多种类的试纸，常用的有：pH 试纸、乙酸铅试纸（乙酸铅 + H_2S 产生黑色 PbS）、二氧化硫试纸、砷试纸、硝酸盐、亚硝酸盐试纸、磷酸盐试纸、微生物检测试纸、甲醛试纸、硬度试纸、氨氮试纸等。

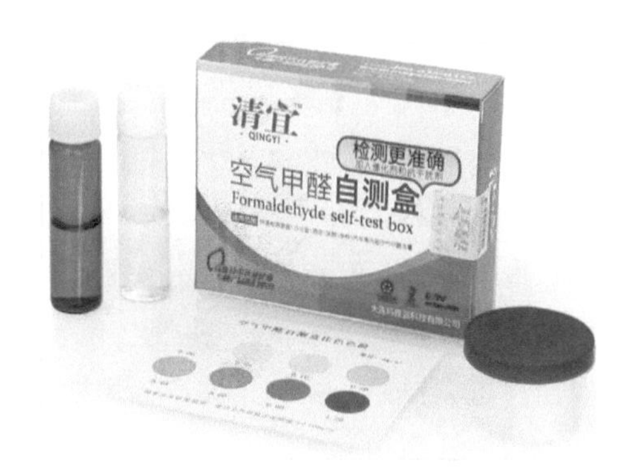

下面介绍几种常见试纸特点及使用方法

1. 空气甲醛检测试纸

（1）特点

灵敏度高：只要空气中存在一定甲醛（世界卫生组织 WHO 规定空气中甲醛含量应低于 0.08 毫克/米）即可检测到。

操作简便：取出检测试纸滴加检测液后水平放置在待检空间 10～15 分钟即可观察结果，方便快捷。

检测结果准确：可以准确定性室内空气是否含有甲醛。

（2）使用方法

第一步：开始测定前，将待测空间封闭 1 小时以上，以保证测定的准确性。另外，由于甲醛的释放和吸收与温度直接相关，若室内温度过低，应适当延长封闭时间。

第二步：将密封袋打开取出检测试纸放于吸水纸上，取检测液瓶滴加 1 滴（10～20 ul）

到检测试纸上，如有多余液体用吸水纸吸掉，将检测试纸放置在空气中静置 10 分钟。

第三步：显色后，于 10 ～ 15 分钟之内将检测试纸与比色卡进行对比，颜色深于临界值为甲醛超标，颜色浅于临界值为甲醛未超标。

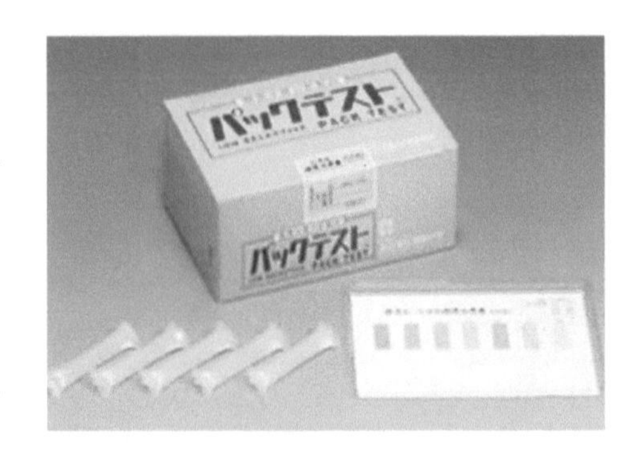

甲醛检测试纸

（3）结果判读

（－）结果为阴性，即甲醛含量低于国家标准，不超标。

（＋）结果为阳性，即甲醛含量超标。

（＋＋）结果为强阳性，即甲醛含量超标较多。

（4）注意事项

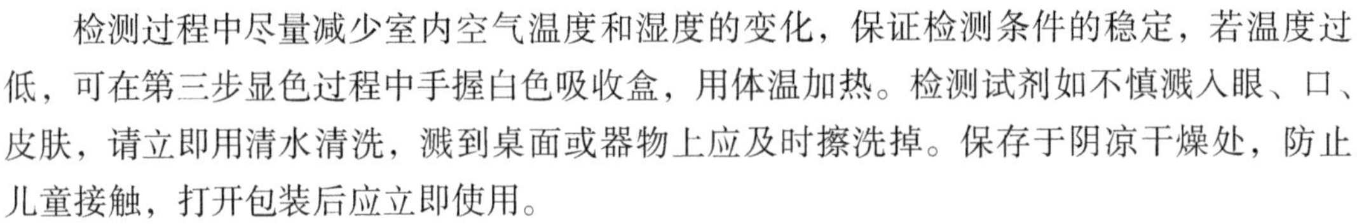

检测过程中尽量减少室内空气温度和湿度的变化，保证检测条件的稳定，若温度过低，可在第三步显色过程中手握白色吸收盒，用体温加热。检测试剂如不慎溅入眼、口、皮肤，请立即用清水清洗，溅到桌面或器物上应及时擦洗掉。保存于阴凉干燥处，防止儿童接触，打开包装后应立即使用。

2. 氨氮试纸

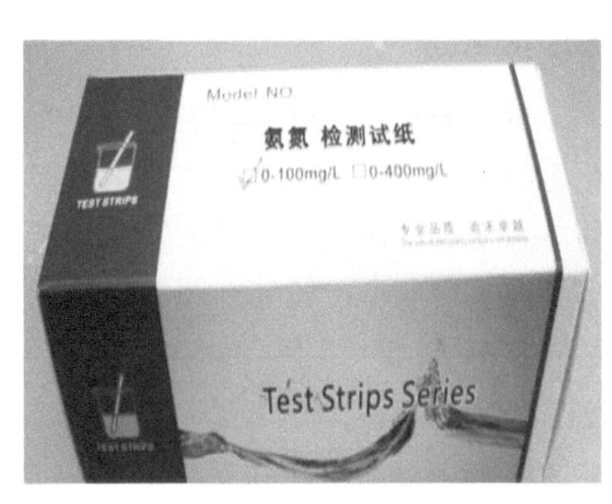

产品原理：水杨酸法

检测次数：100 次

保质期：18 个月

包装规格：桶装，100 条/盒＋试剂

（1）使用说明

取 1 mL 待测液体，滴入 1 滴激活剂，摇晃均匀，取一条氨氮试纸，将反应端浸入，2 秒后取出。甩去试纸上多余的水珠，5 秒后与比色卡对比颜色。

（2）注意事项

取出试纸时请勿接触试纸反应端，以免污染试纸，影响检测结果。取出所需试纸数量后，将剩余试纸密封保存好，避免高温或者阳光直射。待测液体 pH 值为在 5 ～ 9，要求似乎无色或者浅色，颜色过深的液体检测前先做脱色处理。

（3）使应用范围

此检测方法适用于电镀液行业、染整废水排放及工业、农业等领域的环境工艺等分析，也非常适用于各级别实验室预分析，特别适合户外检测。

四、检测管法

检测管法可以定性或半定量地测量特定的污染物质。检测管一般是在一个固定有限长度内径的玻璃或聚乙烯管内填装一定数量的指示粉，用塞料固定后，将管的两端密封而成。

其原理是将被检测的物质通过这个检测管，如果被检测的物质中含有想要检测出来的有毒的物质，那么检测管内的指示粉就会和这种有毒物质发生反应，由于检测物质的浓度不同，指示粉与其发生反应后的颜色变化也会不同。根据指示粉颜色的变化就可大概判断，检测物质中是否存在有毒物质。由于检测物质的形态不同，可以将检测管分为水质检测管和气体检测管。

1. 水质检测管

水质检测管分为直接检测试管、色柱检测管和水污染检测箱。

（1）直接检测管检测：在塑料试管中封入一定剂量的显色试剂，检测时将试管基刺出一个小的孔，让检测水样通过这个孔注入试管中与试管中的显色试剂反应，通过显色试剂的颜色变化对比标准色阶，就可以确定检测水样中污染物的种类和浓度。

（2）色柱检测管：将检测水样注入检测管，使得检测水中所含的污染物质和管内装有的显色试剂反应，根据反应产生的色柱长度，可以确定检测水样中的污染物的浓度。

（3）水污染检测箱：将多种水质检测管组合构成检测设备，这种设备方便携带而且可以对多种污染物质进行快速检测。如日本共立理化产品环境水质检测套装 型号：WAS－E－Ⅱ，其测定项目和测定范围见下表。

序号	测定项目	测定范围（mg/L）	包装（次/盒）
1	残留氯（游离）	0.1～5	50
2	臭氧	0.1～5	50
3	pH	pH5.0～9.5	50
4	6价铬	0.05～2	50
5	锌	0～10	50
6	铁	0.2～10	50
7	铜	0.5～10	50
8	镍	0.5～10	50
9	钙	0～50	50
10	COD	0～100	50
11	硫化物	0.1～5	40
12	氯化物	0～50	40
13	亚硝酸	0.02～1	50
14	硝酸	1～45	50
15	游离氰	0.02～2	40

2. 气体检测管

根据检测时间的不同分为短时检测管、长时检测管和气体快速检测箱。

短时检测管种类繁多；长时检测管主要用在长时间的连续监测，可以测定1～8 h内污染物的平均浓度，通过气体的自然扩散，然后观察检测管在这段时间内的变化来确定检测结果；

气体快速检测箱是把不同的多个气体检测管组合在一种特制的检测箱里面，可对污染现场中多种污染物进行监测。

检测管法是一种简便、快速、直读式、价格低、测试范围广、准确度相对较高的检测工具。目前，市场上常见的检测箱（包）多为进口，其供应商有美国HACH、德国DRAGER、日本GASTEC等。环境中常用的气体检测管（以日本进口产品为例），其特性及使用说明如下。

1．丙酮检测管

（1）用途：用于检测空气的丙酮（相对分子质量58.08）浓度，并可利用换算刻度检测四氢呋喃（分子量72.11）的浓度。

（2）浓度单位换算

$$\text{测量浓度（mg/m}^3\text{）}=\frac{\text{测量浓度（\%）}\times\text{相对分子质量}}{22.4\times273/(273+t)}\times10000$$

（3）规格

样本采集量和检测范围	检测气体名称	100 mL	50 mL
	丙酮	0.1～2.0%（试管刻度）	1.0～5.0%（换算刻度Ⅰ）
	四氢呋喃	0.2～3.0%（换算刻度Ⅱ）	0.1～2.0%（试管刻度Ⅲ）
检测时间	1.5分钟/100 mL		
检测限度	200 ppm（丙酮）　20 ppm（四氢呋喃）		
检测剂变色	桔色→深棕色		
温度范围	0～40 ℃（需温度补正）		
反应原理	氧化铬被还原		

干扰气体

气体名	浓　度（%）	影　响
酒精类	—	指示偏高
酯　类	—	指示偏高
酮类	—	指示偏高
芳香族碳化氢	—	指示偏高
卤化碳化氢	0.5	指示偏高

（4）检测顺序：

①用切割刀将检测管的两端掰开。

②将检测管上的箭头（G→）朝向采集器并安装在上面。

③将拉手推入到最里面，使拉手与管身上红色的标记对上。

④将拉手迅速拔出到底，拉手被固定。

⑤在此位置上停留 1.5 分钟，采集样本。

⑥取下检测管，根据变色层的长度读取刻度。

2. 二氧化硫检测管

列表说明如下。

<table>
<tr><td>检测对象</td><td colspan="3">SO_2</td></tr>
<tr><td>测定范围</td><td colspan="3">1 ～ 60 mg/L</td></tr>
<tr><td>取气量</td><td colspan="3">100 mL</td></tr>
<tr><td>测定时间</td><td colspan="3">1 分钟</td></tr>
<tr><td>颜色变化</td><td colspan="3">桃色→黄色</td></tr>
<tr><td>检测限度</td><td colspan="3">0.5 ppm</td></tr>
<tr><td>使用温度范围</td><td colspan="3">0 ～ 40 ℃（温度无影响）</td></tr>
<tr><td>湿度影响</td><td colspan="3">无影响</td></tr>
<tr><td>反应原理</td><td colspan="3">$SO_2 + 2NaOH \rightarrow Na_2SO_3 + H_2O$</td></tr>
<tr><td>有效期限</td><td colspan="3">3 年</td></tr>
<tr><td rowspan="3">其他物质的影响</td><td>名称</td><td>浓度</td><td>影响结果</td></tr>
<tr><td>氯气</td><td>SO_2 质量浓度的 2 倍</td><td>指示偏高</td></tr>
<tr><td>二氧化氮</td><td>与 SO_2 质量浓度相同</td><td>变色层界线不明显，指示偏高</td></tr>
<tr><td>操作步骤</td><td colspan="3">①掰开检测管两端
②按检测管上箭头方向将其插入吸气泵前端
③将红线与轴线对齐
④根据所需检测范围抽取定量气体
⑤每 100 mL 放置 1 分钟
⑥取下检测管，读取值 $\times 10^{-6}$</td></tr>
<tr><td>浓度换算</td><td colspan="3">测定气体的质量浓度（mg/m^3）$= 2.66 \times$ 测定浓度（$\times 10^{-6}$）</td></tr>
<tr><td rowspan="3">使用环境</td><td colspan="3">温度：0 ～ 40 ℃（温度无影响）</td></tr>
<tr><td colspan="3">湿度：无影响</td></tr>
<tr><td colspan="3">气压：［读取值（ppm）×1013（hPa）］/测定点气压（hPa）</td></tr>
</table>

3. 氨气检测管

列表说明如下。

<table>
<tr><td rowspan="2">检测对象</td><td colspan="3">测定范围和气体的取气量</td></tr>
<tr><td>100 mL</td><td>200 mL</td><td>500 mL</td></tr>
<tr><td>NH_3</td><td>（1～20）10^{-6}
（管壁印刷刻度）</td><td>（0.5～10）10^{-6}
（读取值×1/2）</td><td>（0.2～4）10^{-6}
读取值×1/5</td></tr>
<tr><td>取气次数</td><td>1 回（100 mL/回）</td><td>2 回</td><td>5 回</td></tr>
<tr><td>测定时间</td><td colspan="3">1 分钟/100 mL</td></tr>
<tr><td>颜色变化</td><td colspan="3">淡紫色→淡黄色（NH_3）</td></tr>
<tr><td>检测限度</td><td colspan="3">0.1×10^{-6}（100 mL 时，NH_3）</td></tr>
<tr><td>温度范围</td><td colspan="3">0～40 ℃：NH_3</td></tr>
<tr><td>湿度影响</td><td colspan="3">无影响</td></tr>
<tr><td>反应原理</td><td colspan="3">$NH_3 + H_3PO_4 \rightarrow (NH_4)_2HPO_4$</td></tr>
<tr><td>有效期</td><td colspan="3">3 年</td></tr>
<tr><td rowspan="2">其他物质影响</td><td>名称</td><td>浓度</td><td>影响结果</td></tr>
<tr><td>胺类</td><td>—</td><td>指示值偏高</td></tr>
<tr><td>操作步骤</td><td colspan="3">①掰开检测管两端
②按箭头方向插入检测管
③将红线与轴线对齐
④根据所需检测范围抽取定量气体
⑤每抽 100 mL 气体放置 1 分钟。读取数值
⑥如果取气量增多，则重复③～⑤操作步骤</td></tr>
<tr><td>浓度换算</td><td colspan="3">测定质量浓度（mg/m^3）＝［测定浓度（10^{-6}）×质量分数］÷｛22.4×［(273÷（273＋t)］｝
式中：t 为测定时的室温℃</td></tr>
<tr><td>使用环境</td><td colspan="3">使用温度范围：0～40 ℃时无影响
湿度：无影响
气压：［读取值（10^{-6}）×1013（hPa）］/测定点的气压（hPa）</td></tr>
</table>

4. 氰化氢检测管（冷藏保存0～10 ℃）

列表说明如下。

<table>
<tr><td>测定物质</td><td colspan="2">氰化氢</td></tr>
<tr><td>测定范围</td><td>（2～100）10^{-6}（印刷刻度）</td><td>（0.5～25）10^{-6}（读取值×1/2）</td></tr>
<tr><td>抽取量</td><td>100 mL</td><td>400 mL</td></tr>
<tr><td>抽气回数</td><td>1 回</td><td>4 回</td></tr>
<tr><td>测定时间</td><td colspan="2">1 分钟/100 mL</td></tr>
<tr><td>颜色变化</td><td colspan="2">黄色→红色</td></tr>
<tr><td>最低检测限度</td><td colspan="2">0.2 10^{-6}（400 mL 抽气量）</td></tr>
</table>

使用温度范围	0～40 ℃		
温度影响	校正（相对湿度 10%～90%）		
反应原理	$2HCN + HgCl_2 \rightarrow 2HCl + Hg(CN)_2$		
其他影响物质	物　质	浓度（10^{-6}）	影　响
	二氧化硫	1	指示偏高
	硫化氢	3	指示偏高
	氨气	5	指示偏低
	磷酸	1	指示偏高
操作步骤	①掰开检测管两端 ②按检测管上箭头方向将其插入吸气泵前端 ③将红线与轴线对齐 ④根据所需检测范围抽取定量气体 ⑤ 每 100 mL 放置 1 分钟 ⑥取下检测管，读值 ppm，如取气量增多重复③～⑤步		
浓度换算	气体的质量浓度（mg/m^3）＝测定质量分数（$\times 10^{-6}$）×［27.03/｛22.4×［273/（$273+t$）］｝ t：测定时的温度； 在取气为 400 mL 测定（0.5－25）$\times 10^{-6}$范围时，测定结果×1/2		
使用环境	温度：0～40 ℃无影响 湿度：相对湿度 50% 的场合，通过湿度校正表校正 气压：气压校正 读取值（ppm）×1013（hPa）÷测定点气压（hPa）		

5．二氧化氮检测管

列表说明如下。

测定物质	NO_2
测定范围	（20～1000）10^{-6}
取气量	100 mL
测定时间	2 分钟/100 mL
最低检测限度	0.1 10^{-6}
颜色变化	白色→橙黄色
有效期	3 年
使用温度范围	0～40 ℃（需温度校正）

	物质名称	浓度 $\times 10^{-6}$	影响结果
其他影响物质	Cl_2	5	指示偏高
	O_3	5	指示偏高
	I_2	5	指示偏高
	Br_2	5	指示偏高
测定操作	①掰开检测管两端 ②按检测管上箭头方向将其插入吸气泵前端 ③将红线与轴线对齐 ④根据所需检测范围抽取定量气体 ⑤每 100 mL 放置 2 分钟 ⑥取下检测管，读值		
浓度换算	测定气体的质量浓度（mg/m^3） $=1.91\times$刻度值（10^{-6}）[温度校正后的浓度]		
使用环境	温度：20 ℃以外使用温度校正 湿度：无影响 气压：[读取值（ppm） ×1013（hPa）] /测定点气压（hPa）		

6. 苯检测管

列表说明如下。

检测对象	C_6H_6（存在于汽油或者芳香烃中的）		
测定范围	（5～200）ppm		
取气量	100 mL		
测定时间	3 分钟/100 mL		
颜色变化	白色→绿褐色		
检测限度	3 ppm		
使用温度范围	0～40 ℃（需温度校正）		
湿度影响	无影响		
反应原理	$C_6H_6+I_2O_5+H_2SO_4\rightarrow I_2$		
其他影响物质	名称	刻度值（10^{-6}）	影响结果
	甲苯	150	指示偏高
	二甲苯	300	指示偏高
	己烷	800	全层变成浅黑色变色层不明了，指示偏高

测定操作	①掰开检测管和前处理管的两端 ②按检测管安装图连接检测管，并按检测管上箭头方向将其插入吸气泵前端 ③将红线与轴线对齐 ④根据所需检测范围抽取定量气体 ⑤每 100 mL 放置 3 分钟 ⑥取下检测管，读取值 ppm（20 ℃以外的浓度需要温度校正表校正）
浓度换算（ppm 和 mg/m^3）	测定气体的质量浓度（mg/m^3）=3.25×刻度值（$\times10^{-6}$）[温度校正后的浓度]
使用环境	温度：20 ℃以外需校正
	湿度：无影响
	气压：[读取值（10^{-6}）×1013（hPa）]/测定点的气压（hPa）

7. 硫化氢检测管

列表说明如下。

检测对象	H_2S		
测定范围	（3～150）10^{-6}（印刷刻度）	（1～50）10^{-6}（读取值×1/5）	
取气量	100 mL	300 mL	
测定时间	1 分钟/100 mL		
颜色变化	白色→黑褐色		
检测限度	0.3 ppm（300 mL 抽气量）		
使用温度范围	0～40 ℃		
湿度影响	无		
反应原理	$H_2S+Pb(CH_3CO_2)_2 \rightarrow PbS+2CH_3CO_2H$		
有效期限	3 年		
其他物质的影响	名称	浓度（10^{-6}）	影响结果
	二氧化硫	12	指示偏高
	亚硫酸	550	指示偏高
	二氧化氮	2	指示偏低
操作步骤	①掰开检测管两端 ②按检测管上箭头方向将其插入吸气泵前端 ③将红线与轴线对齐 ④根据所需检测范围抽取定量气体 ⑤每 100 mL 放置 1 分钟 ⑥取下检测管，读取值 ppm，如果取气量增多，则重复③～⑤操作步骤		

浓度换算 (ppm 和 mg/m^3)	测定气体的质量浓度（mg/m^3）=测定浓度（ppm）×［34.08/22.4］×［273/(273+t)］ 在取气为 300 mL 测定（1～50）ppm 范围时结果×1/5
使用环境	温度：0～40 ℃无影响
	湿度：无影响
	气压：［读取值（ppm）×1 013（hPa）/测定点气压（hPa）

8. 光气检测管（冷藏保存 0～10 ℃）

列表说明如下。

检测对象	$COCl_2$		
测定范围	（0.5～20）10^{-6} （印刷刻度）		（0.1～4.0）10^{-6} （温度校正值×1/5）
取气量	100 mL		500 mL
测定时间	1 分钟/100 mL		
颜色变化	白色→红色		
检测限度	0.05 ppm（500 mL 采取时）		
使用温度范围	0～40 ℃		
温度影响	无		
有效期限	1 年		
其他物质的影响	名称	刻度值（ppm）	指示偏高
	亚硫酸气体	0.2%	影响结果
	氯化氢	10 ppm	变色层底部退色，指示偏高
	氯气	5 ppm	变色层底部退色，指示偏高
	二氧化氮	100 ppm	变色层底部退色，指示偏高
操作步骤	①掰开检测管两端 ②按检测管上箭头方向将其插入吸气泵前端 ③将红线与轴线对齐 ④根据所需检测范围抽取定量气体 ⑤每 100 mL 放置 1 分钟 ⑥取下检测管，读取值 ppm，(20 ℃以上的浓度需要温度校正表校正)，如取气量增多，则重复③～⑤步骤		
浓度换算 ppm 和 mg/m^3	测定气体的质量浓度（mg/m^3）=4.11×刻度值（ppm）［温度校正后的浓度］ 在取气为 500 mL 测定（0.1～4.0）ppm 范围时，结果×1/5		
使用环境	温度：20 ℃以外使用温度校正		
	湿度：无影响		
	气压：［读取值（ppm）×1013（hPa）］/测定点气压（hPa）		

9. 氟化氢检测管

列表说明如下。

测定物质	HF		
测定范围	（0.5～30）ppm （印刷刻度）	（0.25～15）ppm （校正值×1/2）	（0.17～2）ppm （校正值×1/3）
取气量	300 mL	600 mL	900 mL
测定时间	1分钟/100 mL		
测定结果计算（mg/m^3）	测定浓度（mg/m^3）＝测定浓度（10^{-6}）（温度校正后的浓度值）×［20.01/22.4］×［273/（273＋T）］ 真实测定浓度（ppm）＝测定浓度（ppm）×校正系数		
最低检测限度	0.05 10^{-6}（900 mL时）		
颜色变化	草黄色→粉红色		
反应原理	HF指示试剂变色		
使用温度范围	0～40 ℃（温度校正）		
测定操作	①掰开检测管两端 ②按检测管上箭头方向将其插入吸气泵前端 ③将红线与轴线对齐 ④根据所需检测范围抽取定量气体 ⑤每100 mL放置1分钟 ⑥取下检测管，读取值（如需温度校正查寻校正表），如果取气量增多，则重复③～⑤步骤		
使用环境	温度：需温度校正		
	湿度：见校正系数表		
	气压：［气压的校正读取值（ppm）×1 013（hPa）］/测定点的气压（hPa）		

10. 甲醛检测管

列表说明如下。

检测对象	HCHO
测定范围	（1～35）ppm
取气量	300 mL
测定时间	1分钟/100 mL
颜色变化	白色→棕橙色
检测限度	0.5 ppm
使用温度范围	0～40 ℃（温度无影响）
有效期	3年

其他物质的影响	名称	浓度（ppm）	影响结果
	苯乙烯		指示偏高
	三氯乙烯	500	指示偏高
	乙酸乙酯	1000	指示偏高
	天空醚	1000	指示偏高
	CH_3CHO	1	指示偏高
测定操作	①掰开检测管两端 ②按检测管上箭头方向将其插入吸气泵前端 ③将红线与轴线对齐 ④根据所需检测范围抽取定量气体 ⑤每 100 mL 放置 1 分钟 ⑥取下检测管，读取值 ppm，如取气量增多，则重复③~⑤操作步骤		
浓度换算	测定浓度（mg/m^3） = 1.25 × 刻度值（ppm）		
使用环境	温度：0 ~ 40 ℃（温度无影响）		
	湿度：无影响		
	气压：[读取值（ppm） ×1013（hPa）] /测定点的气压（hPa）		

11. 臭氧检测管说明

列表说明如下。

检测对象	O_3		
测定范围	（10 ~ 100）ppm （读取值 ×2）	（5 ~ 50）ppm （印刷刻度）	（2.5 ~ 25）ppm （读取值 ×1/2）
取气量	50 mL	100 mL	200 mL
测定时间	1.5 分钟/100 mL		
颜色变化	蓝色→淡黄色		
检测限度	1 ppm（100 mL 取气量时）		
有效期	2 年		
使用温度范围	0 ~ 40 ℃（温度无影响）		
湿度影响	无影响		
其他影响物质	名称	刻度值（ppm）	影响结果
	二氧化氮	10	变色层不明显，指示偏高
测定操作	①掰开检测管两端 ②按检测管上箭头方向将其插入吸气泵前端 ③将红线与轴线对齐 ④根据所需检测范围抽取定量气体 ⑤每 100 mL 放置 1.5 分钟 ⑥取下检测管，读取值 ppm，取气量增多时重复③~⑤步骤		

测定结果换算（mg/m^3）	测定气体的质量浓度（mg/m^3）=2.00×刻度值（ppm） 在取气为 50 mL 测定 10～100 ppm 范围时，结果×2 在取气为 200 mL 测定 2.5～25 ppm 范围时，结果×1/2
使用环境	温度：0～40 ℃（温度无影响）
	湿度：无
	气压：[读取值（ppm）×1013（hPa）]/测定点的气压（hPa）

五、电化学法

用于环境应急监测的电化学方法主要有 3 种：

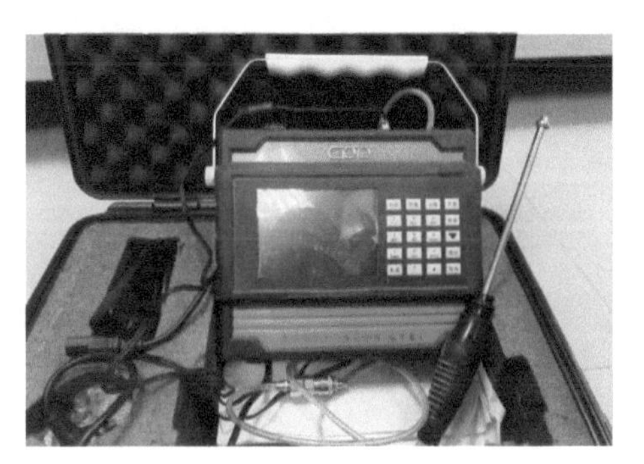

便携式多气体分析仪

1. 传感器法

传感器法由于具有便携性强、开机监测速度快等优点，在现场应急监测工作中发挥着重要作用。气体传感器主要由电解槽、电解液和电极组成，传感器的三个电极分别为敏感电极、参比电极和对电极。传感器的工作过程是：被测气体由进气孔通过渗透膜扩散到敏感电极表面，在敏感电极、电解液、对电极之间进行氧化反应，参比电极在传感器中不暴露在被分析气体之中，用以为电解液中的工作电极提供恒定的电化学电位。

环境应急监测中常用的电化学传感器有：氟、溴、臭氧、光气、氯气、硫化氢、氨气传感器等。

仪器有：单参数离子分析仪（pH 计、DO 计、电导率仪等）、多参数离子分析仪（实际上的 mV 计配备多种离子选择电极）以及电化学传感器组合式离子分析仪等。

2. 阳极溶出伏安法

阳极溶出伏安法包括还原沉积和氧化溶出两个步骤，其中，还原沉积是将水溶液中待测金属离子全部或部分还原沉积在工作电极上，具有富集的作用；氧化溶出是将富集的金属全部或部分从电极上氧化溶出并获取溶出伏安峰，利用峰电位及峰高（或峰面积）信息进行定性及半定量分析。

阳极溶出伏安法的主要特点：

（1）快速检测，一次检测时间少于 10 min，设备实际检测时间为 30～300 s。

（2）可以扫描检测未知重金属离子，当不知道样本中的离子种类时，可扫描大的电压范围，检测出未知离子。

（3）可自行开发检测方法，设备可以检测到 60 多种离子，用户还可开发检测方法。

（4）使用成本低，设备的开机成本低，耗材价格低，实验室条件好的，可以自己准备部分耗材。

六、化学测试组件法

这一方法是采用比色方法或容量分析（滴定）方法进行快速分析。具体操作是将特定分析试剂加入一定量的样品中，通过显色反应产生颜色变化，将颜色深浅程度与标准色阶比较，即可得到待测污染物的浓度值。常用的有：目视比色法、比色柱、比色盘、比色卡、计数滴定器。

便携式重金属分析仪

七、光谱法

光谱法是根据物质的特征光谱来鉴别物质并确定它的化学组成和相对含量，具有灵敏迅速的优点。依据光谱法所开发的各类便携式仪器在现场应急监测领域有着广泛的应用，几乎覆盖了各类环境介质，主要包括紫外可见分光光度法、红外光谱法、拉曼光谱法、荧光光谱法、原子吸收光谱法等。

便携式紫外可见分光光度计在突发水质污染事件现场应急监测工作中发挥着快速监测的作用，水质监测项目如氨氮、化学需氧量、总磷、总氮、硫化物、酚类以及六价铬、铅、锰、锑等重金属污染物都可以通过与特定的显色试剂在一定条件件发生显色反应，从而对特定波长的紫外可见光产生吸收，依据比尔朗伯定律实现现场快速监测。这类仪器的基本配置包括便携式分光光度计主机、前处理装备如消解设备、配套试剂以及玻璃器皿等。

便携式红外分析仪是一种利用红外光照射物质以获得其内部分子性质的分析手段，特征吸收峰（或特征频率）是其定性的基础，而吸光度（或透光率）则是其定量半定量的基础，通过便携式红外分析仪内置的初始标定信息即可监测已标定化合物的半定量浓度。便携式红外分析仪在无机及有机气态环境污染物的快速定性与半定量分析中应用较多，具有备以下优点：对大气污染物可直接采样监测，不需对样品进行前处理；可以做到多组分同时监测；使用简单快速；仪器购买后维护成本较低。

便携式荧光光谱仪是利用具有荧光性物质的特征荧光光谱及其强度便可达到定性及定量分析样品的目的。便携式射线荧光光谱仪在重金属污染现场应急监测等众多现场监测及调查活动中发挥着重要作用，通过测定特征射线荧光的能量，可以确定相应元素的存在，而特征射线荧光的强弱则代表该元素的含量，利用便携式射线荧光光谱仪可以直接测定固态物质中重金属的含量。

荧光法便携式测油仪通过简单溶剂萃取，采用紫外荧光法进行测量。由于紫外荧光法只对含有苯系物及共轭烯烃的油类有响应，而对只含直链烷烃的油类则无法进行测量，所以更加适合于对石油石化类企业的废水进行现场应急监测。

车载便携式原子吸收光谱仪是采用钨丝电热原子化系统，机内光源原子化器、气体控制调节分光与检测供电及信号处理等系统采用模块化设计，易装配，可以实现对铅、

铬、镍、铜等常见金属元素的现场快速测定。它具有测试速度较快、准确度高、性能稳定、重现性好、特殊情况时可不做曲线、各种元素阴极灯可自动切换以及需要样品量少等优点。

八、色谱分析法

色谱及质谱分析方法在突发环境事件现场应急监测工作中的应用广泛。气相色谱法是一种分析速度快和分离效率高的分离分析方法。质谱仪是鉴别化合物的工具，所产生的指纹质谱图，可以单个分析或利用软件分析。质谱仪可以作为气相色谱的检测器，对分离后的组分直接定性。

便携式气相色谱仪相对传统实验室气相色谱仪具备机动灵活性的特点，在现场应急监测中得到广泛的应用。检测器是便携式气相色谱仪最重要的部件之一，决定了仪器的主要性能。便携式气相色谱仪常用检测器有氢火焰检测器、热导检测器、电子捕获检测器、光离子化检测器、微氩离子检测器、表面声波检测器和质谱检测器等。便携式气相色谱仪选配有校准数据库，一定程度上可以解决现场应急监测中的快速定性半定量监测问题。

便携式质谱仪是一种定性定量分析技术，它是一种测量离子质荷比的分析方法。其基本原理是使试样中各组分在离子源中发生电离，生成不同组质荷比的带正电荷的离子，经加速电场的作用，形成离子束，进入质量分析器，在质量分析器中，再利用电场和磁场的作用，将它们分别聚焦并被最后的离子检测器检测，从而得到质谱图，经解析得到定性定量信息。

气相色谱/质谱联用结合了气相色谱技术和质谱技术两者的优点，可充分发挥气相色谱法高分离效率和质谱法强定性的能力，在现场应急监测中发挥着更大的作用。

2010 年前，该类仪器一直只有进口产品，2010 年，聚光科技（杭州）股份有限公司开发了国内首台具有完全自主知识产权的便携式气相色谱/质谱联用分析仪。INFCON 公司生产的便携式气相色谱质谱联用分析仪内装 NIST 谱库 135 000 种和 AMDIS 的谱库 983 种，能鉴别以下各种类型的化合物。

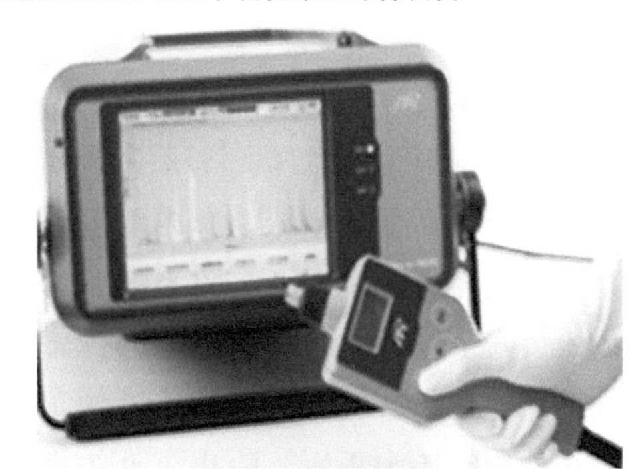

便携式气相色谱仪

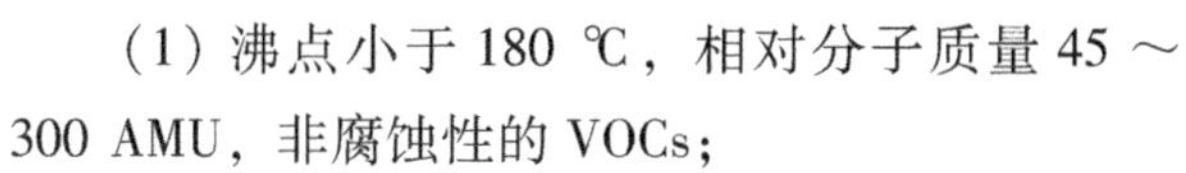

（1）沸点小于 180 ℃，相对分子质量 45 ～ 300 AMU，非腐蚀性的 VOCs；

（2）含甲基、乙基、丙基、丁基、乙烯基的化合物；

（3）汽油；

（4）BETX（苯、甲苯、乙苯、二甲苯）；

（5）EPA 8260 方法鉴别的化合物；

（6）MTBE（甲基或丁基醚）；

(7) 含氯的有机溶剂;

(8) TCE(三氯乙烯)和 PCE(全氯乙烯);

(9) 多数有机溶剂(甲基乙基酮、甲基异丁酮、丁基纤维素溶剂、丙酮、甲苯、挥发性漆稀释剂);

(10) 化学武器试剂:Sarin(沙林,即甲氟膦酸异丙酯)、Soman(索曼,即甲氟膦酸异己酯)、Tabun(一种神经性毒剂)、硫芥子气;

(11) 一些半导体化合物(磷化氢、砷、六甲基二硅胺烷);

(12) 薰剂(甲基溴);

(13) 挥发性硫化物(H_2S、COS、硫醇);

(14) 其他(如 HCN)。

九、应急监测车(组合式流动实验室)

应急监测车根据不同的需要配置,装有实验操作台、全球定位装置(GPS)及车载电话、通风照明装置、水电气供给接口、通信接口、低温冰箱、仪器柜,配备了视频图像采集及传输、数据采集处理与传输单元、电子地图、工控机等辅助设施,还配备了野外工作用的交流发电机和必要的供水系统及排水系统。它是一种新型流动实验室,可以在发生污染事故后迅速到达事故现场,为环境应急监测提供高效、快速、机动的综合流动检测或实时监测平台。

现在越来越多的环境监测单位配置了正压大气环境应急监测车,该类车购置后可根据需要自行改造设计,具备良好的安全防护功能,能将应急人员送入被污染的工作区域,开展一定时间的采样和分析工作,并能保证车内所有工作人员安全撤离污染区,是突发性大气污染事件应急监测不可缺少的重要装备,极大地提高了大气污染事故应急监测工作效能。

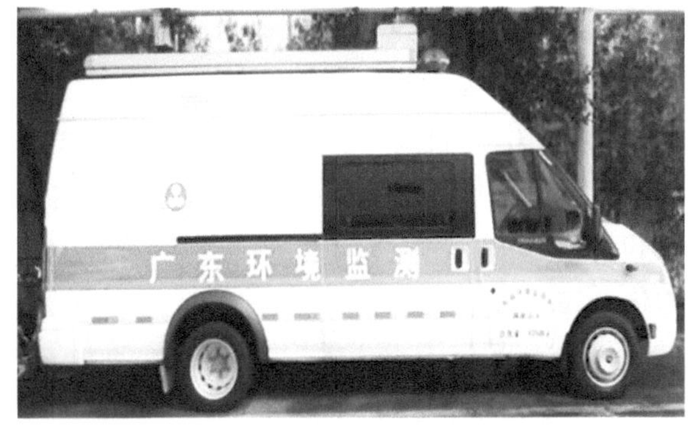

如广东省环境监测中心配置的全密闭正压大气环境应急监测车采用防腐全密封正压生命保护系统,车内配置正压系统、气体采样系统、气象系统、通讯系统、安全防护系统。通过车内自带空气源和净化设备,对车内加压,使车内相对外界气压为正压,防止车外污染气体渗入车内;能保护车内 4 名环境应急监测人员在有毒有害环境中连续工作 3 小时以上;配有紧急逃生设备,保证在有毒有害现场当车辆出现故障时车内人员能快速、安全撤离。该应急监测车随车装载的仪器设备能完成应急现场气体、液态和固体样品的快速采集和运输、快速定性分析和半定量分析、有毒有害事故现场的信息采集和远程监控等环境应急监测任务。

十、生物技术分析法

生物技术分析法常用的方法有单芯片免疫法、DNA 单芯片分析、单细胞生物传感器分析法（应急监测中常用于水质分析）、免疫试纸法。生物检测技术与化学分析方法相比，化学分析方法能精确检测想要检测的物质，但是遗漏较多的其他有毒物质，不能确定其毒性，还需要用生物实验的方法确定后再推断；生物检测能快速检测几乎所有毒性物质，但是无法知道是哪种毒性物质。

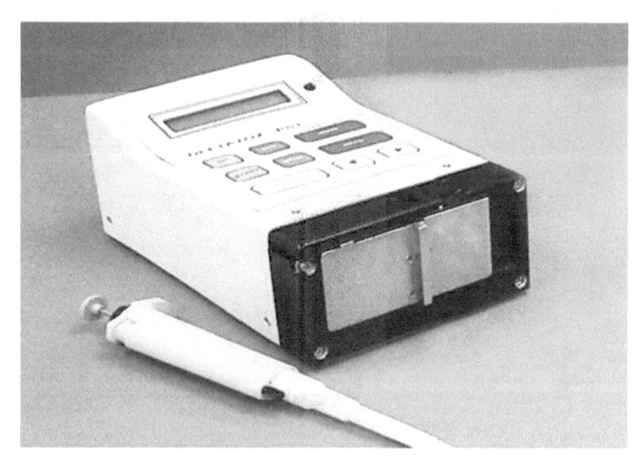

便携式综合毒性分析仪

便携式综合毒性分析仪是一种基于生物传感技术的综合毒性检测系统，利用发光细菌对有毒物质的特定发光反应进行检测，仪器能够检测不同毒性物的混合作用效果，特别是一些重金属和有机物混合后的综合毒性效果，快速检测出水样中急性毒性物质的相对浓度，适用于应急监测中对污染水体的毒性初筛判定及对污染团的跟踪监测。其检测范围宽，包括汞、镉、铬、铜、铅、镍等污染事件中常见的重金属离子，有机磷、有机氯、菊酯类农药等有机污染物，以及氰化物、氯仿、洗涤剂、柴油等其他物质。

十一、应急监测部分仪器及用途汇总

应急监测仪器及用途汇总（部分）见下表。

类型	设备名称	用　途
现场仪器	便携式气相色谱质谱仪	有机物定性、定量分析
	便携式质谱仪	有机物定量分析
	便携式傅立叶红外分析仪	未知物分析
	总挥发性有机物测定仪	总挥发性有机物测定
	多气体分析仪	主要分析 NH_3、H_2S、CO、Cl_2、HCN、PH_3
	氯气分析仪	主要用于 Cl_2 项目分析
	水质应急监测箱 HACH（DR/2800）	pH、酸碱度、DO、硬度、色度、总悬浮物、化学需氧量、氨氮、硝酸盐氮、亚硝酸盐氮，磷酸盐、总磷、总余氯、硫化物、硫酸盐、氰化物、氟化物、氯化物、阴离子洗涤剂、硅、钙、总铬、六价铬、总铜、总镍、总铁、总锰
	便携式溶解氧仪	溶解氧
	便携式 pH 计	pH
	便携式多参数仪	pH、溶解氧、电导、电阻率、温度、盐度
	生物急性毒性仪	生物毒性分析
	现场采样设备	现场采样

续表

实验室仪器	气相色谱串联质谱仪 GC/MS/MS	痕量 VOCs、POPs 等有机污染物的分析
	气相色谱质谱仪 GC/MS	痕量 VOCs、SVOCs、POPs 等有机污染物的分析
	气相色谱仪 GC	VOCs、SVOCs、POPs 等有机污染物的分析
	液相色谱仪 LC	痕量大分子有机污染物的分析
	电感耦合等离子质谱仪	元素分析
	原子吸收仪	重金属分析
	离子色谱仪	无机离子、有机酸的分析
	流动分析仪	挥发酚、氰化物、总磷、总氨等
	BOD_5 快速测定仪	五日生化需氧量
	台面式 pH/ISE 测试仪	氟化物
	紫外分光光度计	总氮
	红外光度测油仪	石油类
	CODcr 分析仪	化学需氧量
	总有机碳分析仪	总有机碳分析

十二、某省环境监测中心现场应急监测仪器设备汇总信息

列表如下。

仪器名称	数量(台)	仪器用途
便携式傅立叶变换红外多组分气体分析仪	2	应急监测、排放分析
便携式红外光谱仪	1	对带有红外光谱特征的物质进行定性分析，如有机溶剂、生化药品、毒性化学品等
便携式气相色谱质谱联用仪	2	快速测定沸点小于 180℃，相对分子量 45 ～ 300，非腐蚀性的 VOCs，包括有机溶剂、化学武器试剂、挥发性硫化物等
重金属分析仪	2	测定水质中的铜、铅、锌、镉、砷、汞含量
急性毒性检测仪	3	水质综合毒性检测
多参数水质测试仪	1	测量水质 pH、溶解氧、电导率、水温等项目
声学多普勒水流剖面集成系统（河猫）	1	测定河水流速、流量
无人旋翼遥控飞机	2	江、河、湖等地表水采样
数字化管线雷达	1	探测埋藏于地下的金属及非金属管线
军用冲锋舟	1	应急监测人员及物资运送
化学试剂分析仪	2	化学战剂和毒物检测：塔崩、沙林、梭曼、甲氟磷酸环已脂、维埃克斯、芥子气、路易氏气、氢氰酸

续表

多气体监测仪	2	11种有毒有害气体检测：氯气、氰化氢、氯化氢、氨气、氟化氢、硫化氢、酸气、氢化砷、磷化氢、甲烷、光气
便携式测汞仪	1	测定空气和废气中汞蒸气含量
大气污染事故应急监测车	1	1. 车内配置正压系统、气体采样系统、气象系统、通讯系统、安全防护系统。 2. 通过车内自带空气源和净化设备，对车内加压，使车内相对外界气压为正压，防止车外污染气体渗入车内。 3. 具备良好的安全防护功能，能将应急人员送入被污染的工作区域，开展一定时间的采样和分析工作，并能保证车内所有工作人员安全撤离污染区
水质应急监测车	1	具备功能齐备的工作平台，车载各种水质监测仪器设备和通讯设备，应急人员以车子为依托，在现场开展采样和分析工作，并与指挥部保持实时通讯联系
环境空气自动监测车	1	环境空气质量监测、污染事故应急监测、监督性监测等特殊任务的流动监测。监测项目：二氧化硫、氮氧化物、可吸入颗粒物、一氧化氮、臭氧共5种空气污染物，同时可测定气象五参数（风向、风速、温度、湿度、气压）。能24小时不间断地监测，并实时传输数据
个人作业防护（A级）	5	防护
个人作业防护（B级）	6	防护
MSA冷冻背心	5	防护
PM 1621个人剂量计	1	防护

第四节　环境应急监测案例

一、苯乙烯槽罐车泄漏的应急监测案例

（一）事故概况

2007 年 10 月 28 日凌晨，江苏 338 省道 200 km 处发生一起交通事故，一辆装有 24 t 苯乙烯的槽罐车在避让对面车辆时出现意外，致使该车方向失控而冲入稻田侧翻，罐体顶盖部发生苯乙烯泄漏，近千村民被紧急疏散。环境监测部门在市环保局应急指挥中心的直接指挥下，积极做好应急监测工作，反应迅速，针对污染源及时提供现场分析数据 10 多个，同时对被污染的土壤进行了采集、分析。使用的监测仪器有便携式气相色谱 GC/MS 质谱联用仪（以下简称便携式 GC/MS 仪）、快速检气管、多功能气象参数测试仪。在现场应急监测过程中，工作人员身穿防化服、空气呼吸器、头戴防毒面具。

苯乙烯槽罐车泄漏处置

（二）应急监测的启动

1. 应急接报

28 日凌晨 3:40，江苏省镇江市环境监测中心站接到市局应急电话后，立即启动污染事故应急监测响应程序，通知现场应急监测小组成员赶赴现场，同时通知有关科室做好应急准备。4:20 现场应急监测小组携带便携式 GC/MS 仪、快速检气管、多功能气象参数测试仪、人员防护设备及手提电脑，火速到达事故现场，进一步核实现场事故情况。

2. 事故现场情况

在丁岗镇桥东村的事故现场，一辆牌号为皖 D11491 的槽罐车侧翻在路南面，半个车身已栽入稻田中，罐体顶部发生苯乙烯泄漏。一旦有毒气体随风扩散，附近村民必遭其害；泄漏出来的苯乙烯如遇到明火就会引发爆燃，而离事故现场 100 m 处的宏达乙炔气厂的安全也将受到严重威胁。镇江市事故现场应急指挥部已对附近近千名还在睡梦中的村民进行了疏散转移，并对事故地百米内实行全面戒严。镇江市环保局也对现场进行了筑

堤，避免被污染的面积进一步扩大。观察现场，当时风力很小，近乎无风，不利于苯乙烯扩散，且苯乙烯比空气密度大，贴着地面传播，遇明火燃烧危险。

3. 污染物特性

现场应急监测小组成员利用手提电脑和无线网卡快速查询了苯乙烯的环境标准、应急处理处置方法、防护措施、急救措施等，并及时转告指挥中心，为现场事故处置提供了第一手资料。苯乙烯，为无色透明油状液体，有毒，难溶于水，溶于乙醇、乙醚等有机溶剂。苯乙烯为易燃液体，蒸气与空气能形成爆炸性混合物，遇明火、高热能引起燃烧爆炸。遇酸性催化剂（如硫酸、氯化铁等）能发生剧烈的聚合反应，放出大量热量。苯乙烯为可疑致癌物，具刺激性。急性中毒会强烈刺激人眼及上呼吸道黏膜，出现眼痛、流泪、流鼻涕、打喷嚏、咽痛、咳嗽等症状；慢性中毒可致神经衰弱综合征，有头痛、乏力、恶心、食欲减退、腹胀、忧郁、健忘、指颤等症状。

（三）应急监测的实施

1. 人员分工

（1）现场监测：现场监测人员负责对事故污染源对环境影响进行调查，利用便携式GC/MS等仪器对周边环境进行监测，了解污染物的分布情况，并将监测结果及可能的影响及时报告现场应急指挥中心和站应急监测领导小组。

（2）材料报告：综合业务组根据现场采样分析结果和上级领导要求，及时向省、市各级环保局上报监测快报。

（3）后勤保障与通信：后勤保障组负责监测人员的后勤保障，包括车辆调度、后备物资的运送等。

2. 应急监测方案

（1）监测因子的确定：现场观察槽罐车内有少量液体进入土壤，并很快向空气中挥发，呈现刺鼻气味，但未有液体进入水体。因此，确定对周边环境空气和附近居民点进行跟踪监测。首先，需要明确空气中刺鼻气味的挥发性有机物是单一的苯乙烯还是同时含有其他有机污染物，因便携式GC/MS仪需要预热30 min，现场监测人员立即先用快速气体检气管对事故点空气中的污染物进行定性检测，检出苯乙烯。随后，进一步用便携式GC/MS仪进行现场定性扫描分析，根据图谱进一步确认空气中的主要污染物质为苯乙烯。

（2）监测方法的选择：空气中苯乙烯检测，采用《气相色谱法及快速检气管法》（GB/T 14677-93），进行采样分析。

（3）评价标准的选择：居民区空气中苯乙烯的质量浓度标准，执行《工业企业设计卫生标准》（TJ 36-79）中“中国居民区大气中有害物质的最高容许浓度”规定的质量浓度0.01 mg/m^3（一次值），人员工作地点空气中的苯乙烯质量浓度标准执行《工业企业设计卫生标准》（TJ 36-79）中，“车间空气中有害物质的最高容许浓度”规定的40 mg/m^3。

（4）监测点位的确定：重点关注环境中的污染物浓度最高点和附近的居民敏感点的浓度变化。用便携式 GC/MS 仪从下风向，由远至近进行扫描监测，根据苯乙烯图谱峰高的突然改变，确定事故污染源的影响范围。在事故处理的过程中，多次用便携式 GC/MS 仪在污染源影响范围内进行定量分析，找到环境中的污染物浓度最高点，同时对附近的居民敏感点进行浓度监测。

3. 现场应急监测过程

（1）6:00，用检气管快速监测，初步定性为苯乙烯质量浓度大致为：车头 0.5 mg/m^3，车边 0.4 mg/m^3。

（2）6:50，用便携式 GC/MS 仪全程扫描，明确定性为苯乙烯，车尾质量浓度 0.12 mg/m^3，苯乙烯向环境挥发还不是很明显。

（3）8:00，槽罐车上部阀门打开，往外抽取苯乙烯，用便携式 GC/MS 仪全程扫描，槽罐车周边质量浓度最大值是 7.60 mg/m^3，空气中污染物浓度出现上升。

（4）9:20，槽罐车下部阀门打开，上下口同时抽取苯乙烯，用便携式 GC/MS 仪全程扫描，槽罐车周边空气中污染物质量浓度最大值是 4.80 mg/m^3，呈下降趋势。

（5）16:00，出事车辆被吊起拖离现场，用便携式 GC/MS 仪对现场全程扫描，道路一侧空气中污染物最大质量浓度 0.09 mg/m^3，仍高于 TJ 36－79 标准中的“中国居民区大气中有害物质的最高容许浓度”规定的 0.01 mg/m^3（一次值）标准，但远远低于“车间空气中有害物质的最高容许浓度”规定的 40 mg/m^3 的要求。同步监测附近居民敏感点的环境空气，监测数据已低于 0.01 mg/m^3 标准质量浓度值。

（6）17:05，清理现场土壤，再次出现苯乙烯挥发。用便携式 GC/MS 仪全程扫描，搅动土地的周边空气中污染物质量浓度最大值 9.29 mg/m^3，作业场所环境中污染物又出现上升趋势。

（7）23:30，清理现场土壤接近尾声，再次用便携式 GC/MS 仪全程扫描，土地周边空气中污染物质量浓度最大值是 6.10 mg/m^3，略有下降。

（8）23:40，现场用便携式 GC/MS 仪进行最后扫描，测得最大质量浓度是 3.8 mg/m^3，污染物已呈下降趋势。

（9）对污染源采取清理措施后，空气中的苯乙烯浓度迅速下降。第二日 16:00，现场用便携式 GC/MS 仪全程扫描，道路一侧最大质量浓度 0.09 mg/m^3，居民敏感区未检出，事故影响已基本消除。

（四）监测结果对事故处理的效用

环境监测中心站通过对槽罐车侧翻点周边空气的全程跟踪扫描监测，快速确定了污染物种类和环境影响的范围、程度。每监测一个数据，就向指挥部及时报告，使指挥部对周边环境空气污染程度做到心中有数，决策有依据。整个事故处置过程中，由于环境中污染物浓度远低于 TJ 36–79 标准中“车间空气中有害物质的最高容许浓度”规定的标准，不会对现场人员造成较大伤害，使现场事故应急处置得以迅速、稳妥地进行。对事故处置过程的监测，包括土壤清理过程和附近居民敏感点的跟踪监测，既为政府部门采取环境恢复措施、追究责任赔偿提供了有力证据，同时也确保周边居民及时安全返回了家园。

（五）本次应急监测总结与思考

（1）训练有素的监测队伍是事故安全处置的基础。这次应急事故的监测中，全站应急监测队伍得到充分的锻炼，监测队伍的能力得到进一步检验。在这次事故处理过程中，监测站指挥正确、准备到位、反应迅速、行动敏捷、报告及时，充分反映了环境监测中心站是一支能战斗的、拉得出、打得响的队伍。

（2）防护设备是安全完成事故监测的必要前提。

（3）现场快速监测是事故安全处置的重要保证。有机污染物的定性和定量监测要求较高，室内分析时间较长，而便携式 GC/MS 仪具有浓度扫描及定性定量分析、现场直读的功能，数据分析较快，出一次定性定量数据只要 20 min，且该仪器在现场可流动监测，非常方便、快捷地确定污染物的种类、影响范围，使现场应急指挥部在第一时间获得所需信息，是科学决策和快速决策的有力保障，同时也为事故的后续处理提供了科学依据。现场快速监测仪器的重要性在这次监测过程中得到了充分的体现。

（4）通信手段是事故快速、安全处置的有力补充。因配备了手提电脑、无线网卡，可以查询相关网页的环境标准、应急处理处置方法、防护措施、急救措施等信息，为现场更好地开展工作提供了保障，并能迅速地将现场事故信息、监测结果、谱图、照片等资料快速地传回到监测站，让站内有关领导和工作人员及时、全面地了解事故现场情况，为事故快报的及时编制和发布提供了保障，保证了事故监测的时效性和针对性。

二、滘江突发环境事件应急监测

（一）事故概述

1. 事故情况

2007 年 1 月 14 日 7:35，在京珠高速佛冈汤塘路段一辆载有 33 t 环己酮的槽罐车与一辆货车相撞翻车，造成槽罐破裂，约 15 t 环己酮泄漏。

2. 现场情况

广东省清远市环境监测站接到报案后立即赶赴现场，同时电话调集监测人员，准备应急监测。事故现场消防人员在处理事故时，用水将泄露出的环己酮冲洗进高速路排水渠，流入附近的四九河，顺流进入滘江，威胁到汤塘镇、龙山镇水厂取水口及下游的北江水体。冲洗水溢流渗漏也使附近的麦塘村多数村民水井受到污染威胁。

3. 环己酮特性

环已酮为无色或浅黄色透明液体，有强烈的刺激性臭味，相对密度（水 =1）0.95、相对密度（空气 =1）3.38、微溶于水，可混溶于醇、醚、苯、丙酮等多数有机溶剂，常温下为易燃液体。环已酮具有麻醉和刺激作用，对皮肤有刺激性，眼接触有可能造成角膜损害，属低毒类物质。环已酮遇高热、明火有引起燃烧的危险，与氧化剂接触会猛烈反应。燃烧（分解）产物为一氧化碳、二氧化碳。

4. 应急响应过程

清远环境监测站启动了《清远市环境监测站突发环境事件应急监测预案》，立即启动应急监测，要求清远、清新和佛冈的监测人员即刻出发，对污染物可能影响到的四九河、滘江以及北江设置监测断面进行采样，并将样品在最短的时间内送达广东省环境监测中心进行分析。在综合了现场、污染物特性等综合因素后，清远市环境监测站拟定了应急监测方案，确定了监测断面和监测频次，对所有的监测人员进行了分工，于14 日 22:30，发出正式的应急监测方案，于15 日 0 时起实施监测方案。

（二）应急监测过程

1. 应急监测组织

为了及时掌握污染第一手资料，环境监测人员根据现场调查情况，分别在京珠高速四九段排水沟、麦塘村排水沟、四九河入滘江前、事故水沟入四九河后约 50 米、四九河入滘江后约 300 米、汤塘自来水厂抽水井、滘江入北江前、北江飞霞和七星岗设置 9 个断面取样，由于清远市各级环境监测站均不具备对环已酮等有机污染物的监测能力，为能及时有效的应对该次环境事故。将样品当天送到广东省环境保护监测中心进行分析。

2. 监测布点、监测频次

地表水监测断面布设重点考虑敏感目标监控，总体上由上游至下游共设 5 个断面：1 号断面—汤塘镇四九河入滘江前；2 号断面—汤塘镇水厂进水口；3 号断面—龙山镇凤洲桥；4 号断面—滘江入北江前；5 号断面—北江飞霞。根据各断面监测结果及时调整监测断面，为精确的了解污染动态，2007 年 1 月 15 日在 2#断面与 3#断面之间的占果陂设置了加密断面。

由于环已酮在环境中较稳定，不易分解，受污染的水体通过地表下渗可能污染事故点附近的地下水，因此对事故点附近的麦塘村水井均取样检测。

土壤采样：在车辆翻倒一侧半圆形放射状布点，共布三个点，即车辆翻倒旁菜地、刘古添菜地、罗观钊桃花地土壤。

生物采样：因为环已酮较易挥发，且可能被植被吸收，选择事故点附近下风向典型植被为监测样本，采用经验布点法在下风向取两棵仙人掌样本。

地表水监测频次总体原则为：当上游断面未检出时，本断面每天监测一次；当上游断面检出而本断面未检出时，本断面每天监测四次；当本断面检出时每天监测六次，并根据监测结果随时调整各断面监测频次。具体监测频次如下：1 号断面 4:00、8:00、12:00、16:00、20:00、24:00 采样，每天采样 6 次；2 号断面 8:00 采样，每天采样 1 次；3 号断面 2:00、8:00、14:00、20:00 采样，每天采样 4 次；4 号断面 8:00 采样，每天采样 1 次；5 号断面8:00 采样，每天采样 1 次；占果陂断面属加密断面，只在 8:00 采样一次。地下水只在 8:00 采样一次。

3. 监测因子与方法

由于泄漏的环己酮在环境中较稳定，不易分解，在短时间内主要随水流迁移扩散，因此，监测因子确定为环己酮。

由于环己酮尚没有标准分析方法，广东省环境监测中心选择有机物分析较成熟的气相色谱吹脱捕集法，检测仪器为气相色谱仪。为更全面准确的了解污染情况，临时引进了 DeltaTox 急性毒性检测仪，并从 1 月 16 日起对所有水样品分析环己酮含量的同时，分析其综合生物毒性指标，该指标能直观反应废水中毒性物质的生物毒性，为应急指挥提供有参考价值的定性指标。

4. 人员分工

清远站负责市区境内的 5 号断面采样送样；佛冈站负责佛冈县境内的 1 号、2 号、3 号断面采样送样；清新站负责清新县境内的 4#断面采样送样；由广东省环境监测中心负责技术指导和样品的实验室分析。清远市环境保护局成立应急监测领导小组，负责应急监测的统一指挥与协调，清远市站负责后勤保障、通讯与数据报出及保密工作。

5. 质控要求

本次应急监测主要采取平行样分析和质控样分析来控制监测质量，每批次样品的平行样分析和质控样分析比例均在 10% 以上。

6. 数据报告

样品浓度及综合生物毒性指标检出后，由清远市站汇总报出，同时以电子邮件和传真的形式向广东省环保局和清远市局应急监测领导小组报告，保证最短时间准确报出结果，为应急监测指挥提供优质技术支持。

（三）监测结果与评价

1. 地表水监测结果与分析评价

（1）15 日凌晨开始启动应急方案，四九河入滢江前断面浓度出现波动，由 14 日的 33.8 mg/L 降低至 15 日早 8:00 的 2.87 mg/L，之后浓度逐渐上升至下午 16:00 的 100 mg/L，20:00 又降低至 6.13 mg/L。汤塘自来水厂取水口检出环己酮浓度为 1.32 mg/L，占果陂也检出环己酮浓度为 1.38 mg/L，凤洲桥以下各断面均未检出。检测数据说明，污染物进入滢江后随水流增大和流速加快，向下游扩散的速度也加快，污染物被稀释后浓度大大降低，浓度波动也变得不明显。

（2）16 日，四九河入滃江前断面浓度仍有波动，浓度范围为 1.32 ～ 8.05 mg/L，而汤塘自来水厂取水口以下各断面均已未检出环己酮。

（3）17 日，四九河入滃江前断面浓度范围未检出，汤塘自来水厂取水口以下各断面均未检出。

（4）18 日所有地表水监测断面各时段均未检出。

（5）为防止再次出现波动，监视性监测一直持续至 2007 年 2 月 1 日，其间所有地表水样品均未检出环己酮。可见，通过应急处理后基本上把事故水环境污染范围控制在凤洲桥以上河段，污染范围和程度大大减小，事故污染得到有效控制。

2. 地下水监测结果分析与评价

对麦塘村的所有饮用水井采样分析，共有 4 家水井检出环己酮，污染最严重的水井环己酮质量浓度高达 450.7 mg/L。对受污染的四家水井进行抽排，同时与卫生部门协调配合，并跟踪监测，至全部未检出且稳定后，才通知村民恢复用水井。

3. 土壤监测结果分析与评价

由于泄漏品未溢流至裸露土壤区域，且消防部门处理事故时注意保护了附近的耕地，土壤分析结果均为未检出，表明附近土壤基本未受污染。

4. 生物监测结果分析与评价

生物样品分析结果均未检出污染物，说明对周围植被影响很小。

（四）总结与思考

本次应急监测的特点在于及时响应，省、市、县三级站密切配合，各施其职，应急处理果断及时，积累了较好实践经验。

（1）清远市环境监测站及时启动《清远市环境监测站突发环境事件应急监测预案》，开展对环己酮的监测，整个事故处理措施的选择和实施得当，数据上报及时，为事故的及时处理提供了科学的依据。

（2）应急事故监测中，监测人员对事故特点，事发地环境特征等具体情况进行分析，相关技术人员在短时间内拟订应急处理措施、确立分析方法、监测方案，为有效应对事故，取得正确的有参考价值的数据。

（3）省市县三级监测站密切配合，各司其职，大大提高了事故处理效率，及时拟定事故处理方案和应急监测方案，将事故影响控制在最低范围。

（4）积累了多站联合应急监测的实际运作经验，以及同其他部门配合进行应急处理的经验。虽然成功应对此次应急监测事故，但也存在市、县级站的仪器装备不能满足一些特殊类型的污染事故应急监测需求的问题，如本次应急监测中，同级环境监测站均无有机污染物的监测能力，因此，应加强市、区应急能力建设。

三、2010年强台风“凡亚比”防御应急监测

2010年9月20～21日，受西北太平洋及南海最强台风“凡亚比”的影响，广东省茂名市高州、信宜大部分地区普降暴雨到大暴雨，累计降雨量达到700多毫米，降雨量为超200年一遇。强降雨导致当地26个镇发生洪涝灾害，江河水位暴涨，山体滑坡，泥石流冲垮路基、房屋，树木被连根拔起，钱排镇银岩锡矿尾矿库发生溃坝，大量洪水漂浮物冲入高州水库，引发较大次生环境灾害。根据省委、省政府及省环保厅的要求，为确保用水安全，广东省环境监测中心迅速行动，立即组织开展“信宜紫金矿业公司银岩锡矿尾矿库溃坝应急监测”和“高州水库饮用水源水质应急监测”。在应急监测中，环境监测中心领导高度重视、反应迅速，工作主动，措施得力，成绩突出，准确及时提供水质监测报告，为维护社会稳定、确保用水安全做出了很大的贡献。

（一）事件发生经过

信宜紫金矿业公司银岩锡矿尾矿库于21日上午10时左右溃坝。根据原广东省环境保护局粤环办〔2008〕136号文“关于印发《广东省环保系统突发环境事件应急监测预案》的通知”规定，省环保厅随即启动环境突发事件应急处置预案；广东省环境监测中心于9月21日15时左右接到省环保厅应急监测命令后，根据相关预案的要求，相应启动环境应急监测的响应程序，成立由中心主任为组长的突发环境事件应急监测小组，立即前往事故现场；23日23时左右接到省环保厅关于高州水库饮用水源水质应急监测命令，广东省环境监测中心增派技术人员并带领卫生、水文方面专家，协同省环保厅应急领导小组前往事故现场。相关人员接到应急监测任务后，以高度的责任感第一时间开展工作，在路途中即与茂名市环境监测站联系，了解事故现场情况，指导茂名市环境监测站制定应急监测方案，成立现场应急监测指挥小组、现场监测组、测试技术组、质量管理组、信息及数据处理组、后勤保障组，组织人员、车辆，携带应急监测仪器设备奔赴现场，为获取第一手应急监测数据赢得宝贵时间。

台风引发银岩锡矿库溃坝

1. 信宜紫金矿业公司银岩锡矿尾矿库溃坝应急监测

9月21日17时，根据广东省环境监测中心确定的应急监测方案，茂名市环境监测站和信宜市环境监测站应急监测人员赶赴现场采样。按照要求，应急监测人员沿黄华江流经信宜段布设6个监测断面，分别为尾矿库外排口、钱排河矿山上游、矿山下游500米、

洪冠镇（钱排河汇入黄华江前上游约2公里）以及黄华江的怀乡镇（钱排河汇入黄华江后下游约2公里）、广西交界断面。监测项目为pH值、铜、铅、锌、镉、铁、锰、六价铬、总铬、汞、砷，每2小时监测一次，采集混合样品。样品陆续送回信宜市环境监测站现场分析实验室，使用PDV6000plus便携式重金属电化学测定仪进行分析，第一批监测数据于21日20:30报出。监测结果表明，五个断面的pH值、铜、铅、锌、镉五个项目检测值均符合地表水Ⅱ类标准限值。由于现场仪器灵敏度较低，准确性不高，为了确保结果准确无误，现场监测指挥小组决定将样品同时在20:30时送回茂名市环境监测站使用原子吸收分光光度计进一步分析，22日凌晨1时，该站实验室报出第一批样品检测结果，表明与现场监测项目结果吻合，其他监测项目也都符合地表水Ⅱ类标准限值。

根据应急监测情况，监测方案共做了4次调整。21日起的8次连续监测结果表明，水质均达标，指挥小组决定22日上午9:00起调整监测方案为：监测频次由原来2小时一次变为6小时一次，监测项目调整为铜、铅、锌，监测点位不变；23日省环保厅解除应急状态，要求对事件后期水质情况进行监视性监测，监测方案再次调整为每天监测一次，项目为铜、铅、锌，监测点位调整为2个（矿山下游500米与广西交界断面）；27日，增加氰化物项目。28日，再增加pH值、溶解氧项目；应急监测工作于10月3日结束。

2. 高州水库饮用水源水质应急监测

9月23日晚，广东省环境监测中心组织茂名市环境监测站连夜制定《高州水库应急饮用水水质应急监测方案》，成立应急监测领导机构，下设6个组：

监测指挥组：负责协调联络、预案制定。

采样监测组：负责采样、现场分析。

实验室分析组：负责快速、准确分析样品。

监测人员对事故样品进行分析

评价报告组：负责结果评价、预测、编制监测快报。

后勤保障组：负责物资车辆调度、保障、后勤服务。

质量控制组：负责质量控制和保证。

从9月24日8时开展现场监测，根据库区及污染特点，共布设4个点位，分别为高州水库石骨库区入水口上游2000米处、石骨库区入水口、高州水库石骨库区库心、高州水库石骨库区出水口；监测项目为水温、pH值、溶解氧、高锰酸盐指数、生化需氧量、氨氮、总磷、总氮（湖库）、铜、锌、氟化物、硒、砷、汞、镉、六价铬、铅、氰化物、挥发酚、石油类、阴离子表面活性剂、硫化物、粪大肠菌群、硫酸盐、氯化物、硝酸盐氮、铁、锰、透明度、叶绿素a、综合毒性等；监测频次为3次/天，每天8时、12时、17时各采一次，采集混合样品。

24日上午，完成重金属类、综合毒性、五参数等现场测试工作。11时，第一批样品回到实验室；12时上报11个项目的监测结果；15时，出具除五日生化需氧量、粪大肠菌群、叶绿素a外的较完整报告；20时30分，出具除五日生化需氧量、粪大肠菌群外的报告。监测结果表明，石骨库区入水口除总磷、总氮外，其余项目均达到Ⅱ类标准限值要求，入水口水质达到Ⅲ类标准限值要求；石骨库区库心全部项目达到Ⅱ类标准限值要求；石骨库区出水口全部项目达到Ⅱ类标准限值要求。

饮用水源水质应急监测方案共作了4次调整：

24日下午，点位增加到6个，监测项目调整为9项。

26日，点位增加到11个，分别为朋情河进入高州水库石骨库区上游1公里，高州水库石骨库区进水区、中心区（设3个点）、出水区，名湖水库入水口、出水口，良德库区出水口、河西自来水厂入水口，高州鉴江饮用水吸水口；频率增加为每天3次。根据专家组意见，在水库进行分层通量监测，中心领导根据工作量较大的特点，决定抽调湛江监测站、阳江监测站技术人员增援，同时决定在高州水库石骨库区的出水区建立临时水质自动监测站，采集表层地表水进行主要13项因子的加密监测，每天监测12次；增加一辆移动式应急监测车，对灾区乡镇饮用水源和入库河流水质进行监测。为了排查高州水库是否存在其他污染因子，根据专家组意见，在高州水库石骨库区的进水区、出水区进行一次109项因子的地表水水质全分析，结果表明，除上述因子超标外，无其他因子超标。

29日，监测项目增加到11项。

10月3日，点位调整为4个，监测项目调整为10项。

（二）重要成果分析

本次应急监测指导思想正确，应急监测决策果断，监测方案安全可行，监测点位布设科学合理，分析方法准确可靠，监测结果及时准确，人员反应迅速，当地政府鼎力支持，监测队伍行动力强。

截至10月7日，此次应急监测共出动应急监测人员3700多人次（其中信宜溃坝监测1500多人次、高州水库应急监测2200多人次）、车辆570辆次（其中信宜溃坝监测200

多辆次、高州水库应急监测370辆次），上报应急监测数据6500多个（其中信宜溃坝监测数据500多个、高州水库应急监测数据6000多个），为政府决策提供充分、必要、高效的技术支持，得到了省委、省政府的高度评价。

9月30日上午，时任中央政治局委员、广东省委书记汪洋等领导视察了高州水库环境应急自动监测站，对环保应急监测工作给予高度评价，对加强灾区环境监测作出指示。汪书记认为省环保厅组织有力，信息报送及时，在应对灾后环境突发应急事件中反应迅速，最短时间内调集先进的仪器设备开展应急监测工作，特别是在今年处置福建紫金矿业和这次灾后水质应急监测和组织部署库面漂浮物的打捞工作中，工作主动，措施得力，成绩突出，准确及时为省委、省政府提供水库水质和灾区水质监测情况报告，确保了灾区群众的饮水安全，维护了社会稳定，应当给予表扬。同时，要求环保部门要进一步加强能力建设，完善应急监测仪器的配置，提高应急反应能力，为维护环境安全作出更大的贡献。

（三）应急监测启示

1. 领导高度重视

广东省环境监测中心高度重视此次应急监测工作，中心领导多次前往高州水库指挥应急监测，及时解决应急监测中出现的问题。

2. 反应迅速

接到应急监测命令后，应急监测人员第一时间赶赴事故现场、第一时间开展应急监测、第一时间上报监测数据，并确保监测数据上报途径的通畅，确保各级领导及时、准确掌握水质信息数据，为科学决策提供重要依据。

3. 方法得当

根据此次应急监测的特点，在广东省环境监测中心现场指挥人员指导下，当地应急监测人员充分利用便携式重金属测定仪、综合毒性测定仪等现场应急监测设备，第一时间报出应急监测数据，避免引起公众恐慌。

根据库区面积大、监测任务重、人手不足紧张等特点，中心主任当机立断，立即协调有关仪器厂商调出水质自动监测仪器和移动式水质应急监测车，实现对高州水库石骨库出水口水质动态不间断监测和库区水质移动巡测，及时反馈水库水质变化情况，大大提高了工作效率，确保水质安全。

4. 结果准确

此次应急监测人员技术过硬、监测结果准确可靠，信宜紫金矿业公司银岩锡矿尾矿库应急监测数据与下游广西环保部门的监测数据吻合，顺利避免跨界污染纠纷。

5. 组织有力

此次应急监测，事发突然，广东省首次遇到这种自然灾害引发的大规模次生环境灾害，全国也不多见。广东省环境监测中心领导组织相邻地区阳江市、湛江市环境监测人员积极支援应急监测，并要求茂名地区相关环境监测站全站动员、全力以赴，确保应急监测工作人手足够。各监测站按预案要求设立工作小组，落实各自职责，取消双休日、国庆假日，实行轮换值班制度，组织技术骨干对较重要、技术难度较大的项目进行质量把关，保证出具的数据可靠、准确。

为对水库水质进行较全面的了解，广东省环境监测中心组织本中心、深圳市环境监测站和茂名市环境监测站对石骨水库出水口、石骨水库入口上游1千米处水质进行一次饮用水全项目109项分析，结果显示，此次次生灾害对水库水质没有带来新的污染物，消除各界对水库水质的疑虑。

第五章

突发环境事件常用应急物资

第一节 防护类物资

个人防护类物资是指用于处置环境事故的人身安全保护的各类物资，主要有：

呼吸防护设备：过滤式（防尘口罩）、自吸过滤式防毒面具（半面罩）、自吸过滤式防毒面具（全面罩）、氧气呼吸器；隔绝式（送风过滤式呼吸器、空气呼吸器、生氧呼吸器等）。

防护服设备：气密型化学防护服、非气密型半封闭化学防护服、液密型化学防护服、颗粒物防护服、防酸服、防碱服、防油服、阻燃防护服等。

头部防护装备：安全帽等。

眼面部防护装备：防护眼镜、护目镜（眼罩）、防烟尘护目镜、防化防雾护目镜、防水护目镜等。

听力防护装备：耳塞、耳罩等。

手部防护装备：防化学品手套、防酸碱手套、绝缘手套等。

足部防护装备：防（耐）酸碱鞋（靴）、耐化学品的工业用橡胶靴、防热阻燃鞋（靴）等。

洗消系统：压力喷射罐等。

下面重点介绍五种个人防护物质的功能及使用方法。

一、防毒面具

1. 功能

防毒面具按防护原理，可分为过滤式防毒面具和隔绝式防毒面具。过滤式防毒面具由面罩和滤毒罐（或过滤元件）组成；隔绝式防毒面具由面具本身提供氧气，分贮气式、贮氧式和化学生氧式。

为了防止面部皮肤过敏，高级的防毒面具采用优质硅胶制作的全面罩主体、抗老化、防过敏、耐用、易清洗。各种防毒面具的材质和结构不同，但使用方法基本相同。

防毒面具

2. 使用方法

(1) 将面具盖住口鼻，然后将头带框套拉至头顶。

（2）用双手将下面的头带拉向颈后，然后扣住。

（3）风干的面具需仔细检查连接部位及呼气阀、吸气阀的密合性，并将面具放于洁净的地方以便下次使用。

（4）清洗时不要用有机溶液清洗剂进行清洗，否则会降低使用效果。

3．注意事项

（1）防毒面具使用前检查：检查面具是否有裂痕、破口，检查面具是否与脸部贴合，确保面具的密封性；检查呼气阀片有无变形、破裂及裂缝；检查头带是否有弹性；检查滤毒盒是否在使用期内，滤毒盒座密封圈是否完好。

（2）防毒面具佩戴密合性测试

方法一：将手掌盖住呼气阀并缓缓呼气，如面部感到有一定压力，但没感到有空气从面部和面罩之间泄漏，表示佩戴密合性良好；若面部与面罩之间有泄漏，则需重新调节头带与面罩，排除漏气现象。

方法二：用手掌盖住滤毒盒座的连接口，缓缓吸气，若感到呼吸有困难，则表示佩戴面具密闭良好；若感觉能吸入空气，则需重新调整面具位置及调节头带松紧度，消除漏气现象。

（3）滤毒盒更换及装配方法：按照滤毒盒的有效防毒时间更换，或使用时感觉有异味更换。将滤毒盒的密封层去掉，并将滤盒螺口对准滤毒盒座，正时针方向拧紧。

（4）防毒面具使用条件：佩带时如闻到毒气微弱气味，应立即离开有毒区域；有毒区域的氧气占总体积的18%以下、有毒气体占总体积2%以上的地方，各类型防毒面具都不能起到防护作用。

（5）其他：每次使用后应将滤毒盒上部的螺帽盖拧上，并塞上橡皮塞后储存，以免内部受潮；滤毒罐应储存于干燥、清洁、空气流通的库房环境，严防潮湿、过热，有效期为5年，超过5年应重新鉴定。

二、防护服

1．功能

防护服是工作人员在有危险性化学物品或腐蚀性物品的现场作业时，为保护自身免遭化学危险品或腐蚀性物质的侵害而穿着的防护设备。化学防护服主体胶布采用经阻燃增粘处理的锦丝绸布，双面涂覆阻燃防化面胶，主体胶布遇火只发生炭化，不溶滴，又能保持良好强度。主体胶布经贴合—缝制—贴条工艺制成服装主体和手套，并配以阻燃、耐电压、抗穿刺靴或消防胶靴构成整套服装。

防护服

2．使用方法

防护服的穿着程序：裤腿—靴子—上衣—面罩—帽子—拉链

—手套。为提高整个系统的密闭性，可在开口处（如前襟、袖口、裤管口、面罩与防护服连帽接口）加贴胶带；为增强手部的防护可以选择戴两层手套等等。在整个过程中要尽量防止防护服的内层接触到外部环境，以免防护服在一开始就受到污染。

脱下化学防护服程序：拉链—帽子—上衣—袖子—手套—裤腿—靴子—呼吸器。在脱下手套前要尽量接触防护服的外表面，手套脱下后要尽量接触防护服的内表面。防护服脱下后应当是内表面朝外，将外表面和污染物包裹在里面，避免污染物接触到人体和环境。脱下的防护用品要集中处理，避免在此过程中扩大污染。

3. 注意事项

（1）及时更换：当化学防护服被化学物质持续污染时，必须在其规定的防护时间内更换；若化学防护服发生破损，应立即更换；对气密性防护服或密封性很好的非气密性防护服，由于处于相对隔离的空间工作，建议遵循两人伴行的原则，即至少两人一起共同进入工作区域，以备在万一发生状况时可以及时救助；注意氧气呼吸器的有效使用时间，在氧气瓶氧气用完之前提前更换护护服，在计算有效使用时间时应当考虑行走和更换装备所占的时间。

（2）洗消除污：在脱下化学防护服前要进行必要的洗消除污。洗消可以非常简单，比如用一桶水或加入一些洗涤剂。要注意有些化学品，如浓硫酸遇水会发生剧烈的放热反应，这时应该先将衣服表面的化学品吸掉，然后再用水冲洗。

三、防护口罩

1. 功能

简易活性碳防毒口罩有四层，分为纺粘布、活性碳布（可过滤和净化异味）、高效过滤布（经过静电处理的过滤层，可有效阻止细菌和粉尘的侵入）、纺粘布。活性碳过滤层的主要功用在于吸附有机气体、恶臭及毒性粉尘，并非用于过滤粉尘，适合喷油、丝印等有挥发性化学物品的工种。

2. 使用方法

（1）将口罩上下拉动，展开折叠处。

（2）稍黑色的一面朝外，白色（橡筋织带）一面朝内。

（3）有鼻夹（金属条鼻梁夹）处的一边朝上。

（4）利用两边的橡筋织带将口罩贴合脸部。

（5）两手指在鼻子两侧轻轻按压金属条。

（6）再将口罩下端拉至下颚，调整至与脸间无隙为好。

防护口罩

3. 注意事项

（1）查看外观质量：查看口罩的包装是否完整，有无破损，口罩表面不得有破洞、污渍；鼻夹由可弯折的可塑性材料制成，但应有足够固定口罩位置的强度。

（2）妥善放置：口罩不要直接跟化学品接触，用后应将口罩装在原包装袋中，存放于干燥通风的地方。

（3）辨别真伪：有许多伪造的活性碳口罩，虽然表面上看起来类似深黑色的活性碳布，事实上仅是经过染色加工而已，完全无法吸附臭味或有机气体。真正的活性碳布是经过高温碳化及活化的活性碳颗粒或活性碳纤制成，即使再遇高温也不易融化消失。将使用过的活性碳口罩剪开，取出黑色的活性碳层，用手搓磨，看是否有黑色颗粒状物体掉落，再用打火机烧烧看，若没有残留活性碳粒或活性碳纤，则表示购买的是没有吸附效果的伪造品。

四、防护眼镜

1. 功能

防护眼镜可以改变透过的光强和光谱，避免辐射光对眼睛造成伤害。防护眼镜分两大类，一为吸收式，一为反射式，前者用得最多。吸收式眼镜可以吸收某些波长的光线，呈现一定的颜色，所呈现颜色为透过光颜色。这种镜片制造时，在一般光学玻璃配方中再加入了一部分金属氧化物，如铁、钴、铬、锶、镍、锰以及一些稀土金属（如钕等）氧化物。这些金属氧化物能使玻璃对光线中某种波段的电磁波作选择性吸收，如铈和铁的氧化物能大量吸收紫外线，可减少某些波长通过镜片的量，以减轻或防止对眼睛造成伤害。

2. 使用方法

（1）将橡皮带拉开至头大小。

（2）将护目镜带上，护目镜四周要贴合于脸上。

3. 注意事项

（1）不能用于可能发生爆炸或存在打磨砂轮等会产生严重冲击碎片的场合。

（2）不能用于抵御激光射线。

（3）不能用于辐射，如焚烧，以及有火焰的切割或焊接。

（4）当防冲击护目镜镜片有裂纹时停止使用，防化学品护目镜镜片有裂纹、明显污渍时停止使用。

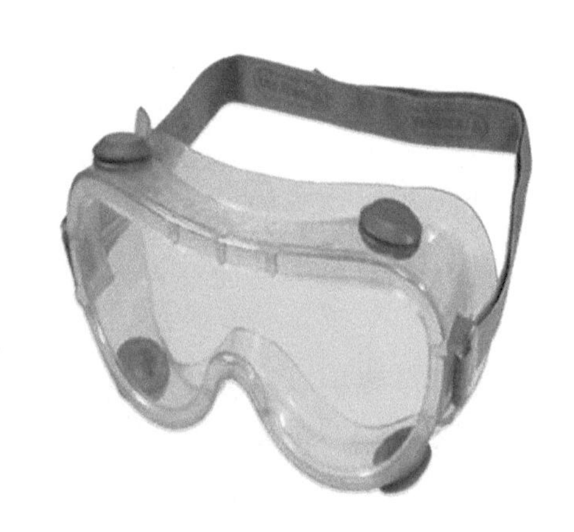

防护眼镜

（5）擦镜片应用专用拭镜布。

（6）双手摘镜，轻拿轻放，放置时镜片向上，不用时放入镜盒中保存。

五、氧气呼吸器

1. 功能

氧气呼吸器是通过氧气瓶和清净罐来对处于高浓度有毒气体的工作人员提供氧气的装置。佩带人员从肺部呼出的气体由面具通过呼吸软管和呼气阀进入清净罐，经清净罐内的吸收剂吸收呼出气体中的二氧化碳成分后，其余气体进入气囊；氧气瓶中贮存的氧气经高压管、减压器进入气囊与气囊中的气体汇合组成含氧气体。当佩带人员吸气时，含氧气体从气囊经吸气阀、吸气软管、面具进入人体肺部。在这一循环中，由于呼气阀和吸气阀是单向阀，因此气流始终是向一个方向流动。

2. 使用方法

（1）把呼吸器背部朝上，顶部朝向自己，将肩带放至适当长度。

（2）握住呼吸器外壳两侧，使肩带位于两臂外侧，背部朝向使用者，同时顶部朝下，把呼吸器举过头顶，绕到后背并使肩带滑到肩部。

（3）上身稍向前倾，两手向下拉住肩带调整端，将肩带拉直，身体直立，把肩带拉紧。

（4）根据个人情况调整腰带并扣紧。

（5）调整肩带，使呼吸器的大部分重量落在臀部而不是肩部。

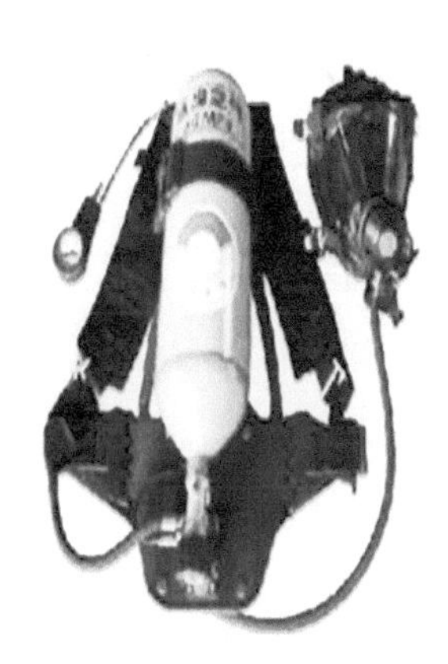

氧气呼吸器

（6）连接胸带，但不要拉得过紧，以免限制呼吸。

（7）佩戴面罩：①佩戴前完全松开顶带和侧带；②将面罩的颚窝对准下巴，然后把头带从头顶套下；③用一只手托住面罩贴紧脸，另一只手拉紧顶带和侧带。

（8）检查正压气密性：用手堵住面罩吸气端并用力吸气，如果不能吸入空气，说明面罩佩戴合适，否则应调整面罩达到适配或检查呼气阀是否漏气，用手堵住呼气端进行呼气，检查正压气密，面罩应被呼气的压力从脸上向外推，如果面罩不被推开，则应检查吸气阀是否漏气或调整面罩适配。

（9）连接面罩：把接管从呼吸器上取下，放回包装箱中，接上呼吸软管。

（10）面罩连接好后，逆时针方向打开氧气瓶阀并回旋，听到报警器的瞬间鸣叫声，表示瓶阀已开启；如果报警器不鸣叫，换另一台呼吸器。

（11）进场前后最后准备：①将呼吸器佩戴好后，首先打开氧气瓶，观察压力表所指示的压力值；②按手动补给按钮供气，排除气囊内原积存的气体；③戴好面具，进行几次深呼吸，观察呼吸器各部件是否良好，确认各部件正常后方可进入现场。

3. 注意事项

（1）加强日常维护管理：呼吸器及配件应避免日光的直接照射，以免橡胶件老化。

呼吸器是与人体呼吸器官发生直接关系，因此要求保持清洁，应防止粉尘或其他有毒有害物质的污染，严禁沾染油脂。呼吸器的贮存温度应在一定范围内，离取暖设备的距离应大于1.5m，贮存室的空气中不得有腐蚀性气体。

（2）严格遵守氧气瓶使用规程：氧气瓶的保管和操作人员必须严格遵守有关规章制度。氧气瓶严禁沾染油脂，夏季不要放在日光爆晒的地方，离明火的距离一般不小于10 m，氧气瓶内的氧气不能全部用完，应留有一定的剩余压力。

第二节 检测仪器类物资

检测仪器类物资是指对环境事故中污染物的种类、数量和强度进行检（监）测的仪器设备，具体包括：检测试纸、检测箱（管）、便携式仪器设备等。便携式仪器设备主要包括：便携式分光光度计、便携式余氯测定仪、便携式重金属分析仪、便携式X荧光分析仪、便携式傅立叶红外分析仪、便携式生物毒性分析仪、便携式水质检测仪、便携式流速流量测定仪、藻类分析仪、大肠杆菌分析仪、便携式气相－质谱联机、便携式流量计、便携式X－r剂量率仪、α－β表面污染测量仪、X－r个人剂量率仪、多功能辐射测量仪、便携式γ光谱仪、手持式辐射分析仪等。

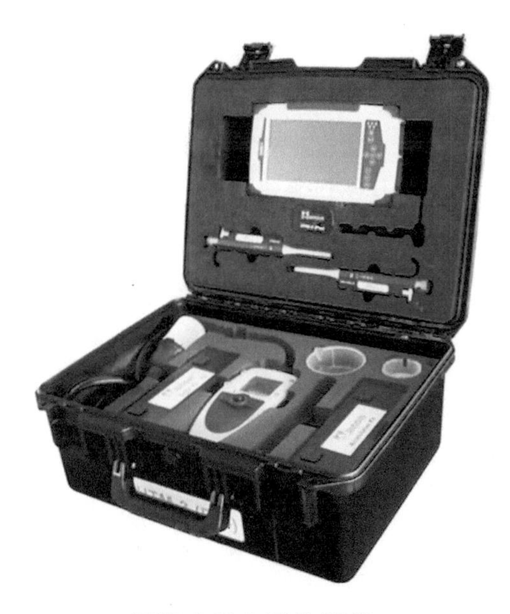

便携式重金属分析仪

第三节　污染处置类物资

污染处置类物资是指直接用于处置污染物本身的物资，主要包括：水污染处理物资、空气污染处置设施、噪音污染处置设施、固体废物处置设施、核污染处置类物资和其他处置类物资。突发环境事件的发生是由生产事故、交通运输事故、违法排污等原因引起，其中危险化学品类突发环境事件频发，因此，应重点储备处置重点化学品、重点防控行业、重点防控区域和重点防控企业突发环境事件所需的应急物资。突发事件的现场污染消除包括封堵、围堰、吸附、污染物处理等措施，这些主要靠堵漏编织袋（麻袋）、拦油绳、围油栏、吸油毡、木屑、水泵、耐酸耐碱槽罐（桶）、消油剂、酸、碱、活性炭、石灰、絮凝剂等。下面重点介绍几种常用的污染处置类物资的作用及使用方法。

一、围油栏

1．功能

围油栏是溢油控制所必备的应急物资。溢油发生时，首先用围油栏围控住溢油，防止发生扩散。围油栏还可以将溢油引导到合适区域，使其尽可能浓集，为物理方法回收提供条件。

围油栏按材料分为橡胶围油栏，PVC 围油栏、网式围油栏和金属或者其他材料围油栏；按浮体结构可分为固体浮体式围油栏、充气式围油栏、浮沉式围油栏；按使用水域环境可分为平静水域围油栏、平静急流水域围油栏、非开阔型水域围油栏和开阔型水域围油栏。

围油栏

2．使用方法

用船或其他工具将围油栏拖到使用地域，并把围油栏连接起来进行围挡。

3．注意事项

围油栏连接时，应使有固锚座端与压板端相连，连接时应注意连接后两节围油栏拉直，使拉力带、配重链和脊绳呈拉紧状态，接头片呈松懈不受力状态。围栏布放时有些地方经常需在水中连接围油栏（比如为方便船只进入的开合处），最好用定位连接浮筒或快装接头，连接时将需连接的两节围油栏拉在一起，接头处于自由状态再连接。快接头有插销式、对钩接头式和八字接头式。围油栏由岸或船向水中投放时，应有拖船配合或投放船逆流行驶，逐段向水中投放以免相互扰乱；围油栏使用后，应该及时进行回收，并妥善处置。

二、吸油棉

1. 功能

吸油棉是采用亲油性的超细纤维织布制作，不含化学药剂，不会造成二次污染，能迅速吸收本身重量数十倍的油污、有机溶剂、碳氢化合物、植物油等液体。

吸油棉也叫吸收棉、工业吸附棉，按照吸收物质特性分为：吸油棉、化学吸液棉和通用型吸附棉。吸油棉可以控制和吸附石油烃类、各类酸性（包括氢氟酸）、碱性危险化学品，以及非腐蚀性液体和海上事故大规模溢油等。吸附棉是油品和化学品泄漏溢漏溅漏后，处置泄漏物最常用的应急物品。

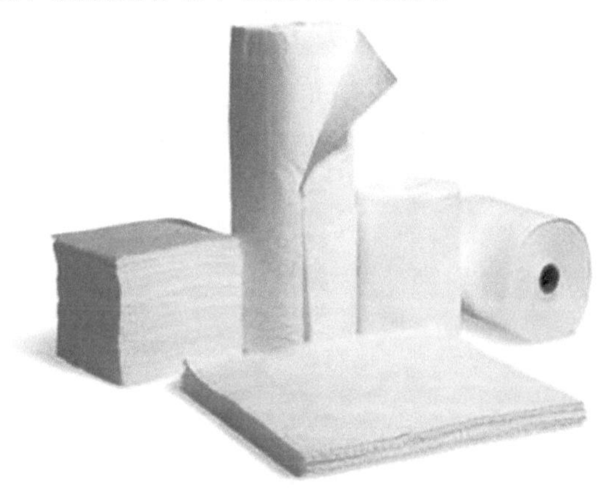
吸油棉

2. 使用方法

当泄漏面积比较小时，可以用吸油垫，只要将其直接放进油污表面就可以了；当泄漏面积及量比较大时，可以使用吸油条，把污染范围弄到最小，然后清洁所有泄漏物；当建筑物内部发生泄漏时，可以用吸油卷，直接铺在地上进行吸附清洁。

3. 注意事项

（1）该物资使用时，一定要按照泄漏物的性质选择适当材料的吸油棉。

（2）吸油棉吸附泄漏物时，一定要紧贴污染物进行吸附。

（3）使用后的吸油棉要进行回收并妥善处置。

（4）应定期检查其储存情况，防止失效或者过期。

三、活性炭

1. 功能

活性炭又称活性炭黑，是黑色粉末状或颗粒状的无定形碳，其主要成分除碳以外还有氧、氢等元素。活性炭是由富含碳的有机材料，如煤、木材、果壳、椰壳、核桃壳等，经高温和一定压力下通过热解作用而形成的，具有表面积大、吸附能力强的特点，广泛应用于生活用水、工业用水和废水的深度净化及事故应急处理，如石油化工、电厂、食品饮料、制糖制酒、医药、养鱼等行业水质净化处理，能有效吸附水中的游离氯、酚、硫和其他有机污染物；还可用于车间尾气净化、溶剂过滤、脱色等及气体脱硫，有机溶剂回收等领域。

活性炭颗粒

2. 使用方法

活性炭只吸收接近它本身的污染物质，因此用量不能太小，用量太小的话，接触面积小、吸附速度慢，去污的效果自然不明显；活性炭使用中应接近污染源，活性炭与污染物质的接触面积越大越好；吸附气体时，用过一段时间（20～30天）之后，要放在阳光下暴晒（3小时以上），以使其吸附的有毒气体放出。

3. 注意事项

活性炭在运输与装卸过程中，应轻装轻卸，以减少炭粒破碎影响使用；活性炭应储存于阴凉干燥处，严禁与有毒有害气体或易挥发物质混放，还要注意远离污染源；要防止与火源直接接触。

四、生石灰

生石灰学名氧化钙，又称云石，白色（或灰色、棕白色），无定形，在空气中吸收水和二氧化碳，溶于酸，不溶于醇。其主要成分为氧化钙，碳酸钙的天然岩石在高温下煅烧即可分解生成氧化钙以及二氧化碳。氧化钙与水作用生成氢氧化钙（消石灰），并放出热量。

生石灰形态

五、絮凝剂

絮凝剂主要是带有正（负）电性的基团中和一些水中带有负（正）电性难于分离的一些粒子，降低其电势使其处于不稳定状态，利用其聚合性质使得这些颗粒集中，并通过物理或者化学方法分离出来，是环境事故应急中常用的水处理剂，能使污染物絮凝沉淀。

絮凝剂按照其化学成分可分为无机絮凝剂和有机絮凝剂两类。无机絮凝剂包括无机凝聚剂和无机高分子絮凝剂；有机絮凝剂包括合成有机高分子絮凝剂、天然有机高分子絮凝剂和微生物絮凝剂。

1. 无机絮凝剂

无机絮凝剂的无机凝聚剂主要是铁盐和铝盐，如硫酸铁和硫酸铝。无机絮凝剂的无机高分子絮凝剂主要是铝盐和铁盐的聚合物，如聚合硫酸铁（PFS）和聚合硫酸氯化铁等。

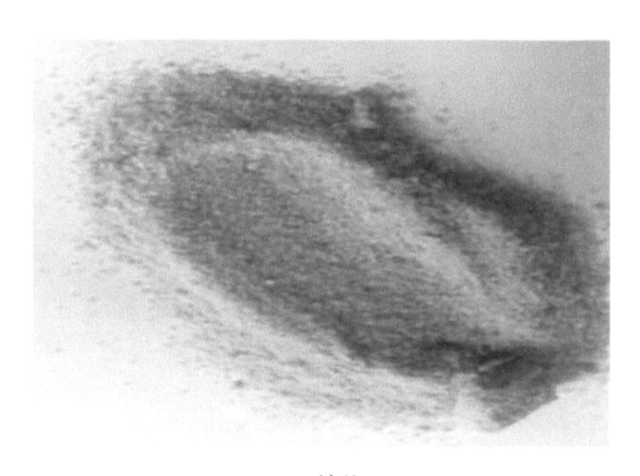

铁盐

无机高分子絮凝剂效果好于无机凝聚剂，其主要的原因：一是它能提供大量的络合离子，且能够强烈吸附胶体微粒，通过吸附、桥架、交联作用，从而使胶体凝聚；二是它还可发生物理化学变化，中和胶体微粒及悬浮物表面的电荷，降低了 δ 电位，使胶体微粒由原来的相斥变为相吸，破坏了胶团稳定性，使胶体微粒相互碰撞，从而形成絮状混凝沉淀。

（1）硫酸铁：灰白色粉末或正交棱形结晶流动浅黄色粉末，对光敏感，易吸湿；在水中溶解缓慢，微溶于乙醇，不溶于丙酮和乙酸乙酯。其商品通常约含 20% 水，呈浅黄色。

（2）硫酸铝：工业品为灰白色片状、粒状或块状，粗品为灰白色细晶结构多孔状物。无毒，粉尘能刺激眼睛；溶于水、酸和碱，不溶于乙醇，水溶液呈酸性。硫酸铝水解后生成氢氧化铝。工业上生产多为十八水硫酸铝，它不易风化而失去结晶水，比较稳定，加热会失水，高温会分解为氧化铝和硫的氧化物。

（3）聚合硫酸铁：是一种多羟基、多核结合体的阳离子型无机高分子絮凝剂，可以与水以任意比例快速混合。它比一般的无机混合凝剂有较大的分子量，用作水处理剂时具有较强的吸附、絮桥、凝聚沉淀性能，且絮凝体形成大而快，絮体不易破碎，重凝性能好，沉淀后的水过滤快，净水 pH 值范围宽等。

（4）聚合硫酸氯化铁铝（PAFCS）：在饮用水及污水处理中，有着比明矾更好的效果；在含油废水及印染废水中 PAFCS 比聚合氯化铝（PAC）的效果均优，且脱色能力也优；絮凝物比重大，絮凝速度快，易过滤，出水率高。其原料均来源于工业废渣，成本较低，适合工业水处理。

2. 有机絮凝剂

有机絮凝剂是指能产生絮凝作用的天然或人工合成的有机分子物质。天然产物为蛋白质或多糖类化合物，如淀粉、蛋白质、动物胶、藻朊酸钠、羧甲基纤维素钠等；合成产品有聚丙烯酰胺、聚丙烯酸钠、聚乙烯吡啶盐、聚乙烯亚胺等。这类絮凝剂（混凝剂）都是水溶性线型高分子物质，在水中大部分可电离，为高分子电解质。根据其可离解的基团特性，可分为阴、阳离子型及两性型等；其链状分子可以产生粘结架桥作用，分子上的荷电基团对胶团的扩散层起电中和压缩的作用。由于高分子混凝剂价格较高，常用于一些特殊用途，如高浓度、高浊度、高色度及特殊臭味的废水处理中。阳离子型高分子絮凝剂应用面广，发展较为迅速。

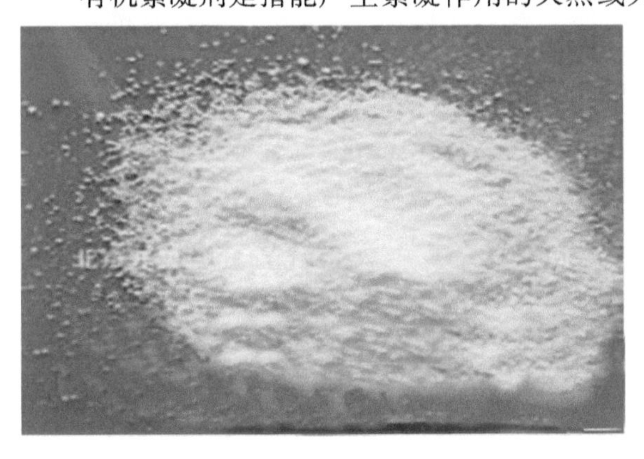
聚丙烯酸钠

（1）阳离子型聚丙烯酰胺（CPAM）：对水溶液介质中的各种悬浮微粒都有极强的絮凝沉降效能，特别是对那些带有负电荷的胶体溶液微粒更显示出其优越性。CPAM 的优良絮凝沉降效能包括以下三个方面：一是通过电中和使带负电的悬浮微粒失去分散稳定性；二是通过“架桥”作用使悬浮微粒聚集成大颗粒而加速其沉降，且形成的聚集体较无机絮凝剂所形成的絮凝聚集体更加紧密牢固，因而有利于机械脱水；三是与带负电荷的溶解物反应，生成不溶物沉淀。CPAM 是目前应用最广、效能最高的高分子絮凝剂。

阳离子絮凝剂—聚丙烯酰胺

（2）阴离子聚丙烯酰胺：是水溶性的高分子聚合物，主要用于各种工业废水的絮凝沉降，沉淀澄清处理，如钢铁厂废水，电镀厂废水，冶金废水，洗煤废水等污水处理、污泥脱水等。由于其分子链中含有一定数量的极性基团，能通过吸附水中悬浮的固体粒子，使粒子间架桥或通过电荷中和使粒子凝聚形成大的絮凝物，故可加速悬浮液中粒子的沉降，有非常明显的加快溶液澄清、促进过滤等效果。

（3）两性高分子絮凝剂：是高分子链节上同时含有正、负两种电荷基团的水溶性聚合物，适用于处理带不同电荷的污染物，具有 pH 值适应范围宽、抗盐性好、絮凝、沉降脱水能力强等应用特点。这种絮凝剂对污泥脱水不仅有电性中和、吸附桥联作用，而且有分子间的“缠绕”包裹作用，使处理的污泥颗粒粗大，脱水性好，即使是对不同性质、不同腐败程度的污泥也能发挥较好的脱水助滤作用。这种絮凝剂主要分为两类：化学合成类两性高分子絮凝剂和天然改性类两性高分子絮凝剂。

两性高分子絮凝剂

第四节　交通通信类和生活保障类物资

一、交通通讯类物资

交通通讯类是指处置环境污染过程中必备的交通通信工具，包括：应急指挥车辆、直升机、医疗救助车辆、电台、对讲机、电脑、手机、GPS 定位仪等。

二、生活保障类物资

生活保障类是指处置环境事故人员生活保障的各类物资。包括帐篷、炊具、卧具、车辆等一系列生活必备物资。

户外应急帐篷

附　录

附录 1

危险化学品泄漏初始隔离距离和防护距离

一、初始隔离距离和防护距离的定义和说明

1. 定义

初始隔离区是指泄漏源周围的区域。该区域内的人员可能因吸入有毒气体而危及生命（如下图所示）。

防护区与防护距离防护区是指泄漏源下风向矩形区域如下图所示，该区域内如果不进行防护则可能使人致残或产生严重的健康危害。图中，长方形的长度和宽度表示防护距离。

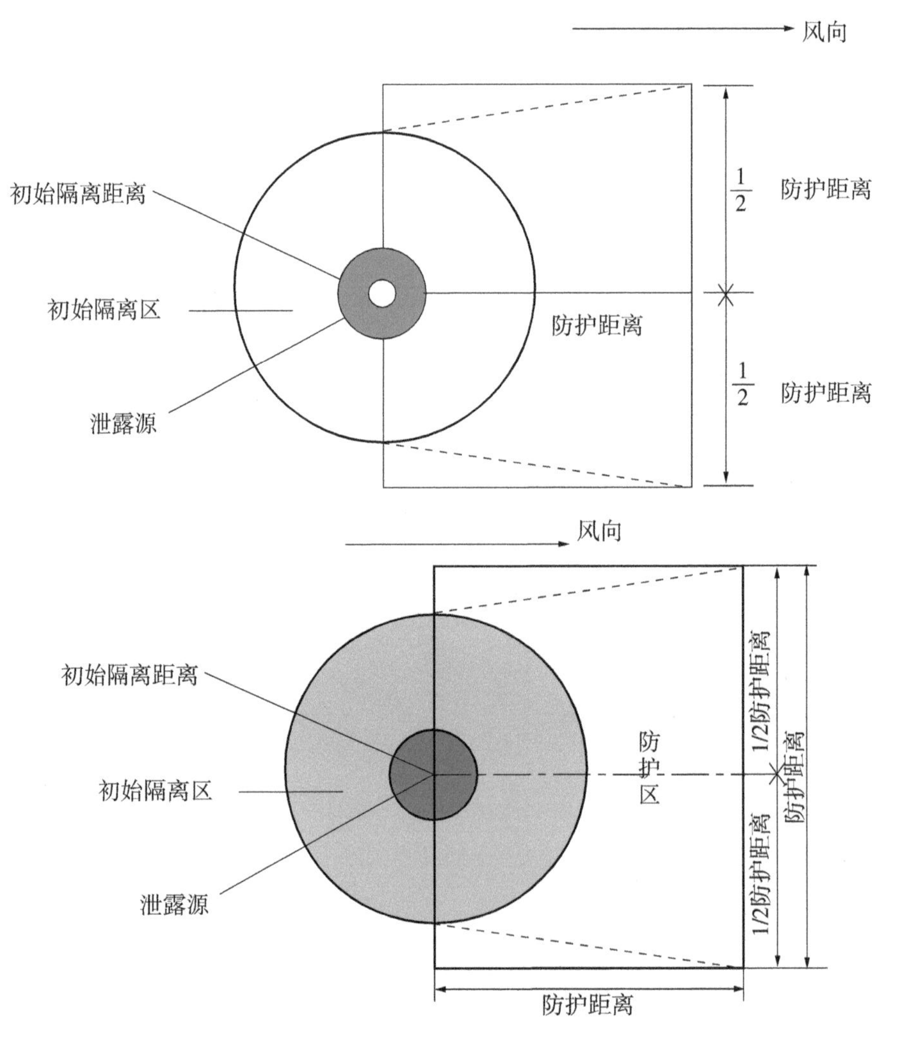

2. 影响防护距离因素

本附录附表中列出处理相关事故的初始隔离距离，但当危险化学品处于火场时，应首先考虑火灾爆炸危险，其次考虑毒性危害。

在事故现场中，如果多个槽车、罐车、移动罐、大气体钢瓶发生泄漏，表中“大量泄漏”的相应距离应增加。

序号	物质名称	小量泄漏			大量泄漏		
		隔离距离（米）	下风向防护距离（米）		隔离距离（米）	下风向防护距离（米）	
			白天	夜间		白天	夜间
1005	氨	30	200	300	95	300	800
1016	一氧化碳	30	200	200	95	200	600
1017	氯气	60	300	800	185	800	3100
1050	氯化氢（无水的）	60	200	500	155	500	1800
1053	硫化氢	60	200	500	125	300	1400
1062	溴甲烷	30	200	300	95	200	600
1067	二氧化氮	60	200	600	155	500	2100
1071	石油气	30	200	200	30	300	800
1076	光气	125	600	2700	335	2300	10 000
1079	二氧化硫	125	800	3400	365	2700	11 000
1680	氰化钾	危险：遇水发生反应，如果泄漏于水中，产生 HCN 气体，下风向隔离 500～10 000 米。					
1689	氰化钠	危险：遇水发生反应，如果泄漏于水中，产生 HCN 气体，下风向隔离 500～10 000 米。					
1748	次氯酸钙	危险：遇水发生反应，如果泄漏于水中，产生 Cl_2、HCl 气体，下风向隔离 500～10 000 米。					
1809	三氯化磷	60	200	800	185	600	2700
1810	氧氯化磷	60	300	1000	215	800	3500
1831	发烟硫酸	60	200	800	185	600	2900
1838	四氯化钛	60	200	600	155	500	2100
1967	杀虫剂（气体，有害，未列名的）	215	1900	8800	610	7400	11 000
2032	硝酸（发烟，红色发烟）	60	200	500	155	500	1800

3278	有机磷化合物有害，未列名的（标有“吸入危害”）有机磷化合物，有毒，未列名的（标有“吸入危害”）	95	500	1800	275	1400	6300
3280	有机砷化合物，未列名的（标有“吸入危害”）	95	500	1600	275	1400	6100
1953	液化气体，易燃，有毒(吸入危害 A)	215	1900	8800	610	7400	11 000 以上
1953	液化气体，易燃，有害(吸入危害 B)	125	800	3400	365	2700	11 000 以上

二、应急防护方案的决策

事故现场选择防护方案取决于众多因素。一般情况下，撤离是最好的选择，但有时就地防护也许更为有效，或两者并用。无论选择何种方案，事故现场总指挥部必须尽快决策，并立即通知周围群众，同时，随着事故的发展，要及时传递事故指令和信息。

需要考虑的因素：

1. 事故物质

· 健康危害；

· 事故涉及的危险物质数量；

· 泄漏规模与控制情况；

· 有毒气体扩散情况。

2. 受害人群

· 地点；

· 数量；

· 撤离或就地保护所需时间；

· 控制撤离或就地保护能力；

· 建筑物类型与特性；

· 幼儿园、医院、监狱等特殊机构或人群。

附录2

《突发环境事件调查处理办法》

（环境保护部令 第32号 自2015年3月1日起施行）

第一条 为规范突发环境事件调查处理工作，依照《中华人民共和国环境保护法》、《中华人民共和国突发事件应对法》等法律法规，制定本办法。

第二条 本办法适用于对突发环境事件的原因、性质、责任的调查处理。核与辐射突发事件的调查处理，依照核与辐射安全有关法律法规执行。

第三条 突发环境事件调查应当遵循实事求是、客观公正、权责一致的原则，及时、准确查明事件原因，确认事件性质，认定事件责任，总结事件教训，提出防范和整改措施建议以及处理意见。

第四条 环境保护部负责组织重大和特别重大突发环境事件的调查处理；省级环境保护主管部门负责组织较大突发环境事件的调查处理；事发地设区的市级环境保护主管部门视情况组织一般突发环境事件的调查处理。

上级环境保护主管部门可以视情况委托下级环境保护主管部门开展突发环境事件调查处理，也可以对由下级环境保护主管部门负责的突发环境事件直接组织调查处理，并及时通知下级环境保护主管部门。

下级环境保护主管部门对其负责的突发环境事件，认为需要由上一级环境保护主管部门调查处理的，可以报请上一级环境保护主管部门决定。

第五条 突发环境事件调查应当成立调查组，由环境保护主管部门主要负责人或者主管环境应急管理工作的负责人担任组长，应急管理、环境监测、环境影响评价管理、环境监察等相关机构的有关人员参加。

环境保护主管部门可以聘请环境应急专家库内专家和其他专业技术人员协助调查。

环境保护主管部门可以根据突发环境事件的实际情况邀请公安、交通运输、水利、农业、卫生、安全监管、林业、地震等有关部门或者机构参加调查工作。

调查组可以根据实际情况分为若干工作小组开展调查工作。工作小组负责人由调查组组长确定。

第六条 调查组成员和受聘请协助调查的人员不得与被调查的突发环境事件有利害关系。

调查组成员和受聘请协助调查的人员应当遵守工作纪律，客观公正地调查处理突发环境事件，并在调查处理过程中恪尽职守，保守秘密。未经调查组组长同意，不得擅自发布突发环境事件调查的相关信息。

第七条 开展突发环境事件调查，应当制定调查方案，明确职责分工、方法步骤、时间安排等内容。

第八条 开展突发环境事件调查，应当对突发环境事件现场进行勘查，并可以采取以下措施：

（一）通过取样监测、拍照、录像、制作现场勘查笔录等方法记录现场情况，提取相关证据材料；

（二）进入突发环境事件发生单位、突发环境事件涉及的相关单位或者工作场所，调取和复制相关文件、资料、数据、记录等；

（三）根据调查需要，对突发环境事件发生单位有关人员、参与应急处置工作的知情人员进行询问，并制作询问笔录。

进行现场勘查、检查或者询问，不得少于两人。

突发环境事件发生单位的负责人和有关人员在调查期间应当依法配合调查工作，接受调查组的询问，并如实提供相关文件、资料、数据、记录等。因客观原因确实无法提供的，可以提供相关复印件、复制品或者证明该原件、原物的照片、录像等其他证据，并由有关人员签字确认。

现场勘查笔录、检查笔录、询问笔录等，应当由调查人员、勘查现场有关人员、被询问人员签名。

开展突发环境事件调查，应当制作调查案卷，并由组织突发环境事件调查的环境保护主管部门归档保存。

第九条 突发环境事件调查应当查明下列情况：

（一）突发环境事件发生单位基本情况；

（二）突发环境事件发生的时间、地点、原因和事件经过；

（三）突发环境事件造成的人身伤亡、直接经济损失情况，环境污染和生态破坏情况；

（四）突发环境事件发生单位、地方人民政府和有关部门日常监管和事件应对情况；

（五）其他需要查明的事项。

第十条 环境保护主管部门应当按照所在地人民政府的要求，根据突发环境事件应急处置阶段污染损害评估工作的有关规定，开展应急处置阶段污染损害评估。

应急处置阶段污染损害评估报告或者结论是编写突发环境事件调查报告的重要依据。

第十一条 开展突发环境事件调查，应当查明突发环境事件发生单位的下列情况：

（一）建立环境应急管理制度、明确责任人和职责的情况；

（二）环境风险防范设施建设及运行的情况；

（三）定期排查环境安全隐患并及时落实环境风险防控措施的情况；

（四）环境应急预案的编制、备案、管理及实施情况；

（五）突发环境事件发生后的信息报告或者通报情况；

（六）突发环境事件发生后，启动环境应急预案，并采取控制或者切断污染源防止污染扩散的情况；

（七）突发环境事件发生后，服从应急指挥机构统一指挥，并按要求采取预防、处置措施的情况；

（八）生产安全事故、交通事故、自然灾害等其他突发事件发生后，采取预防次生突发环境事件措施的情况；

（九）突发环境事件发生后，是否存在伪造、故意破坏事发现场，或者销毁证据阻碍调查的情况。

第十二条 开展突发环境事件调查，应当查明有关环境保护主管部门环境应急管理方面的下列情况：

（一）按规定编制环境应急预案和对预案进行评估、备案、演练等的情况，以及按规定对突发环境事件发生单位环境应急预案实施备案管理的情况；

（二）按规定赶赴现场并及时报告的情况；

（三）按规定组织开展环境应急监测的情况；

（四）按职责向履行统一领导职责的人民政府提出突发环境事件处置或者信息发布建议的情况；

（五）突发环境事件已经或者可能涉及相邻行政区域时，事发地环境保护主管部门向相邻行政区域环境保护主管部门的通报情况；

（六）接到相邻行政区域突发环境事件信息后，相关环境保护主管部门按规定调查了解并报告的情况；

（七）按规定开展突发环境事件污染损害评估的情况。

第十三条 开展突发环境事件调查，应当收集地方人民政府和有关部门在突发环境事件发生单位建设项目立项、审批、验收、执法等日常监管过程中和突发环境事件应对、组织开展突发环境事件污染损害评估等环节履职情况的证据材料。

第十四条 开展突发环境事件调查，应当在查明突发环境事件基本情况后，编写突发环境事件调查报告。

第十五条 突发环境事件调查报告应当包括下列内容：

（一）突发环境事件发生单位的概况和突发环境事件发生经过；

（二）突发环境事件造成的人身伤亡、直接经济损失，环境污染和生态破坏的情况；

（三）突发环境事件发生的原因和性质；

（四）突发环境事件发生单位对环境风险的防范、隐患整改和应急处置情况；

（五）地方政府和相关部门日常监管和应急处置情况；

（六）责任认定和对突发环境事件发生单位、责任人的处理建议；

（七）突发环境事件防范和整改措施建议；

（八）其他有必要报告的内容。

第十六条 特别重大突发环境事件、重大突发环境事件的调查期限为六十日；较大突发环境事件和一般突发环境事件的调查期限为三十日。突发环境事件污染损害评估所需时间不计入调查期限。

调查组应当按照前款规定的期限完成调查工作，并向同级人民政府和上一级环境保护主管部门提交调查报告。

调查期限从突发环境事件应急状态终止之日起计算。

第十七条 环境保护主管部门应当依法向社会公开突发环境事件的调查结论、环境影响和损失的评估结果等信息。

第十八条 突发环境事件调查过程中发现突发环境事件发生单位涉及环境违法行为的，调查组应当及时向相关环境保护主管部门提出处罚建议。相关环境保护主管部门应当依法对事发单位及责任人员予以行政处罚；涉嫌构成犯罪的，依法移送司法机关追究刑事责任。发现其他违法行为的，环境保护主管部门应当及时向有关部门移送。

发现国家行政机关及其工作人员、突发环境事件发生单位中由国家行政机关任命的人员涉嫌违法违纪的，环境保护主管部门应当依法及时向监察机关或者有关部门提出处分建议。

第十九条 对于连续发生突发环境事件，或者突发环境事件造成严重后果的地区，有关环境保护主管部门可以约谈下级地方人民政府主要领导。

第二十条 环境保护主管部门应当将突发环境事件发生单位的环境违法信息记入社会诚信档案，并及时向社会公布。

第二十一条 环境保护主管部门可以根据调查报告，对下级人民政府、下级环境保护主管部门下达督促落实突发环境事件调查报告有关防范和整改措施建议的督办通知，并明确责任单位、工作任务和完成时限。

接到督办通知的有关人民政府、环境保护主管部门应当在规定时限内，书面报送事件防范和整改措施建议的落实情况。

第二十二条 本办法由环境保护部负责解释。

第二十三条 本办法自 2015 年 3 月 1 日起施行。

附录 3

《突发环境事件应急处置阶段环境损害评估推荐方法》

（环办〔2014〕118 号，环境保护部办公厅 2014 年 12 月 31 日印发）

前 言

为规范和指导突发环境事件应急处置阶段的环境损害评估工作，支撑突发环境事件等级的确定和污染者法律责任的追究，根据《中华人民共和国突发事件应对法》、《中华人民共和国环境保护法》、《国家突发环境事件应急预案》、《突发环境事件信息报告办法》以及《突发环境事件应急处置阶段污染损害评估工作程序规定》等法律法规和有关规范性文件制定本推荐方法。本推荐方法附 A、B、C、D、E、F、G、H 为资料性附件。

1. 适用范围

本推荐方法适用于在中华人民共和国领域内突发环境事件应急处置阶段的环境损害评估（以下简称损害评估）工作，不适用于核与辐射事故引起的突发环境事件应急处置阶段的损害评估工作。

本推荐方法规定了损害评估的工作程序、评估内容、评估方法和报告编写等内容。

2. 引用文件

本推荐方法引用了下列文件中的条款。凡是不注明日期的引用文件，其最新版本适用于本推荐方法。

GB 6721 企业职工伤亡事故经济损失统计标准

NY/T1263 农业环境污染事故损失评价技术准则

SF/ZJD0601001 农业环境污染事故司法鉴定经济损失估算实施规范

GB/T 21678 渔业污染事故经济损失计算方法

HY/T095 海洋溢油生态损害评估技术导则

HJ 589 突发环境事件应急监测技术规范

HJ/T 298 危险废物鉴别技术规范

NY/T398 农、畜、水产品污染监测技术规范

HJ/T 91 地表水和污水监测技术规范

HJ/T 164 地下水环境监测技术规范

HJ/T 166 土壤环境监测技术规范

HJ/T 193 环境空气质量自动监测技术规范

HJ/T 194 环境空气质量手动监测技术规范

NY/T1669 农业野生植物调查技术规范

DB53/T391 自然保护区与国家公园生物多样性监测技术规程

HJ 630 环境监测质量管理技术导则

HJ 627 生物遗传资源经济价值评价技术导则

GB/T 8855 新鲜水果和蔬菜 取样方法

HJ 710.1 – HJ 710.11 生物多样性观测技术导则

《关于审理人身损害赔偿案件适用法律若干问题的解释》（2003）

《环境损害鉴定评估推荐方法（第 II 版）》（2014）

《关于发布全国生物物种资源调查相关技术规定（试行）的公告》（环境保护部公告 2010 年第 27 号）

《水域污染事故渔业损失计算方法规定》（农业部〔1996〕14 号）

《污染死鱼调查方法（淡水）》（农渔函〔1996〕62 号）

3. 术语和定义

下列术语和定义适用于本推荐方法。

3.1 环境损害评估

本推荐方法指按照规定的程序和方法，综合运用科学技术和专业知识，对突发环境事件所致的人身损害、财产损害以及生态环境损害的范围和程度进行初步评估，对应急处置阶段可量化的应急处置费用、人身损害、财产损害、生态环境损害等各类直接经济损失进行计算，对生态功能丧失程度进行划分。

3.2 直接经济损失

指与突发环境事件有直接因果关系的损害，为人身损害、财产损害、应急处置费用以及应急处置阶段可以确定的其他直接经济损失的总和。

3.3 应急处置费用

指突发环境事件应急处置期间，为减轻或消除对公众健康、公私财产和生态环境造成的危害，各级政府与相关单位针对可能或已经发生的突发环境事件而采取的行动和措施所发生的费用。

3.4 人身损害

指因突发环境事件导致人的生命、健康、身体遭受侵害，造成人体疾病、伤残、死亡或精神状态的可观察的或可测量的不利改变。

3.5 财产损害

指因突发环境事件直接造成的财产损毁或价值减少，以及为保护财产免受损失而支出的必要的、合理的费用。

3.6 生态环境损害

指由于突发环境事件直接或间接地导致生态环境的物理、化学或生物特性的可观察的或可测量的不利改变，以及提供生态系统服务能力的破坏或损伤。

3.7 基线

突发环境事件发生前影响区域内人群健康、财产以及生态环境等的原有状态。

3.8 环境修复

为防止污染物扩散迁移、降低生态环境中污染物浓度、将突发环境事件导致的人体健康风险或生态风险降至可接受风险水平而开展的必要的、合理的行动或措施。

3.9 损害评估监测

指突发环境事件发生以后，根据环境损害评估工作的需要，在应急监测工作的基础上针对污染因子、环境介质、损害受体等开展的监测工作。

3.10 应急处置阶段

应急处置阶段指突发环境事件发生后，从应急处置行动开始到应急处置行动结束。

4. 评估内容与评估程序

4.1 评估内容

应急处置阶段损害评估工作内容包括：计算应急处置阶段可量化的应急处置费用、人身损害、财产损害、生态环境损害等各类直接经济损失；划分生态功能丧失程度；判断是否需要启动中长期损害评估。

4.2 评估程序

应急处置阶段损害评估工作程序包括：开展评估前期准备，启动评估工作（初步判断较大以上的突发环境事件制定工作方案），信息获取，损害确认，损害量化，判断是否启动中长期损害评估以及编写评估报告。应急处置阶段损害评估工作程序见图1。

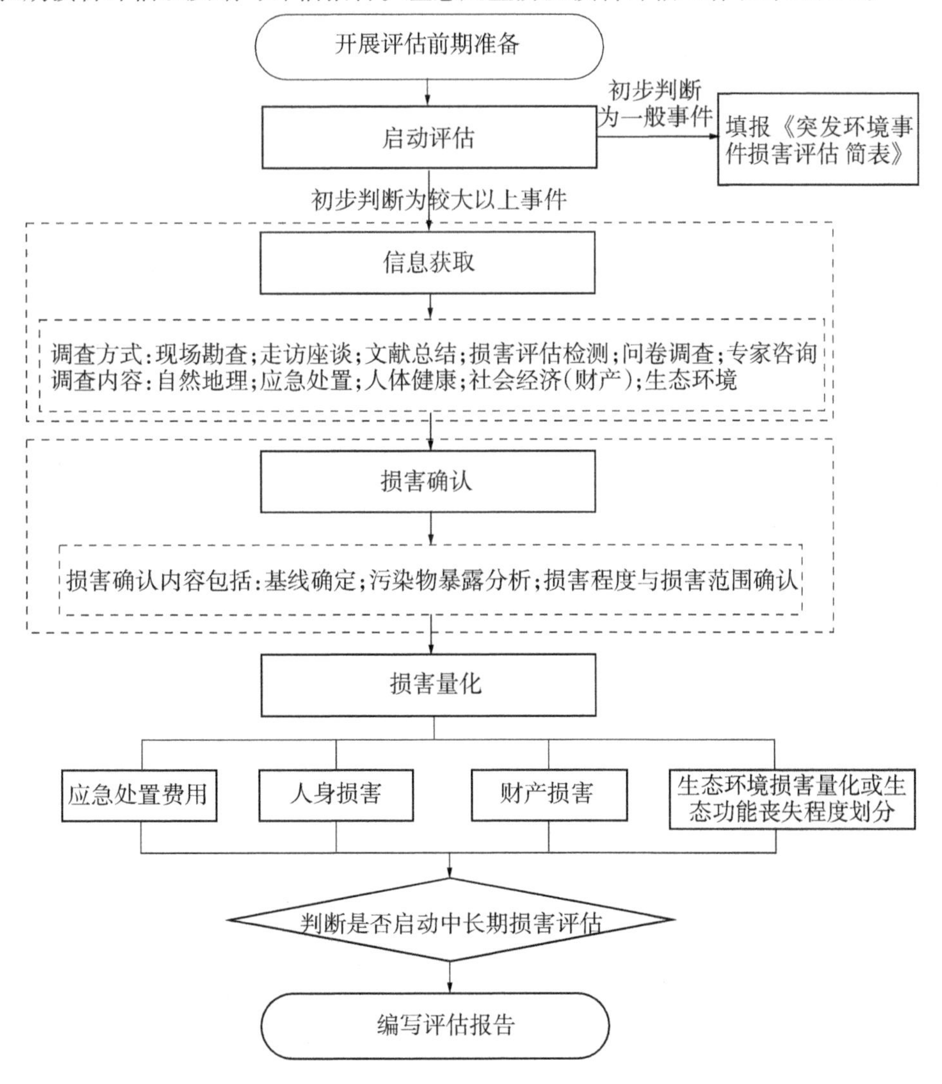

图1 突发环境事件应急处置阶段的损害评估工作程序

5. 开展评估前期准备

在突发环境事件发生后，开展初步的环境损害现场调查与监测工作，初步确定污染因子、污染类型与污染对象，根据污染物的扩散途径初步确定损害范围。

6. 启动评估

启动应急处置阶段环境损害评估工作，对于按照《突发环境事件信息报告办法》中分级标准初步判断为一般突发环境事件的损害评估工作，填报《突发环境事件损害评估简表》，参见附 A；对于初步判断为较大及以上突发环境事件的，制定《突发环境事件应急处置阶段环境损害评估工作方案》（以下简称《工作方案》）。《工作方案》包括描述事件背景以及应急处置阶段已经采取的行动，初步认定污染类型以及影响区域，提出评估内容、评估方法与技术路线，明确数据来源与技术需求，确定工作任务、工作进度安排与经费预算。若需要开展损害评估监测，应当制定详细的损害评估监测方案。

7. 信息获取

7.1 信息获取内容

自然地理信息：污染发生前以及发生后影响区域的自然灾害、地形地貌、降雨量、气象、水文水利条件以及遥感影像数据等信息。

应急处置信息：应急处置工作的参与机构、职责分工、应急处置方案内容以及应急监测数据等信息。

人体健康信息：影响区域人口数量、分布、正常状况下的人口健康状况、历史患病情况等基线信息以及突发环境事件发生后出现的诊疗与住院等人体健康损害信息。

社会经济活动信息：包括影响区域旅游业、渔业、种植业等基线状况以及突发环境事件造成的财产损害等信息。

生态环境信息：影响区域内生物种类与空间分布、种群密度、环境功能区划等背景资料和数据；污染者的生产、生活和排污情况；排放或倾倒的污染物的种类、性质、排放量、可能的迁移转化方式以及事件发生前后影响区域内的污染物浓度等资料和信息。

7.2 信息获取方式

a）现场踏勘

在影响区域勘查并记录现场状况，了解人群健康、财产、生态环境损害程度，判断应急处置措施的合理性。

b）走访座谈

走访座谈影响区域的相关部门、企业、有关群众，收集环境监测、水文水力、土壤、渔业资源等历史环境质量数据和应急监测信息，调查污染损害的污染发生时间、发生地点、发生原因、影响程度以及污染源等信息，了解应急处置方案、方案实施效果、应急处置费用、人身损害、财产损害与其他损害的相关信息。

c）文献总结

回顾并总结关于污染物理化性质及其健康与生态毒性影响、影响区域基线信息等相关文献。

d）损害评估监测

损害评估监测对象主要包括环境空气、水环境（包括地下水环境）、土壤、农作物、水产品、野生动植物以及受影响人群等。根据初步确定的影响区域与污染受体的特征，确定监测方案，开展优化布点、现场采样、样品运送、检测分析、数据收集、结合卫星拍摄和无人机航拍等手段开展综合分析等。基于现场踏勘初步结果，合理设置影响区域污染受体及基线水平的监测点位。样品的布点、采样、运输、质量保证、实验分析应该依照相关标准和技术规范进行。财产损害监测可以参考 NY/T 398、GB/T 8855 等技术规范；环境介质监测可以参考 HJ/T 91、HJ/T 164、HJ/T 166、HJ/T 193、HJ/T 194、HJ 589 等技术规范；生物资源监测可以参考 NY/T 1669、DB53/T 391、HJ 710.1 ～ HJ 710.11、《关于发布全国生物物种资源调查相关技术规定（试行）的公告》等技术规范。

e）问卷调查

向政府相关部门、企事业单位、组织和个人发放调查问卷（表），调查内容与指标根据具体事件的特点确定，问卷（表）内容参见附 B、附 C 与附 D。调查结束后，对数据进行分析与审核，确保数据真实可靠，审核要求与方法参见附件 E，对审核不合格的问卷要求重新填报。

f）专家咨询

对于损害的程度和范围确定、损害的计算等问题可采用专家咨询法。

8. 损害确认

8.1　基线确定

通过历史数据或对照区域数据对比分析，判断突发环境事件发生前受影响区域的人群健康、农作物等财产以及生态环境基线状况。对照区域应该在距离污染发生地较近，没有受到污染事件的影响，且在污染发生前农作物等生物资源类型、物种丰度、生态系统服务等与污染区域相同或相似的区域选取，例如，对于流域水污染事件，对照区域可以选取污染发生河流断面的上游。

8.2　污染物暴露分析

根据突发环境事件的污染物排放特征、污染物特性以及事件发生地的水动力学、空气动力学条件选择合适的模型进行污染物的暴露分析。

8.3　损害确认原则

8.3.1　应急处置费用

a）费用在应急处置阶段产生；

b）应急处置费用是以控制污染源或生态破坏行为、减少经济社会影响为目的，依据有关部门制定的应急预案或基于现场调查的处置、监测方案采取行动而发生的费用。

8.3.2　人身损害

人身损害的确认主要以流行病学调查资料及个体暴露的潜伏期和特有临床表现为依据，应满足以下条件：

a）环境暴露与人身损害间存在严格的时间先后顺序。环境暴露发生在前，个体症状或体征发生在后；

b）个体或群体存在明确的环境暴露。人体经呼吸道、消化道或皮肤接触等途径暴露于环境污染物，且环境介质中污染物与污染源排放或倾倒的污染物具有一致性或直接相关性；

c）个体或群体因环境暴露而表现出特异性症状、体征或严重的非特异性症状，排除其他非环境因素如职业病、地方病等所致的相似健康损害；

d）由专业医疗或鉴定机构出具的鉴定意见。

8.3.3 财产损害

财产损害的确认应满足下列条件：

a）被污染财产暴露于污染发生区域；

b）污染与损害发生的时间次序合理，污染排放发生在先，损害发生在后；

c）财产所有者为防止财产和健康损害的继续扩大，对被污染财产进行清理并产生的费用；

d）财产所有者非故意将财产暴露于被污染的环境中，且在采取了合理的、必要的应急处置措施以后，被污染财产仍无法正常使用或使用功能下降。

8.3.4 生态环境损害

生态环境损害的确认应满足下列条件：

a）环境暴露与环境损害间存在时间先后顺序。即环境暴露发生在前，环境损害发生在后；

b）环境暴露与环境损害间的关联具有合理性。环境暴露导致环境损害的机理可由生物学、毒理学等理论做出合理解释；

c）环境暴露与环境损害间的关联具有一致性。环境暴露与环境损害间的关联在不同时间、地点和研究对象中得到重复性验证；

d）环境暴露与环境损害间的关联具有特异性。环境损害发生在特定的环境暴露条件下，不因其他原因导致。由于环境暴露与环境损害间可能存在单因多果、多因多果等复杂因果关系，因此，环境暴露与环境损害间关联的特异性不作强制性要求。

e）存在明确的污染来源和污染排放行为。直接或间接证据表明污染源存在明确的污染排放行为，包括物证、书证、证人证言、笔录、视听资料等；

f）空气、地表水、地下水、土壤等环境介质中存在污染物，且与污染源产生或排放的污染物（或污染物的转化产物）具有一致性；

g）污染物传输路径的合理性。当地气候气象、地形地貌、水文条件等自然环境条件存在污染物从污染源迁移至污染区域的可能，且其传输路径与污染源排放途径相一致；

h）评估区域内环境介质（地表水、地下水、空气、土壤等）中污染物浓度超过基线水平或国家及地方环境质量标准；或评估区域环境介质中的生物种群出现死亡、数量下降等现象。

8.4 损害程度与损害范围确认

根据前期的现场调查与信息获取情况，确定损害程度以及损害范围。损害范围包括损害类型、损害发生的时间范围与空间范围。

9. 损害量化

对突发环境事件应急处置阶段可量化的应急处置费用、人身损害、财产损害等各类直接经济损失进行计算；对突发环境事件发生后短期内可量化的生态环境损害进行货币化；对生态功能丧失程度进行判断。

9.1 应急处置费用

应急处置费用包括应急处置阶段各级政府与相关单位为预防或者减少突发环境事件造成的各类损害支出的污染控制、污染清理、应急监测、人员转移安置等费用。应急处置费用按照直接市场价值法评估。下面列举几项常见的费用计算方法。

9.1.1 污染控制费用

污染控制包括从源头控制或减少污染物的排放，以及为防止污染物继续扩散而采取的措施，如投加药剂、筑坝截污等。见公式（1）：

$$\text{污染控制费用} = \text{材料和药剂费} + \text{设备或房屋租赁费} + \text{行政支出费用} + \text{应急设备维修或重置费用} + \text{专家技术咨询费} \quad (1)$$

其中：行政支出费用指在应急处置过程中发生的餐费、人员费、交通费、印刷费、通讯费、水电费以及必要的防护费用等；应急设备维修或重置费用指在应急处置过程中应急设备损坏后发生的维修成本或重置成本，其中维修成本按实际发生的维修费用计算，重置成本的计算见公式（2）和公式（3）：

$$\text{重置成本} = \text{重置价值（元）} \times (1 - \text{年均折旧率}\% \times \text{已使用年限}) \times \text{损坏率} \quad (2)$$

其中：

$$\text{年均折旧率} = (1 - \text{预计净残值率}) \times 100\% / \text{总使用年限} \quad (3)$$

重置价值指重新购买设备的费用。

9.1.2 污染清理费用

污染清理费用指对污染物进行清除、处理和处置的应急处置措施，包括清除、处理和处置被污染的环境介质与污染物以及回收应急物资等产生的费用。计算项目与方法参见9.1.1节。

9.1.3 应急监测费用

应急监测费用指在突发环境事件应急处置期间，为发现和查明环境污染情况和污染损害范围而进行的采样、监测与检测分析活动所发生的费用。可以按照以下两种方法计算：

方法一：按照应急监测发生的费用项计算，具体费用项以及计算方法参见9.1.1节。

方法二：按照事件发生所在地区物价部门核定的环境监测、卫生疾控、农林渔业等部门监测项目收费标准和相关规定计算费用，见公式（4）：

$$\text{应急监测费用} = \text{样品数量（单样/项）} \times \text{样品检测单价} + \text{样品数量（点/个/项）} \times \text{样品采样单价} + \text{交通运输等其他费用} \quad (4)$$

9.1.4 人员转移安置费用

人员转移安置费用指应急处置阶段，对受影响和威胁的人员进行疏散、转移和安置所发生的费用。计算项目与方法参见 9.1.1 节。

9.2　人身损害

人身损害包括：

a）个体死亡；

b）按照《人体损伤残疾程度鉴定标准》明确诊断为伤残；c）临床检查可见特异性或严重的非特异性临床症状或体征、生化指标或物理检查结果异常，按照《疾病和有关健康问题的国际统计分类》（ICD－10）明确诊断为某种或多种疾病；

d）虽未确定为死亡、伤残或疾病，为预防人体出现不可逆转的器质性或功能性损伤而必须采取临床治疗或行为干预。

9.2.1　人身损害计算范围

a）就医治疗支出的各项费用以及因误工减少的收入，包括医疗费、误工费、护理费、交通费、住宿费、住院伙食补助费、必要的营养费。

b）致残的，还应当增加生活上需要支出的必要费用以及因丧失劳动能力导致的收入损失，包括残疾赔偿金、残疾辅助器具费、被抚养人生活费，以及因康复护理、继续治疗实际发生必要的康复费、护理费、后续治疗费。

c）致死的，还应当包括丧葬费、被抚养人生活费、死亡补偿费以及受害人亲属办理丧葬事宜支出的交通费、住宿费和误工损失等其他合理费用。

9.2.2　人身损害计算方法

人身损害中医疗费、误工费、护理费、交通费、住宿费、住院伙食补助费、营养费、残疾赔偿金、残疾辅助器具费、被抚养人生活费、丧葬费、死亡补偿费等费用的计算可以参考《最高人民法院关于审理人身损害赔偿案件适用法律若干问题的解释》。

9.3　财产损害

本推荐方法列举几项突发环境事件常见的财产损害评估方法，其他参照执行。常见的财产损害有固定资产损害、流动资产损害、农产品损害、林产品损害以及清除污染的额外支出等。

9.3.1 固定资产损害

指突发环境事件造成单位或个人的设备等固定资产由于受到污染而损毁，如管道或设备受到腐蚀无法正常运行等情况，此类财产损害可按照修复费用法或重置成本法计算，具体计算方法参见 9.1.1 节中应急设备维修或重置费用的计算方法。

9.3.2　流动资产损害

指生产经营过程中参加循环周转，不断改变其形态的资产，如原料、材料、燃料、在制品、半成品、成品等的经济损失。在计算中，按不同流动资产种类分别计算，并汇总，见公式（5）。

$$\text{流动资产损失} = \text{流动资产数量} \times \text{购置时价格} - \text{残值} \tag{5}$$

上式中，残值指财产损坏后的残存价值，应由专业技术人员或专业资产评估机构进行定价评估。

9.3.3 农产品损害

指突发环境事件导致的农产品产量损失和农产品质量经济损失，可以参考《农业环境污染事故司法鉴定经济损失估算实施规范》（SF/Z JD0601001）、《渔业污染事故经济损失计算方法》（GB/T 21678）和《农业环境污染事故损失评价技术准则》（NY/T1263）等技术规范计算。

9.3.4 林产品损害

指由于突发环境事件造成的林产品和树木的损毁或价值减少，林产品和树木损毁的损失利用直接市场价值法计算。评估方法参见 9.3.3 节中农产品财产损害计算方法。

9.3.5 清除污染的额外支出

指个人或单位为防止财产继续暴露于污染环境中导致损失进一步扩大而支出的污染物清理或清除费用，如清理受污染财产的费用、生产企业额外支出的污染治理费用等。计算项目与方法参见 9.1.1 节。

9.4 生态环境损害

9.4.1 生态功能丧失程度的判断

生态环境损害按照生态功能丧失程度进行判断，具体划分标准如表 1 所示。

表 1 影响区域生态功能丧失程度划分标准

具体指标	全部丧失	部分丧失
污染物的环境介质中浓度	环境介质中的污染物浓度水平较高，且预计较长时间内难以恢复至基线浓度水平	环境介质中的污染物浓度水平较高，且预计 1 年内难以恢复至基线浓度水平
优势物种死亡率	≥50%	<50%
生态群落结构	发生永久改变	发生改变，需要 1 年以上的恢复时间
休闲娱乐服务功能	旅游人数与往年同期或事件发生前相比下降 80% 以上，且预计较长时间内难以恢复原有水平	旅游人数与往年同期或事件发生前相比下降 50%～80%，且预计在 1 年内难以恢复原有水平

9.4.2 生态环境损害量化计算方法

突发环境事件发生后，如果环境介质（水、空气、土壤、沉积物等）中的污染物浓度在两周内恢复至基线水平，环境介质中的生物种类和丰度未观测到明显改变，可以参考 HJ 627－2011 中的评估方法或附 F 的虚拟治理成本法进行计算，计算出的生态环境损害，可作为生态环境损害赔偿的依据，不计入直接经济损失。突发环境事件发生后，如果需要对生态环境进行修复或恢复，且修复或恢复方案在开展应急处置阶段的环境损害评估规定期限内可以完成，则根据生态环境的修复或恢复方案实施费用计算生态环境损害，根据修复或恢复费用计算得到的生态环境损害计入直接经济损失，具体的计算方法参见《环境损害鉴定评估推荐方法（第Ⅱ版）》。

10. 判断是否启动中长期损害评估

10.1 人身损害中长期评估判定原则

发生下列情形之一的，需开展人身损害的中长期评估：

a）已发生的污染物暴露对人体健康可能存在长期的、潜伏性的影响；

b）突发环境事件与人身损害间的因果关系在短期内难以判定；

c）应急处置行动结束后，环境介质中的污染物浓度水平对公众健康的潜在威胁无法在短期内完全消除，需要对周围的敏感人群采取搬迁等防护措施的；

d）人身损害的受影响人群较多，在突发环境事件应急处置阶段的环境损害评估规定期限内难以完成评估的。

10.2 财产损害中长期评估判定原则

发生下列情形之一的，需开展财产损害的中长期评估：

a）已发生的污染物暴露对财产有可能存在长期的和潜伏性的影响；

b）突发环境事件与财产损害间的因果关系在短期内难以判定；

c）应急处置行动结束后，环境介质中的污染物浓度水平对财产的潜在威胁没有完全消除，需要采取进一步的防护措施的；

d）财产损害的受影响范围较大，在突发环境事件应急处置阶段的环境损害评估规定期限内难以完成评估的。

10.3 生态环境损害中长期评估判定原则

发生下列情形之一的，需开展生态环境损害的中长期评估：

a）应急处置行动结束后，环境介质中的污染物的浓度水平超过了基线水平并在1年内难以恢复至基线水平，具体原则参见附G.1；

b）应急处置行动结束后，环境介质中的污染物的浓度水平或应急处置行动产生二次污染对公众健康或生态环境构成的潜在威胁没有完全消除，具体原则参见附G.2与G.3。

11. 编写评估报告

评估报告应包括评估目标、评估依据、评估方法、损害确认和量化以及评估结论。评估报告提纲参见附H。

12. 附则

a）本推荐方法所指的直接经济损失不包括环境损害评估费用。

b）污染物排放、倾倒或泄漏不构成突发环境事件，没有造成中长期环境损害的情形也可以参照本推荐方法进行评估。

c）应急处置结束后，在短期内可量化的收集污染物的处理和处置费用纳入应急处置费用。

d）对于各项应急处置费用或损害项的填报要求必须提供详细证明材料，提供详细证明材料确有困难的，由负责填写的单位加盖公章并对所填数据的真实性负责。

e）由于突发环境事件引起的交通中断、水电站的发电损失等影响损失不属于直接经济损失。

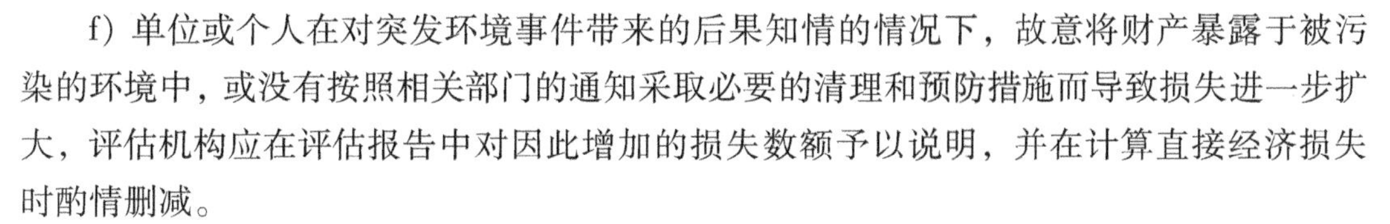

f）单位或个人在对突发环境事件带来的后果知情的情况下，故意将财产暴露于被污染的环境中，或没有按照相关部门的通知采取必要的清理和预防措施而导致损失进一步扩大，评估机构应在评估报告中对因此增加的损失数额予以说明，并在计算直接经济损失时酌情删减。

g）应急机构或个人由于应急处置行动的需要而购买的设备等固定资产或非一次性用品，在计算直接经济损失时可以采用市场租赁费乘以应急处置时间，或按设备购置费的年折旧费计算直接经济损失。

h）应急处置阶段发生费用的收据或发票等证明材料的日期应该在应急处置行动结束后 7 日内，否则不应计入应急处置费用。

i）在评估报告中需说明发生各项费用和损害的主体单位或个人。

j）以修复或恢复费用法计算得到的生态环境损害数额必须有详实的修复或恢复方案、方案预算明细以及可行性论证材料作为依据，否则不能计入直接经济损失。

k）本推荐方法涵盖的各项损害是指由于环境污染、生态破坏或者应急处置阶段而造成的直接经济损失，不包括由于地震等自然灾害、火灾、爆炸或生产安全事故等原因造成的损失。

l）《突发环境事件应急处置阶段环境损害评估推荐方法》即为《环境损害鉴定评估推荐方法（第Ⅱ版）》中的《突发环境事件应急处置阶段环境损害评估技术规范》。

附录 4

《突发环境事件应急管理办法》

（环境保护部令第 34 号，2015 年 6 月 5 日起施行）

第一章　总　则

第一条　为预防和减少突发环境事件的发生，控制、减轻和消除突发环境事件引起的危害，规范突发环境事件应急管理工作，保障公众生命安全、环境安全和财产安全，根据《中华人民共和国环境保护法》《中华人民共和国突发事件应对法》《国家突发环境事件应急预案》及相关法律法规，制定本办法。

各级环境保护主管部门和企业事业单位组织开展的突发环境事件风险控制、应急准备、应急处置、事后恢复等工作，适用本办法。

本办法所称突发环境事件，是指由于污染物排放或者自然灾害、生产安全事故等因素，导致污染物或者放射性物质等有毒有害物质进入大气、水体、土壤等环境介质，突然造成或者可能造成环境质量下降，危及公众身体健康和财产安全，或者造成生态环境破坏，或者造成重大社会影响，需要采取紧急措施予以应对的事件。

突发环境事件按照事件严重程度，分为特别重大、重大、较大和一般四级。

核设施及有关核活动发生的核与辐射事故造成的辐射污染事件按照核与辐射相关规定执行。重污染天气应对工作按照《大气污染防治行动计划》等有关规定执行。

造成国际环境影响的突发环境事件的涉外应急通报和处置工作，按照国家有关国际合作的相关规定执行。

第三条　突发环境事件应急管理工作坚持预防为主、预防与应急相结合的原则。

第四条　突发环境事件应对，应当在县级以上地方人民政府的统一领导下，建立分类管理、分级负责、属地管理为主的应急管理体制。

县级以上环境保护主管部门应当在本级人民政府的统一领导下，对突发环境事件应急管理日常工作实施监督管理，指导、协助、督促下级人民政府及其有关部门做好突发环境事件应对工作。

第五条　县级以上地方环境保护主管部门应当按照本级人民政府的要求，会同有关部门建立健全突发环境事件应急联动机制，加强突发环境事件应急管理。

相邻区域地方环境保护主管部门应当开展跨行政区域的突发环境事件应急合作，共同防范、互通信息，协力应对突发环境事件。

第六条　企业事业单位应当按照相关法律法规和标准规范的要求，履行下列义务：

（一）开展突发环境事件风险评估；

（二）完善突发环境事件风险防控措施；

（三）排查治理环境安全隐患；

（四）制定突发环境事件应急预案并备案、演练；

（五）加强环境应急能力保障建设。

发生或者可能发生突发环境事件时，企业事业单位应当依法进行处理，并对所造成的损害承担责任。

第七条 环境保护主管部门和企业事业单位应当加强突发环境事件应急管理的宣传和教育，鼓励公众参与，增强防范和应对突发环境事件的知识和意识。

第二章 风险控制

第八条 企业事业单位应当按照国务院环境保护主管部门的有关规定开展突发环境事件风险评估，确定环境风险防范和环境安全隐患排查治理措施。

第九条 企业事业单位应当按照环境保护主管部门的有关要求和技术规范，完善突发环境事件风险防控措施。

前款所指的突发环境事件风险防控措施，应当包括有效防止泄漏物质、消防水、污染雨水等扩散至外环境的收集、导流、拦截、降污等措施。

第十条 企业事业单位应当按照有关规定建立健全环境安全隐患排查治理制度，建立隐患排查治理档案，及时发现并消除环境安全隐患。

对于发现后能够立即治理的环境安全隐患，企业事业单位应当立即采取措施，消除环境安全隐患。对于情况复杂、短期内难以完成治理，可能产生较大环境危害的环境安全隐患，应当制定隐患治理方案，落实整改措施、责任、资金、时限和现场应急预案，及时消除隐患。

第十一条 县级以上地方环境保护主管部门应当按照本级人民政府的统一要求，开展本行政区域突发环境事件风险评估工作，分析可能发生的突发环境事件，提高区域环境风险防范能力。

第十二条 县级以上地方环境保护主管部门应当对企业事业单位环境风险防范和环境安全隐患排查治理工作进行抽查或者突击检查，将存在重大环境安全隐患且整治不力的企业信息纳入社会诚信档案，并可以通报行业主管部门、投资主管部门、证券监督管理机构以及有关金融机构。

第三章 应急准备

第十三条 企业事业单位应当按照国务院环境保护主管部门的规定，在开展突发环境事件风险评估和应急资源调查的基础上制定突发环境事件应急预案，并按照分类分级管理的原则，报县级以上环境保护主管部门备案。

第十四条 县级以上地方环境保护主管部门应当根据本级人民政府突发环境事件专

项应急预案，制定本部门的应急预案，报本级人民政府和上级环境保护主管部门备案。

第十五条 突发环境事件应急预案制定单位应当定期开展应急演练，撰写演练评估报告，分析存在问题，并根据演练情况及时修改完善应急预案。

第十六条 环境污染可能影响公众健康和环境安全时，县级以上地方环境保护主管部门可以建议本级人民政府依法及时公布环境污染公共监测预警信息，启动应急措施。

第十七条 县级以上地方环境保护主管部门应当建立本行政区域突发环境事件信息收集系统，通过“12369”环保举报热线、新闻媒体等多种途径收集突发环境事件信息，并加强跨区域、跨部门突发环境事件信息交流与合作。

第十八条 县级以上地方环境保护主管部门应当建立健全环境应急值守制度，确定应急值守负责人和应急联络员并报上级环境保护主管部门。

第十九条 企业事业单位应当将突发环境事件应急培训纳入单位工作计划，对从业人员定期进行突发环境事件应急知识和技能培训，并建立培训档案，如实记录培训的时间、内容、参加人员等信息。

第二十条 县级以上环境保护主管部门应当定期对从事突发环境事件应急管理工作的人员进行培训。

省级环境保护主管部门以及具备条件的市、县级环境保护主管部门应当设立环境应急专家库。

县级以上地方环境保护主管部门和企业事业单位应当加强环境应急处置救援能力建设。

第二十一条 县级以上地方环境保护主管部门应当加强环境应急能力标准化建设，配备应急监测仪器设备和装备，提高重点流域区域水、大气突发环境事件预警能力。

第二十二条 县级以上地方环境保护主管部门可以根据本行政区域的实际情况，建立环境应急物资储备信息库，有条件的地区可以设立环境应急物资储备库。

企业事业单位应当储备必要的环境应急装备和物资，并建立完善相关管理制度。

第四章 应急处置

第二十三条 企业事业单位造成或者可能造成突发环境事件时，应当立即启动突发环境事件应急预案，采取切断或者控制污染源以及其他防止危害扩大的必要措施，及时通报可能受到危害的单位和居民，并向事发地县级以上环境保护主管部门报告，接受调查处理。

应急处置期间，企业事业单位应当服从统一指挥，全面、准确地提供本单位与应急处置相关的技术资料，协助维护应急现场秩序，保护与突发环境事件相关的各项证据。

第二十四条 获知突发环境事件信息后，事件发生地县级以上地方环境保护主管部门应当按照《突发环境事件信息报告办法》规定的时限、程序和要求，向同级人民政府和上级环境保护主管部门报告。

第二十五条 突发环境事件已经或者可能涉及相邻行政区域的，事件发生地环境保

护主管部门应当及时通报相邻区域同级环境保护主管部门，并向本级人民政府提出向相邻区域人民政府通报的建议。

第二十六条 获知突发环境事件信息后，县级以上地方环境保护主管部门应当立即组织排查污染源，初步查明事件发生的时间、地点、原因、污染物质及数量、周边环境敏感区等情况。

第二十七条 获知突发环境事件信息后，县级以上地方环境保护主管部门应当按照《突发环境事件应急监测技术规范》开展应急监测，及时向本级人民政府和上级环境保护主管部门报告监测结果。

第二十八条 应急处置期间，事发地县级以上地方环境保护主管部门应当组织开展事件信息的分析、评估，提出应急处置方案和建议报本级人民政府。

第二十九条 突发环境事件的威胁和危害得到控制或者消除后，事发地县级以上地方环境保护主管部门应当根据本级人民政府的统一部署，停止应急处置措施。

第五章 事后恢复

第三十条 应急处置工作结束后，县级以上地方环境保护主管部门应当及时总结、评估应急处置工作情况，提出改进措施，并向上级环境保护主管部门报告。

第三十一条 县级以上地方环境保护主管部门应当在本级人民政府的统一部署下，组织开展突发环境事件环境影响和损失等评估工作，并依法向有关人民政府报告。

第三十二条 县级以上环境保护主管部门应当按照有关规定开展事件调查，查清突发环境事件原因，确认事件性质，认定事件责任，提出整改措施和处理意见。

第三十三条 县级以上地方环境保护主管部门应当在本级人民政府的统一领导下，参与制定环境恢复工作方案，推动环境恢复工作。

第六章 信息公开

第三十四条 企业事业单位应当按照有关规定，采取便于公众知晓和查询的方式公开本单位环境风险防范工作开展情况、突发环境事件应急预案及演练情况、突发环境事件发生及处置情况，以及落实整改要求情况等环境信息。

第三十五条 突发环境事件发生后，县级以上地方环境保护主管部门应当认真研判事件影响和等级，及时向本级人民政府提出信息发布建议。履行统一领导职责或者组织处置突发事件的人民政府，应当按照有关规定统一、准确、及时发布有关突发事件事态发展和应急处置工作的信息。

第三十六条 县级以上环境保护主管部门应当在职责范围内向社会公开有关突发环境事件应急管理的规定和要求，以及突发环境事件应急预案及演练情况等环境信息。

县级以上地方环境保护主管部门应当对本行政区域内突发环境事件进行汇总分析，定期向社会公开突发环境事件的数量、级别，以及事件发生的时间、地点、应急处置概况等信息。

第七章　罚　则

第三十七条　企业事业单位违反本办法规定，导致发生突发环境事件，《中华人民共和国突发事件应对法》《中华人民共和国水污染防治法》《中华人民共和国大气污染防治法》《中华人民共和国固体废物污染环境防治法》等法律法规已有相关处罚规定的，依照有关法律法规执行。

较大、重大和特别重大突发环境事件发生后，企业事业单位未按要求执行停产、停排措施，继续违反法律法规规定排放污染物的，环境保护主管部门应当依法对造成污染物排放的设施、设备实施查封、扣押。

第三十八条　企业事业单位有下列情形之一的，由县级以上环境保护主管部门责令改正，可以处一万元以上三万元以下罚款：

（一）未按规定开展突发环境事件风险评估工作，确定风险等级的；

（二）未按规定开展环境安全隐患排查治理工作，建立隐患排查治理档案的；

（三）未按规定将突发环境事件应急预案备案的；

（四）未按规定开展突发环境事件应急培训，如实记录培训情况的；

（五）未按规定储备必要的环境应急装备和物资；

（六）未按规定公开突发环境事件相关信息的。

第八章　附　则

第三十九条　本办法由国务院环境保护主管部门负责解释。

第四十条　本办法自 2015 年 6 月 5 日起施行。

附录 5

《企业突发环境事件隐患排查和治理工作指南》

（试行 环境保护部办公厅 2016 年 12 月 12 日印发）

1 适用范围

本指南适用于企业为防范火灾、爆炸、泄漏等生产安全事故直接导致或次生突发环境事件而自行组织的突发环境事件隐患（以下简称隐患）排查和治理。本指南未作规定事宜，应符合有关国家和行业标准的要求或规定。

2 依据

2.1 法律法规规章及规范性文件

《中华人民共和国突发事件应对法》；

《中华人民共和国环境保护法》；

《中华人民共和国大气污染防治法》；

《中华人民共和国水污染防治法》；

《中华人民共和国固体废物污染环境防治法》；

《国家危险废物名录》（环境保护部 国家发展和改革委 公安部令第 39 号）；

《突发环境事件调查处理办法》（环境保护部令第 32 号）；

《突发环境事件应急管理办法》（环境保护部令第 34 号）；

《企业事业单位突发环境事件应急预案备案管理办法（试行）》（环发〔2015〕4 号）。

2.2 标准、技术规范、文件

本指南引用了下列文件中的条款。凡是不注日期的引用文件，其有效版本适用于本指南。

《危险废物贮存污染控制标准》（GB18597）；

《石油化工企业设计防火规范》（GB50160）；

《化工建设项目环境保护设计规范》（GB50483）；

《石油储备库设计规范》（GB50737）；

《石油化工污水处理设计规范》（GB50747）；

《石油化工企业给水排水系统设计规范》（SH3015）；

《石油化工企业环境保护设计规范》（SH3024）；

《企业突发环境事件风险评估指南（试行）》（环办〔2014〕34 号）；

《建设项目环境风险评价技术导则》（HJ/T169）。

3 隐患排查内容

从环境应急管理和突发环境事件风险防控措施两大方面排查可能直接导致或次生突发环境事件的隐患。

3.1 **企业突发环境事件应急管理**

3.1.1 按规定开展突发环境事件风险评估，确定风险等级情况。

3.1.2 按规定制定突发环境事件应急预案并备案情况。

3.1.3 按规定建立健全隐患排查治理制度，开展隐患排查治理工作和建立档案情况。

3.1.4 按规定开展突发环境事件应急培训，如实记录培训情况。

3.1.5 按规定储备必要的环境应急装备和物资情况。

3.1.6 按规定公开突发环境事件应急预案及演练情况。

可参考附表1企业突发环境事件应急管理隐患排查表，就上述3.1.1至3.1.6内容开展相关隐患排查。

3.2 **企业突发环境事件风险防控措施**

3.2.1 突发水环境事件风险防控措施

从以下几方面排查突发水环境事件风险防范措施：

（1）是否设置中间事故缓冲设施、事故应急水池或事故存液池等各类应急池；应急池容积是否满足环评文件及批复等相关文件要求；应急池位置是否合理，是否能确保所有受污染的雨水、消防水和泄漏物等通过排水系统接入应急池或全部收集；是否通过厂区内部管线或协议单位，将所收集的废（污）水送至污水处理设施处理；

（2）正常情况下厂区内涉危险化学品或其他有毒有害物质的各个生产装置、罐区、装卸区、作业场所和危险废物贮存设施（场所）的排水管道（如围堰、防火堤、装卸区污水收集池）接入雨水或清净下水系统的阀（闸）是否关闭，通向应急池或废水处理系统的阀（闸）是否打开；受污染的冷却水和上述场所的墙壁、地面冲洗水和受污染的雨水（初期雨水）、消防水等是否都能排入生产废水处理系统或独立的处理系统；有排洪沟（排洪涵洞）或河道穿过厂区时，排洪沟（排洪涵洞）是否与渗漏观察井、生产废水、清净下水排放管道连通；

（3）雨水系统、清净下水系统、生产废（污）水系统的总排放口是否设置监视及关闭闸（阀），是否设专人负责在紧急情况下关闭总排口，确保受污染的雨水、消防水和泄漏物等全部收集。

3.2.2 突发大气环境事件风险防控措施

从以下几方面排查突发大气环境事件风险防控措施：

（1）企业与周边重要环境风险受体的各类防护距离是否符合环境影响评价文件及批复的要求；

（2）涉有毒有害大气污染物名录的企业是否在厂界建设针对有毒有害特征污染物的环境风险预警体系；

（3）涉有毒有害大气污染物名录的企业是否定期监测或委托监测有毒有害大气特征污染物；

(4) 突发环境事件信息通报机制建立情况，是否能在突发环境事件发生后及时通报可能受到污染危害的单位和居民。

可参考附表2企业突发环境事件风险防控措施隐患排查表，结合自身实际制定本企业突发环境事件风险防控措施隐患排查清单。

4 隐患分级

4.1 分级原则

根据可能造成的危害程度、治理难度及企业突发环境事件风险等级，隐患分为重大突发环境事件隐患（以下简称重大隐患）和一般突发环境事件隐患（以下简称一般隐患）。

具有以下特征之一的可认定为重大隐患，除此之外的隐患可认定为一般隐患：

(1) 情况复杂，短期内难以完成治理并可能造成环境危害的隐患；

(2) 可能产生较大环境危害的隐患，如可能造成有毒有害物质进入大气、水、土壤等环境介质次生较大以上突发环境事件的隐患。

4.2 企业自行制定分级标准

企业应根据前述关于重大隐患和一般隐患的分级原则、自身突发环境事件风险等级等实际情况，制定本企业的隐患分级标准。可以立即完成治理的隐患一般可不判定为重大隐患。

5 企业隐患排查治理的基本要求

5.1 建立完善隐患排查治理管理机构

企业应当建立并完善隐患排查管理机构，配备相应的管理和技术人员。

5.2 建立隐患排查治理制度

企业应当按照下列要求建立健全隐患排查治理制度：

5.2.1 建立隐患排查治理责任制。企业应当建立健全从主要负责人到每位作业人员，覆盖各部门、各单位、各岗位的隐患排查治理责任体系；明确主要负责人对本企业隐患排查治理工作全面负责，统一组织、领导和协调本单位隐患排查治理工作，及时掌握、监督重大隐患治理情况；明确分管隐患排查治理工作的组织机构、责任人和责任分工，按照生产区、储运区或车间、工段等划分排查区域，明确每个区域的责任人，逐级建立并落实隐患排查治理岗位责任制。

5.2.2 制定突发环境事件风险防控设施的操作规程和检查、运行、维修与维护等规定，保证资金投入，确保各设施处于正常完好状态。

5.2.3 建立自查、自报、自改、自验的隐患排查治理组织实施制度。

5.2.4 如实记录隐患排查治理情况，形成档案文件并做好存档。

5.2.5 及时修订企业突发环境事件应急预案、完善相关突发环境事件风险防控措施。

5.2.6 定期对员工进行隐患排查治理相关知识的宣传和培训。

5.2.7 有条件的企业应当建立与企业相关信息化管理系统联网的突发环境事件隐患排查治理信息系统。

5.3　明确隐患排查方式和频次

5.3.1　企业应当综合考虑企业自身突发环境事件风险等级、生产工况等因素合理制定年度工作计划，明确排查频次、排查规模、排查项目等内容。

5.3.2　根据排查频次、排查规模、排查项目不同，排查可分为综合排查、日常排查、专项排查及抽查等方式。企业应建立以日常排查为主的隐患排查工作机制，及时发现并治理隐患。

综合排查是指企业以厂区为单位开展全面排查，一年应不少于一次。

日常排查是指以班组、工段、车间为单位，组织的对单个或几个项目采取日常的、巡视性的排查工作，其频次根据具体排查项目确定。一月应不少于一次。

专项排查是在特定时间或对特定区域、设备、措施进行的专门性排查。其频次根据实际需要确定。

企业可根据自身管理流程，采取抽查方式排查隐患。

5.3.3　在完成年度计划的基础上，当出现下列情况时，应当及时组织隐患排查：

（1）出现不符合新颁布、修订的相关法律、法规、标准、产业政策等情况的；

（2）企业有新建、改建、扩建项目的；

（3）企业突发环境事件风险物质发生重大变化导致突发环境事件风险等级发生变化的；

（4）企业管理组织应急指挥体系机构、人员与职责发生重大变化的；

（5）企业生产废水系统、雨水系统、清净下水系统、事故排水系统发生变化的；

（6）企业废水总排口、雨水排口、清净下水排口与水环境风险受体连接通道发生变化的；

（7）企业周边大气和水环境风险受体发生变化的；

（8）季节转换或发布气象灾害预警、地质地震灾害预报的；

（9）敏感时期、重大节假日或重大活动前；

（10）突发环境事件发生后或本地区其他同类企业发生突发环境事件的；

（11）发生生产安全事故或自然灾害的；

（12）企业停产后恢复生产前。

5.4　隐患排查治理的组织实施

5.4.1　自查。企业根据自身实际制定隐患排查表，包括所有突发环境事件风险防控设施及其具体位置、排查时间、现场排查负责人（签字）、排查项目现状、是否为隐患、可能导致的危害、隐患级别、完成时间等内容。

5.4.2　自报。企业的非管理人员发现隐患应当立即向现场管理人员或者本单位有关负责人报告；管理人员在检查中发现隐患应当向本单位有关负责人报告。接到报告的人员应当及时予以处理。

在日常交接班过程中，做好隐患治理情况交接工作；隐患治理过程中，明确每一工作节点的责任人。

5.4.3 自改。一般隐患必须确定责任人，立即组织治理并确定完成时限，治理完成情况要由企业相关负责人签字确认，予以销号。

重大隐患要制定治理方案，治理方案应包括：治理目标、完成时间和达标要求、治理方法和措施、资金和物资、负责治理的机构和人员责任、治理过程中的风险防控和应急措施或应急预案。重大隐患治理方案应报企业相关负责人签发，抄送企业相关部门落实治理。

企业负责人要及时掌握重大隐患治理进度，可指定专门负责人对治理进度进行跟踪监控，对不能按期完成治理的重大隐患，及时发出督办通知，加大治理力度。

5.4.4 自验。重大隐患治理结束后企业应组织技术人员和专家对治理效果进行评估和验收，编制重大隐患治理验收报告，由企业相关负责人签字确认，予以销号。

5.5 加强宣传培训和演练

企业应当定期就企业突发环境事件应急管理制度、突发环境事件风险防控措施的操作要求、隐患排查治理案例等开展宣传和培训，并通过演练检验各项突发环境事件风险防控措施的可操作性，提高从业人员隐患排查治理能力和风险防范水平。如实记录培训、演练的时间、内容、参加人员以及考核结果等情况，并将培训情况备案存档。

5.6 建立档案

及时建立隐患排查治理档案。隐患排查治理档案包括企业隐患分级标准、隐患排查治理制度、年度隐患排查治理计划、隐患排查表、隐患报告单、重大隐患治理方案、重大隐患治理验收报告、培训和演练记录以及相关会议纪要、书面报告等隐患排查治理过程中形成的各种书面材料。隐患排查治理档案应至少留存五年，以备环境保护主管部门抽查。

附表 1

企业突发环境事件应急管理隐患排查表

（企业可参考本表制定符合本企业实际情况的自查用表）

排查时间： 年 月 日 现场排查负责人（签字）：

排查内容	具体排查内容	排查结果		
		是，证明材料	否，具体问题	其他情况
1. 是否按规定开展突发环境事件风险评估，确定风险等级	（1）是否编制突发环境事件风险评估报告，并与预案一起备案			
	（2）企业现有突发环境事件风险物质种类和风险评估报告相比是否发生变化			
	（3）企业现有突发环境事件风险物质数量和风险评估报告相比是否发生变化			
	（4）企业突发环境事件风险物质种类、数量变化是否影响风险等级			
	（5）突发环境事件风险等级确定是否正确合理			
	（6）突发环境事件风险评估是否通过评审			
2. 是否按规定制定突发环境事件应急预案并备案	（7）是否按要求对预案进行评审，评审意见是否及时落实			
	（8）是否将预案进行了备案，是否每三年进行回顾性评估			
	（9）出现下列情况预案是否进行了及时修订 1）面临的突发环境事件风险发生重大变化，需要重新进行风险评估； 2）应急管理组织指挥体系与职责发生重大变化； 3）环境应急监测预警机制发生重大变化，报告联络信息及机制发生重大变化； 4）环境应急应对流程体系和措施发生重大变化； 5）环境应急保障措施及保障体系发生重大变化； 6）重要应急资源发生重大变化； 7）在突发环境事件实际应对和应急演练中发现问题，需要对环境应急预案作出重大调整的			

3. 是否按规定建立健全隐患排查治理制度，开展隐患排查治理工作和建立档案	(10) 是否建立隐患排查治理责任制			
	(11) 是否制定本单位的隐患分级规定			
	(12) 是否有隐患排查治理年度计划			
	(13) 是否建立隐患记录报告制度，是否制定隐患排查表			
	(14) 重大隐患是否制定治理方案			
	(15) 是否建立重大隐患督办制度			
	(16) 是否建立隐患排查治理档案			
4. 是否按规定开展突发环境事件应急培训，如实记录培训情况	(17) 是否将应急培训纳入单位工作计划			
	(18) 是否开展应急知识和技能培训			
	(19) 是否健全培训档案，如实记录培训时间、内容、人员等情况			
5. 是否按规定储备必要的环境应急装备和物资	(20) 是否按规定配备足以应对预设事件情景的环境应急装备和物资			
	(21) 是否已设置专职或兼职人员组成的应急救援队伍			
	(22) 是否与其他组织或单位签订应急救援协议或互救协议			
	(23) 是否对现有物资进行定期检查，对已消耗或耗损的物资装备进行及时补充			
6. 是否按规定公开突发环境事件应急预案及演练情况	(24) 是否按规定公开突发环境事件应急预案及演练情况			

附表 2

企业突发环境事件风险防控措施隐患排查表

企业可参考本表制定符合本企业实际情况的自查用表。一般企业有多个风险单元，应针对每个单元制定相应的隐患排查表。

排查时间：　　　　年　　月　　日　　　　现场排查负责人（签字）：

排查项目	现状	可能导致的危害（是隐患的填写）	隐患级别	治理期限	备注
一、中间事故缓冲设施、事故应急水池或事故存液池（以下统称应急池）					
1. 是否设置应急池					
2. 应急池容积是否满足环评文件及批复等相关文件要求					
3. 应急池在非事故状态下需占用时，是否符合相关要求，并设有在事故时可以紧急排空的技术措施					
4. 应急池位置是否合理，消防水和泄漏物是否能自流进入应急池；如消防水和泄漏物不能自流进入应急池，是否配备有足够能力的排水管和泵，确保泄漏物和消防水能够全部收集					
5. 接纳消防水的排水系统是否具有接纳最大消防水量的能力，是否设有防止消防水和泄漏物排出厂外的措施					
6. 是否通过厂区内部管线或协议单位，将所收集的废（污）水送至污水处理设施处理					
二、厂内排水系统					
7. 装置区围堰、罐区防火堤外是否设置排水切换阀，正常情况下通向雨水系统的阀门是否关闭，通向应急池或污水处理系统的阀门是否打开					

8. 所有生产装置、罐区、油品及化学原料装卸台、作业场所和危险废物贮存设施（场所）的墙壁、地面冲洗水和受污染的雨水（初期雨水）、消防水，是否都能排入生产废水系统或独立的处理系统					
9. 是否有防止受污染的冷却水、雨水进入雨水系统的措施，受污染的冷却水是否都能排入生产废水系统或独立的处理系统					
10. 各种装卸区（包括厂区码头、铁路、公路）产生的事故液、作业面污水是否设置污水和事故液收集系统，是否有防止事故液、作业面污水进入雨水系统或水域的措施					
11. 有排洪沟（排洪涵洞）或河道穿过厂区时，排洪沟（排洪涵洞）是否与渗漏观察井、生产废水、清净下水排放管道连通					
三、雨水、清净下水和污（废）水的总排口					
12. 雨水、清净下水、排洪沟的厂区总排口是否设置监视及关闭闸（阀），是否设专人负责在紧急情况下关闭总排口，确保受污染的雨水、消防水和泄漏物等排出厂界					
13. 污（废）水的排水总出口是否设置监视及关闭闸（阀），是否设专人负责关闭总排口，确保不合格废水、受污染的消防水和泄漏物等不会排出厂界					
四、突发大气环境事件风险防控措施					
14. 企业与周边重要环境风险受体的各种防护距离是否符合环境影响评价文件及批复的要求					
15. 涉有毒有害大气污染物名录的企业是否在厂界建设针对有毒有害污染物的环境风险预警体系					
16. 涉有毒有害大气污染物名录的企业是否定期监测或委托监测有毒有害大气特征污染物					
17. 突发环境事件信息通报机制建立情况，是否能在突发环境事件发生后及时通报可能受到污染危害的单位和居民					

参考文献

[1] 黄小武著. 环境应急管理. 北京：中国地质大学出版社，2011.

[2] 傅桃生. 环境应急与典型案例. 北京：中国环境科学出版社，2006

[3] 郭振仁著. 突发性环境污染事故防范与应急［M］. 北京：中国环境科学出版社，2006.

[4] 陈海群，王凯全等编著. 危险化学品事故处理与应急预案［M］. 北京：中国石化出版社，2005.

[5] 万本太. 突发性环境污染事故应急监测与处理处置技术［M］. 北京：中国环境科学出版社，1996.

[6] 田为勇. 环境应急手册 M. 北京：中国环境科学出版社，2003.

[7] 中华人民共和国环境保护部. 突发环境事件典型案例选编（第一集）［M］. 北京：中国环境科学出版社.

[8] 傅海靖. 海洋污染与保护［ M ］. 北京：科学出版社，1979（72）.

[9] 刘大椿. 环境问题—从中日比较与合作的观点看［ M ］. 北京：中国人民大学出版社，1995.

[10] 斋藤和雄. 健康与环境（中译本）［M ］. 北京：中国环境科学出版社，1988.

[11] 李原、黄资慧. 20 世纪灾祸志［Z］. 神州：福建教育出版社，1992.

[12] 北京师范大学，华中师范大学，南京师范大学无机教研室编. 无机化学［M］. 第三版. 北京：高等教育出版社，2001.

[13] 马世昌主编. 有机化合物辞典［M］. 西安：陕西科学技术出版社，1988.

[14] 中国环境优先监测研究课题组. 环境优先污染物［M］. 北京：中国环境科学出版社，1989.

[15] 钱宇宁，顾瑛杰，陆天堂. 突发环境污染事故预防与预警体系建设初探. 污染防治技术，第 27 卷第 6 期，2014 年 12 月.

[16] 曹敬灿，梁文艳，张立秋，时圣刚，封莉，孙德智. 危险化学品污染事故统计分析及建议研究［J］. 环境科学与技术，2013（S2）.

[17] 苗万强. 突发性环境污染事故的应对措施. 黑龙江环境通报，第 38 卷第 3 期，2014 年 9 月.

[18] 宋德玲. 日本水俣病事件的历史反思—以熊本水俣病事件为中心. 长春师范学院学报，2001（1）.

[19] 温武瑞等. 我国汞污染防治的研究和的思考. 环境保护部环境保护对外合作中心，2011，33 – 35.

[20] 王志平等. 重金属汞的污染与危害. 集宁师专学报，2006 – 12，28（4）：71 – 75.

[21] 杨齐. 砷的毒害作用及其研究进展. 医学动物防制. 2007，23（1）.

[22] 赵维梅. 环境中砷的来源及影响. 科技资讯，2010（8）.

[23] 孙贵范. 中国面临的水砷污染与地方性砷中毒问题. 环境与健康展望，2003. 12.

[24] 砷的作用机制. 环境与健康展望. 2003. 12.

[25] 林景星. 环境变化与生命和人群健康的关系［J］. 自然之友通讯，2001：4 — 11.

[26] 张爱君，张贵彬. 砷的遗传毒性［J］. 中国地方病防治杂志，2004，19（1）：25

[27] 王浪. 新墙河突发砷污染事件应急处理及其思考［J］. 湖南水利水电，2008，（5）：51 – 53.

[28] 陈宇一. 贵州独山砷污染调查［J］. 新西部，2008，（2）：62 – 63.

[29] 吴万富，徐艳，史德强等. 我国河流湖泊砷污染现状及除砷技术研究进展［J］. 环境科学与技术，2015，（S1）：190–197.

[30] 钟格梅，唐振柱，赵鹏，黄林，林玫，黄江平. 龙江河镉污染事件卫生应急处置效果分析. 环境与健康杂志，2013 年 3 月第 30 卷第 3 期.

[31] 张义贤. 汞、镉、铅胁迫对油菜的毒害效应［J］. 山西大学学报（自然科学版），2004，27（4）：410－413.

[32] 赵其国等. 江苏省环境质量与农业安全问题的研究. 土壤，2002，34（1）：1. 8.

[33] 冯福建，王兰，虞江萍等. 我国铅污染的时空走势. 辽宁工程技术大学学报，（自然科学版），2001，20（6）：840 － 843.

[34] 汪琳琳，方凤满，蒋炳言. 中国菜地土壤和蔬菜重金属污染研究进展. 吉林农业科学，2009，34（2）：61－64.

[35] 曾希柏，李莲芳，梅旭荣. 中国蔬菜土壤重金属含量及来源分析. 中国农业科学，2007，40（11）：2507－2517.

[36] 刘玉强，李丽，王琪等. 典型铬渣污染场地的污染状况与综合整治对策［J］. 环境科学研究，2009，22（2）：248－253.

[37] 王威，刘东华，蒋悟生. 铬污染地区环境对植物生长的影响［J］. 农业环境保护，2002，21（3）：257－259.

[38] 高月. 铬污染土壤植物稳定化技术研究［J］. 科技创新导报，2013（4）：166－169.

[39] 黄锐雄等. 地表水外源铬价态转换及六价铬污染消除机理探讨. 广东化工，2014 年第 12 期第 41 卷，总第 278 期.

[40] 荣伟英，周启星. 铬渣堆放场地土壤的污染过程、影响因素及植物修复［J］. 生态学杂志，2010（03）

[41] 赵丛珏 刘志滨 马越 陈玉琢. 化学沉淀法去除水中镍的研究. 城市供水，NO. 2 2011.

[42] 楼蔓藤等. 中国铅污染的调查研究. 广东微量元素科学，第 19 卷第 10 期，2012 年.

[43] 秦俊法. 中国燃油大气铅排放量估算［J］. 广东微量元素科学，2010，17（10）：27－34.

[44] 张书海，林树生. 交通干线铅污染对两侧土壤和蔬菜的影响［J］. 环境监测管理与技术，2000（03）.

[45] 钱华. 环境铅污染来源及其对人体健康的影响［J］. 环境监测管理与技术，1998（06）.

[46] 朱芳. 致命的铅污染. 生态经济，第 30 卷第 9 期，2014 年 9 月.

[47] 张海燕. 铊污染及其生态健康效应［J］. 广东微量元素科学，2005，12（9）：3.

[48] 张淑香，董淑萍，颜文. 草河口地区沉积物和土壤中铊的地球化学行为［J］. 农业环境保护，1998，17（1）：113－117.

[49] 杨克敌. 铊的毒理学研究进展［J］. 国外医学卫生学分册，1995，22（4）：201-204.

[50] 崔明珍. 铊的特殊毒性研究［J］. 卫生毒理学杂志，1992，4（2）：78－79.

[51] 王春霖，陈永亨，张永波等. 铊的环境地球化学研究进展［J］. 生态环境学报，2010，19（11）：2749－2757.

[52] 胡恒宇. 安徽和县香泉铊矿化区的环境地球化学研究［D］. 合肥工业大学硕士学位论文，2006：32－47.

[53] 陈永亨，谢文彪，吴颖娟等. 铊的环境生态迁移与扩散［M］. 广州大学学报：自然科学版，2002，1（3）：62－66.

[54] 王春霖，陈永亨. 环境中的铊及其健康效应［J］. 广州大学学报，2007，6（5）：50－54.

[55]] 肖唐付，洪业汤，郑宝山等．黔西南 Au - As - Hg - Tl 矿化区毒害金属元素的水地球化学 [J]．地球化学，2000，29：571 - 577.

[56] 邓红梅．水中铊的污染及其生态效应．环境化学，第 27 卷第 3 期，2008 年 5 月.

[57] 朱延河，牛小麟．铊的生态健康效应及其对人体危害．国外医学地理分册，2008 年 3 月第 29 卷第 1 期：14 - 29.

[58] 戴华，郑相宇．铊污染的危害特性及防治．广东化工，2 011 年第 7 期：108 - 110.

[59] 袁建辉，杨建平等．2006-2010 年深圳市宝安区企业使用苯系物调查．职业与建康，2012 年 12 月第 28 卷第 24 期：3059 - 3061.

[60] 万世波．苯（C_6H_6）一种有芳香味的“毒液”．职业卫生与应急救援，2008 年 6 月第 26 卷第 3 期：129 - 130.

[61] 王延让，杨德等．乙苯遗传毒性的研究概述．中华劳动卫生职业病杂志，2007 年 11 月第 25 卷第 11 期：702 - 704.

[62] 张迎丽，谢正苗．苯乙烯的环境生物地球化学过程与人体健康．2012 中国环境科学学会学术年会论文集（第四卷），2012.

[63] 秦景新，黄运坤．一起二甲苯污染水源水事故调查．环境与健康杂志，2005 年 5 月第 22 卷第 3 期：240.

[64] 边归国．土壤中苯酚污染治理技术研究进展．青海环境，第 17 卷第 3 期（总第 65 期）．2007 年 9 月：109 - 112。

[65] 应萍君等．一起苯酚污染水质事件的调查．现代预防医学，2006 年第 33 卷第 4 期：549 - 550.

[66] 张春雷等．活性炭吸附法处理酚类废水的研究进展．广东化工，2014 年 第 21 期 第 41 卷.

[67] 李改枝，赵慧，张强．酚类化合物在水环境中的污染、吸附及降解 [J]．内蒙古石油化工，2001 (02)

[68] 马红涛，袁宁，李生．水体中酚类化合物的危害及其测定方法 [J]．科技信息（科学教研），2007 (30).

[69]] 周艳玲．酚类化合物检测方法研究进展 [J]．环境监测管理与技术，2011（S1）.

[70] 宋瀚文等．我国 24 个典型饮用水源地中 14 种酚类化合物浓度分布特征．环境科学学报，第 34 卷第 2 期．2014 年 2 月.

[71] 刘会婷，谈一飞．国外医学医学地理分册．2002 年 3 月第 23 卷第 1 期.

[72] 万本太．突发性环境污染事故应急监测与处理处置技术．中国环境科，2006 - 1.

[73] 刘建阳，丁路跃等．氯甲烷大气环境标准研究．广州化工，2012 年 12 月第 40 卷第 24 期.

[74] 袁静，庄宇，刘冰．工作场所空气中四氯乙烷气相色谱检测法．中国卫生检验杂志，2007 年 10 月第 17 卷第 10 期.

[75] 栾蕊，韩恩山．金属硫化物的研究及应用．化学世界，第 2 期 2002.

[76] 曾志果，林铁，康媞．污水中硫化氢的危害及其治理方法．广西轻化工，2008 年 3 月.

[77] 曹守仁等．大气中硫酸雾的采样及测定方法．卫生研究，1981 年 03 期.

[78] 薛秀玲，李孟迪．浊度仪法快速测定水体中硫酸盐含量．环境工程学，2013 年 4 月.

[79] 黄宝定．车载苯胺泄漏事故造成水井污染的监测分析．环境与职业医学，2007 年 8 月第 24 卷.

[80] 李国刚．环境化学污染事故应急监测技术与装备 [M]．北京：化学工业出版社，2005.

[81] 突发环境事件应急监测技术规范．(HJ589-2010).

[82] 彭刚华. 环境化学污染事故现场应急监测方案及报告. 江西省环境监测中心站.

[83] 陆新元. 环境应急响应实用手册 [M]. 北京：科学出版社. 2007.

[84] 许震宇. 浅谈突发性环境污染事故应急监测技术. 科技情报开发与经济, 2011 年第 21 卷.

[85] 邹云娣. 一起苯乙烯槽罐车泄漏的应急监测案例. 江苏环境科技, 第 21 卷 第 4 期.

[86] 陈水木. 突发性水体环境污染事故应急监测研究. 硕士研究生学位论文, 2010.

[87] 王立刚. 燃煤汞污染及其控制. 冶金工业出版社, 2008.

[88] 解军、程磊. 汞污染的危害及其环境标准. 中国环境科学学会学术年会论文集, 2010.

[89] 陈丹青, 赵淑莉, 肖文等. 完善突发环境事件应急管理体系的几点建议 [J]. 中国环境监测, 2012, 28 (3): 4 -9.

[90] 康晓风, 姚玉刚. 环境应急监测报告的一般要求和特点分析. 中国环境监测, 2014 (6).

[91] http://www.zhb.gov.cn/ (中华人民共和国环境保护部官网).

[92] http://www.gdep.gov.cn/ (广东省环境保护厅公众网).

[93] 江世强等. 运用生石灰处理一起砒霜泄漏污染事故的效果评价. 中国职业医学, 2004 (3): 53 - 56.